U0246310

中国茶文化丛书

中国茶艺文化

朱红缨 著

中国农业出版社

图书在版编目（CIP）数据

中国茶艺文化 / 朱红缨著. —北京：中国农业出版社，2018.7(2022.3重印)
（中国茶文化丛书）
ISBN 978-7-109-23951-7

Ⅰ. ①中… Ⅱ. ①朱… Ⅲ. ①茶文化—介绍—中国 Ⅳ.①TS971.21

中国版本图书馆CIP数据核字（2018）第040466号

中国农业出版社出版
（北京市朝阳区麦子店街18号楼）
（邮政编码 100125）
责任编辑 姚 佳

北京通州皇家印刷厂印刷 新华书店北京发行所发行
2018年7月第1版 2022年3月北京第4次印刷

开本：700mm × 1000mm 1/16 印张：19.75
字数：290千字
定价：58.00元

《中国茶文化丛书》编委会

总序

TOTAL ORDER

茶文化是中国传统文化中的一束奇葩。改革开放以来，随着我国经济的发展，社会生活水平的提高，国内外文化交流的活跃，有着悠久历史的中国茶文化重放异彩。这是中国茶文化的又一次出发。2003年，由中国农业出版社出版的《中国茶文化丛书》可谓应运而生，该丛书出版以来，受到茶文化事业工作者与广大读者的欢迎，并多次重印，为茶文化的研究、普及起到了积极的推动作用，具有较高的社会价值和学术价值。茶文化丰富多彩，博大精深，且能与时俱进。为了适应现代茶文化的快速发展，传承和弘扬中华优秀传统文化，应众多读者的要求，中国农业出版社决定进一步充实、丰富《中国茶文化丛书》，对其进行完善和丰富，力求在广度、深度和精度上有所超越。

茶文化是一种物质与精神双重存在的复合文化，涉及现代茶业经济和贸易制度，各国、各地、各民族的饮茶习俗、品饮历史，以品饮艺术为核心的价值观念、审美情趣和文学艺术，茶与宗教、哲学、美学、社会学，茶学史，茶学教育，茶叶生产及制作过程中的技艺，以及饮茶所涉及的器物和建筑等。该丛书在已出版图书的基础上，系统梳理，查缺补漏，修订完善，填补空白。内容大体包括：陆羽《茶经》研究、中国近代茶叶贸易、茶叶质量鉴别与消费指南、饮茶健康之道、茶文化庄园、茶文化旅游、茶席艺术、大唐宫廷茶具文化、解读潮州工夫茶等。丛书内容力求既有理论价值，又有实用价值；既追求学术品位，又做到通俗易懂，满足作者多样化需求。

一片小小的茶叶，影响着世界。历史上从中国始发的丝绸之路、瓷器之路，还有茶叶之路，它们都是连接世界的商贸之路、文明之路。正是这种海陆并进、纵横交错的物质与文化交流，牵连起中国与世界的交往与友谊，使茶和咖啡、可可成为世界三大无酒精饮料，茶成为世界消费量仅次于水的第二大饮品。而随之而生的日本茶道、韩国茶礼、英国下午茶、俄罗斯茶俗等的形成与发展，都是接受中华文明的例证。如今,随着时代的变迁、社会的进步、科技的发展，人们对茶的天然、营养、保健和药效功能有了更深更广的了解，茶的利用已进入到保健、食品、旅游、医药、化妆、轻工、服装、饲料等多种行业，使饮茶朝着吃茶、用茶、玩茶等多角度、全方位方向发展。

习近平总书记曾指出：一个国家、一个民族的强盛，总是以文化兴盛为支撑的。没有文明的继承和发展，没有文化的弘扬和繁荣，就没有中国梦的实现。中华民族创造了源远流长的中华文化，也一定能够创造出中华文化新的辉煌。要坚持走中国特色社会主义文化发展道路，弘扬社会主义先进文化，推动社会主义文化大发展大繁荣，不断丰富人民精神世界，增强精神力量，努力建设社会主义文化强国。中华优秀传统文化是习近平总书记十八大以来治国理念的重要来源。中国是茶的故乡，茶文化孕育在中国传统文化的基本精神中，实为中华民族精神的组成部分，是中国传统文化中不可或缺的内容之一，有其厚德载物、和谐美好、仁义礼智、天人协调的特质。可以说，中国文化的基本人文要素都较为完好地保存在茶文化之中。所以，研究茶文化、丰富茶文化，就成为继承和发扬中华传统文化的题中应有之义。

当前，中华文化正面临着对内振兴、发展，对外介绍、交流的双重机遇。相信该丛书的修订出版，必将推动茶文化的传承保护、茶产业的转型升级，提升茶文化特色小镇建设和茶旅游水平；同时对增进世界人民对中国茶及茶文化的了解，发展中国与各国的

友好关系，推动“一带一路”建设将会起到积极的作用，有利于扩大中国茶及茶文化在世界的影响力，树立中国茶产业、茶文化的大国和强国风采。

姚国坤

2017年6月

前言
PREFACE

在中国，茶是作为一种信仰而存在的，有两个主要因素：

一是追求身体健康的自然力。由于东西方文化的差异，追求健康长寿的方式方法也不同。在东方，“道法自然”影响深远，个人与宇宙之间的关系紧密，特别在饮食的合理选择上，认为它以最自然的方式来增进身体健康，“药食同源”。饮茶健康，自茶的发现利用、传播发展至今，经历了约五千年、上千亿人的人体证明，同时有数百种茶书古籍、数千篇科技论文，从各个方面论述了茶的保健功效，确立了十分巩固的地位。唐代陈藏器《本草拾遗》中就有“诸药为各病之药,茶为万病之药”的记载；20世纪60年代，人们开始利用现代科学仪器和手段进行茶与健康的研究，进一步表明，茶不仅是一种营养型和风味型的饮品，它作用于人体生理调节的功能显著①，更是在抗氧化和清除自由基、抗癌等研究领域取得重大进展。日本茶道开创者荣西禅师著书《吃茶养生记》，也开宗明义“茶乃养生之仙药，延龄之妙术。山若生之，其地则灵。人若饮之，其寿则长”。因此，饮茶，缘起健康而养成的生活习惯，嵌入到中国人的日常生活之中，不可或缺。在中国，2016年茶产量243万吨，其中3/4（183万吨）的茶叶在国内销售和消费，人均1.4千克，可计算为每人每天一杯茶的均量，无愧举国之饮。饮茶健康还提高了健康的生活品质。茶的信仰是秘而不宣地树立的，却强势地在现实社会中直接拉动了茶的消费、流通和生产，以及更广泛的文化行为，实现了哲学意义上的“照亮”。

二是获得精神慰藉的审美力。茶本质的味道是“啜苦咽

① 陈宗懋：《20世纪茶与健康研究的主要进展》，中国茶叶，2001第4期，第8页。

甘”，人们将“啜苦咽甘”的饮茶体验投射到生活与生命之中。精益求精地炮制一碗茶，还是改变不了其苦涩的滋味，当人们徐徐体验其苦涩味时，喉舌在告诉人们其实是一种美妙的甘甜滋味。犹如人们平凡的人生，总是想通过勤勉努力来改变辛苦的日子，但日子总是多有波折，当人们能仔细品味苦难岁月时，才知道其实已获得人生的丰满回报。不以苦为苦，反以苦为乐，犹如“孔颜之乐”。但是，让普通人直接作这样的理解是十分艰涩的，需要途径，使之在主体和客体之间实现相互改造的价值关系（审美关系），产生彼此的情感。于是，仪式化的饮茶方式被推崇。陆羽提出“精、行、俭、德”作为饮茶方式的仪式规定和精神气象，日本的饮茶仪式更体认到苦寂的审美趣味，其要旨归纳为“和、敬、清、寂”。现代技术发展渗透到生活的方方面面，人们抑制不住对气韵生动的娴熟技术呈现出的审美趣味带来的强烈喜好，程式化的饮茶仪式也列入了民间艺术。在中国，称之为“茶艺”。凝神屏气地仔细选择“茶、水、器、火、境”茶艺要素，获得入场的资格；凝神屏气地端详沏茶的每一个动作和步骤，为一杯好喝的茶汤；凝神屏气地体察茶艺过程中瞬间的气氛、情绪变化，以人情感唤醒共同的节奏。当捧起茶汤与人合二为一时，凝神屏气的压力感一下子得到释放，涌上不可名状的美与和谐，刹那间体会到了永久。此刻，喝茶既实在又不实在，因为品赏到的已不仅仅是茶汤的味道，而是激荡心灵的情感倾诉。

茶的信仰，是建立在自然力与审美力的基础之上的。茶始终是生理解渴的内容之一，它的充实，使它的审美建立在充实之上。如孟子曰：“充实之谓美。”茶艺的价值在于，将茶的信仰以人情感的方式，慰藉到每个平凡人的生活里。科技总是在追求创新，生命总是在追问意义。茶的价值追问，在五千年的历史血脉里，始终在接纳技术进步的基础上延续。唐代的蒸青技术诞生了煎茶法，宋代技术改良了茶粉的质量有了点茶法，明清的散叶加工技术成就了延续至今的沏茶法。形式一直在创新，而对茶的信仰一直未变，并由茶艺来关怀当下。

此书出版时，正值王家扬先生100岁寿辰，谨献给我最敬爱的王老。王家扬先生在1984年创建了浙江树人大学，是中国国际茶文化研究会创会会长，而我有幸于1994年进入浙江树人大学，从此踏上了作为信仰而事之的茶文化教育与学科建设的道路。在我从业的24年来，中国茶文化获得了令世人瞩目的发展，我为能生活在这个时代而感到骄傲。感谢编委会，感谢本书出版社及责编，希望我的作品能够得到他们的持续关注和激励。

目录
CONTENTS

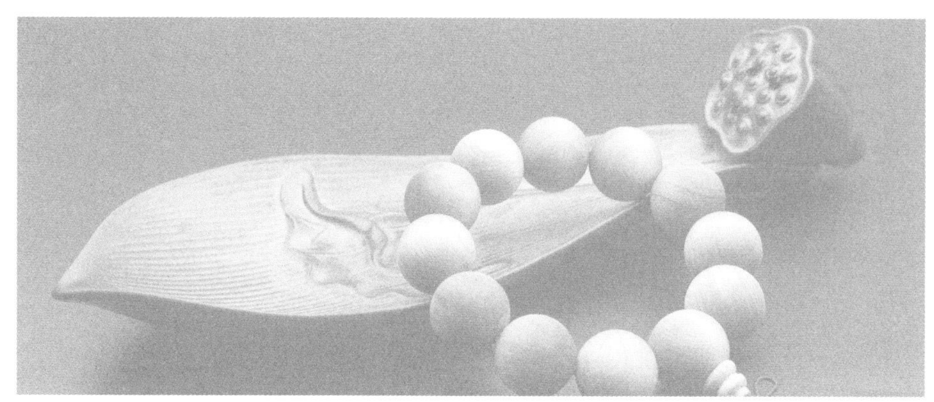

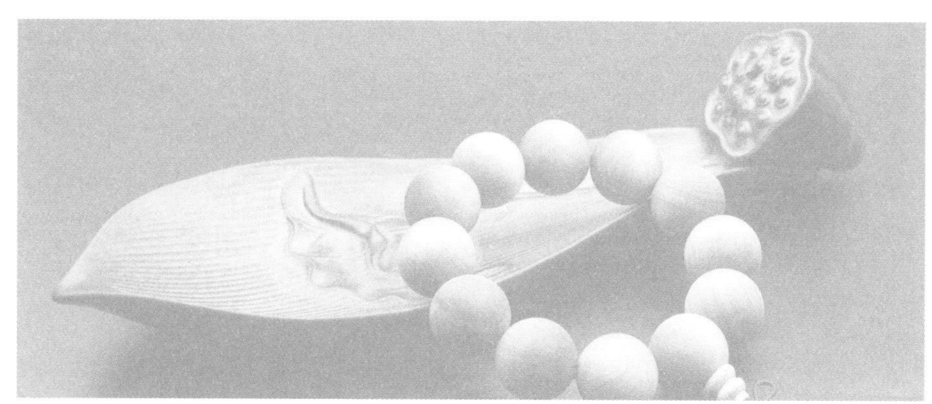

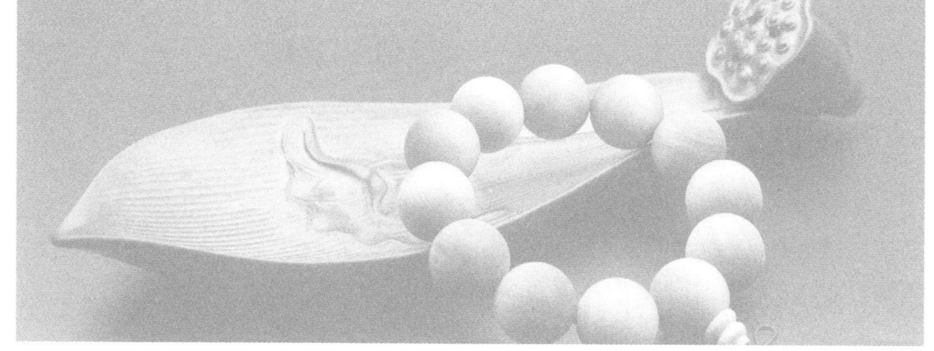

第一章

茶的三面相：“啜苦咽甘，仪态灼灼”

“茶是什么滋味？啜一口，略苦；慢慢咽下，回甘而身心舒达；同感如此滋味的生活。”

茶与中国的关系密切。茶树的起源地在中国，主要在云、贵、川一带，有着最多、最原始、最集中的野生大茶树，距今有六七千万年的历史了，世界上各个产茶国不是直接就是间接从我国引进茶苗茶种。“茶”的中国方言式发音，在茶叶贸易出口到多个国家时也作为了指定称呼，比如广东音的“CHA”、厦门音“TE”等。甚至，中国茶的文化现象及其记录方式，自古以来一直被周边国家模仿，且远渡重洋。自我国茶圣陆羽著第一本茶书《茶经》(780)始，东瀛日本第一本茶书是荣西禅师的《吃茶养生记》(1215)，欧洲知茶自威尼斯作家拉摩晓著《中国茶摘记》(1559)，以及葡萄牙神父柯鲁兹的《中国茶饮录》(1560)[①]。

某种程度上说，中国人如何认识茶的自然属性、茶如何被利用、茶与生活方式的关系，以及人们如何在茶上寄托最深沉的情感等，都成为世界认识茶文化的风向标。

茶叶，是一种植物，属于山茶科、山茶属、茶种。之所以要强调这一

① 陈椽：《茶业通史》，中国农业出版社，2008年9月第2版，第20页。

点，源自中国人日常喝“茶”所指的植物比较宽泛：有采撷多种植物的根茎叶冲泡的茶，如花草茶、养生茶；有茶叶的近邻，比如冬青科的苦丁茶；还有可能跟植物都没有关系，因茶的美好寓意，民间习俗将一些食物饮料指代为茶礼等。本书所指的“茶”限定在茶叶的植物种，包括以茶叶为主体的调和茶、再加工茶。原产地在中国的茶树历经几千年的演变，受不同气候条件的影响，发展为热带型和亚热带型的大叶种和中叶种茶树，以及温带的中叶种及小叶种茶树。中国丰沃且神奇的大地，使茶叶茶树具有活化石般地存在，喜欢喝茶的人亲自去实地比较一下浙江灌木型的茶树小叶种、云南乔木大叶种和福建广东中叶种等茶区的自然风貌，是非常有意思、也很有必要的，让当下平凡生活有了历史的恢弘感和实在性。

茶是何时被利用的？最早记载的是一个神话传说，出自我国战国时期第一部药物学专著《神农本草经》，原文是这样的：“神农尝百草，日遇七十二毒，得荼而解之。”神农氏是我国中医医药及医药文化的创始人。在古代，由于交通及语言沟通的不便，各地称呼茶的文字有很多，比如还有荼、荈、槚、蔎、茗、诧等。大约到了唐代，随着陆羽《茶经》广为传播，才逐渐统一了起来。神农传说也表明，茶一开始是以功能性的药物利用为目的。茶可以解毒，必然被视为珍品，据《诗经》《礼记·地官》记载“掌荼”和“聚荼”以供丧事之用，从而可知起码在3 000年前，茶就扩大用途而为祭品，祭品之清供，茶逐渐有了洁净、雅趣、清廉之意。茶，在采集经济的原始社会里被发现，自然是先利用于食物。只不过，人们把茶从其他植物利用的食物中独立出来，是从熟悉到它的药用价值开始。古人有“药食同源”之说，茶的药用阶段与食用阶段是交织在一起的，所以茶的记录多出现于本草一类的“药书”，例如《神农本草》《本草拾遗》《本草纲目》等书中均有关于“茶”之条目；同时，以茶果腹、菜食茶羹的，应是人们熟视无睹的日常生活，虽不作专门记录，也常在一笔带过的文书中遇见。

茶，在远古被发现，其可食用抵御了普遍的饥饿、其可药用挽救了卑微的生命，于时于情皆可谓弥足珍贵，敬畏之心有之，视之为仙草也不为过。茶在中国走过了几千年的文化史，发生了诸多变化。回顾历史，纵使人力强行拉扯无边，终不及茶之初心复原：为人利用、使人敬畏。文化，讲的便是人与茶的关系。具体来说，茶是如何刻画在人们日常生活之中，并成为一种样式，能潜移默化，能代代相传的。

第一节 茶之为饮

茶，是为人们所用而诞生的。当茶被更多的人所用、用途更加广泛，从中发现它的美善而愈发令人敬畏，才是茶存在的理由。敬畏需要有一定的距离，需要有意义存在的空间。茶之食用、药用都非常直接实用、立竿见影，不足以体会出敬畏的空间感。于是，人们在进一步审视自己的生活中，找到了茶之利用的更有效方式，它能兼顾食用在日常、药用祈保健、敬畏存空间的三重属性，即以茶为饮。

一、饮之用

人类之所以伟大，有一个重要指标：人对自然界的征服，是否能通过融合的方式，人与自然合二为一、共同生长。这也是一种理想。人们总是不断地选择、清洗习以为常的生活方式，来接近这样的概念、接近这样的理想。

讨论古人如何发现、利用生活中的新物质，联想与其相近的习俗来比较是常用的方法。将茶作饮用，一种说法，以食用之茶羹近邻，理由是，唐以前的茶汤总是要放很多佐料（姜、葱、蒜等），即便到了陆羽时代，茶汤里仍要调盐，与茶菜做法相似；另一种说法，与药用的汤剂一脉相承，理由是，茶饮煎煮的火候、器皿、去渣取汁等要求，就是煎中药的流程，甚至比较《茶经》的行文格式，也与本草相似。然而，茶饮又与上两者都不同。饮茶不作正餐之食，本质上区别于茶羹；茶汤重口感美味，与“苦口良药”的药汤宗旨相左。因此，可以说，茶饮既从食用吸取了美味的需求，又从药用中吸取了养性的功能，但在本质上不是它们的延续。

茶最终选择的是与饮水的日常需求上紧密地靠近在一起。人每天都需要喝水，每天2升左右水的饮用，保持人的生理需求和身体健康。茶与饮水的结合，到底是因为水的滋味过于淡泊（或某些区域水质不好、难喝）茶作为调味性添加，还是茶主动找到了饮水的平台强强联合？饮茶能成为一种被推崇的生活方式，基本发生于水质极好的区域，所谓“好山好水出好茶”。古人访遍名山名水且试烹茶之法，如西晋杜育《荈赋》“水则岷方之注……惟兹初成，沫沈华浮”，游山玩水煎茶，三者最相宜；也有名士好茶者游历万水千山评取泉水，“天下第一泉”称号曾被江西庐山古帘水、云南安宁碧玉水、峨眉山玉液泉等问鼎，而这些地方都有名茶相称。浙江杭州“龙井茶”“虎跑泉”之绝配也由此而来。因此，茶在发生与餐食相佐、与药草为伍之后，找到了第三条发展路径，与饮水共荣。

日常生活之所以强大，是其能将新事物通过缄默的方式予以接纳，直至消失于无形而示之以常态，才确立为一种方式。尽管理论家们经常抨击日常生活习性的懒惰、琐碎、不思进取，但却也不得不承认，正因为如此之生活习性获得的稳定依靠，才成为人类存在的基石及家园。习性（或者说习惯），指作用于行为主体的一种行为逻辑，在经由长期的历史积淀后，形成结构并且内化入行为主体的意识和身体中，最终以实践和表达的形式反映于生活中①。尽管这些习性的实践和表达内化成无意识和未意图的，但人们在能动性的实践过程中并非完全刻板划一，布迪厄称之为习性中的“即兴表演”或者说一种行动策略。这种行动策略不具有革命性，行动者会偏向选择与之相近或相似的资源和经验的继承，类似路径依赖。通过历史的时空稳步推进，创造性的实践活动逐渐被接纳为习性中的常态（无意识），不反思不能明察变迁的发生。策略开始都是温和的，但在实践史的某个阶段看，有可能导致面目全非，也或万变不离其宗。同时，在行动选择过程中，荣誉感或信念的确立使所在的社会结构相互契合，群体团结，而

---

① [法]布尔迪厄：《区分：判断力的社会批判》，刘晖译，商务印书馆，2013年10月第1版，第357页。

荣誉感则立足于通过实用的方式把特定情境中适当的或可能的东西加以内在化的一系列倾向[①]，进一步促成了实践的策略导向和能动性。

以此观看茶的实践感，茶的行动者既从食用、药用获得资源和经验，也从饮水的生活方式上获得更加实用及能动的信念支撑。茶与饮水的结合就是一种行动策略，茶与饮水方式相结合，需要满足日常生活的饮水习性，才可融入无形。因此，我们从以下两个方面来看，茶与饮水是如何联结的。

1. 茶饮作为习性的策略

茶对饮水习性的路径依赖，必要性在于：饮水作为满足生理需求的日常生活要素，简单直接，故而，茶与饮水的结合需求更大；人们日常饮水习惯于，它是液体，并且随时可用；水中茶的浸出物丰富，能让人留下深刻的茶滋味印象，体现行动的策略和即兴演示效果；饮茶犹如饮水般的顺滑、无味中的美味，有下意识（无意识）的依赖感；既然饮水是生理的也是健康的需求，饮茶应同样给予满足。

茶与生俱来的优势在实践中获得了可行性。茶叶的主要成分有碳水化合物、蛋白质、茶多酚、生物碱、氨基酸、维生素等多类物质。其中大部分可浸出于水的茶多酚、茶碱、氨基酸等构成了茶汤的滋味和香气，比如多种氨基酸是茶汤具有鲜味的主要成分；涩味来源于茶多酚，为不使涩味过重，后来还以不同的加工技术使茶多酚的涩味改造为浓醇而爽口；茶汤回甘（甜味）物质主要是可溶性糖（碳水化合物）；茶叶还含有二三百种的香气成分，利用不同的加工技术得以发挥，更增加了茶汤味美的魅力。茶叶成分的保健功能也很突出，茶叶多糖降血糖、茶多酚抗氧化、茶碱减肥、茶叶丰富的维生素含量成为少数民族地区“不可一日无茶”的生活必需品。

茶与水，在一定的配比下，以火上煎煮或开水沏泡的方式（这个方式与茶的药用经验相似），获得了水浸出物丰富的茶汤，可随时饮用。茶汤

---

① [美]戴维·斯沃茨：《文化与权力》，陶东风译，上海译文出版社，2012年5月第1版，第132页。

滋味香气特征突显、美好，令人难忘且心生喜爱（滋味香气的重视与茶之食用不无相关）。习惯于喝茶后，其依赖感不低于饮水；人们在历史的技术进步中一直努力改变茶汤滋味中但凡一点点的不适感，达到“无味之至味”境界；茶的保健功能更强；茶叶以栽培方式投入生产后，产能大，饮茶多多益善，造福百姓。因此，茶，作为饮水方式的选择，逐渐成为人们生活的常态。茶除了食用、药用，延绵历史而缔造辉煌的是茶饮文化。

2. 茶饮作为信念的缔结

茶视为珍品扩大用途作祭品，已表达出人们对茶的钟爱和敬重。茶与饮水习性的结合，也不仅是实用主义的全部成就。人类的行为发生，总是与意义有关，即便是实用的，能在实用之上还有更加内在化的东西作指引，这样的行为就变得有价值，价值观的统一能够团结力量并有持久性，促使行为得到实现，行为的影响力更为深远。

中国文化显著特征之一是形式有限性与内涵无限性相统一，“言近而旨远”。茶为饮，看上去是有限的实用性结合，其实人们更希望借此契机来抒发理想和信仰，表达无限的意义。因此，在后人看到的茶饮古籍里，最鲜活且令人感叹不已的是各时代之茶人，如何恰好发挥和利用茶之自然属性以显示人之伟大，如何将茶饮方式仪式化、将难以发掘内在于心的理想借此抒发，如何集合不同类型的群体达成共同约定而规范行为。历经几千年的实践与沉淀，茶饮便不再是直截了当的惯性俗事，价值的逐渐明确升格为文化。

茶饮是发生于水而超越于饮水的，尽管水之德在中国也有很高的地位，但其终究未能形成普遍化的仪式，来承载文化的内容；茶饮从敬畏感的体察上是超越于茶食的，尽管民以食为天，食物同样能令人敬畏，茶之美味始终是茶汤的重要属性，但缺乏距离感的敬畏，不足以承载文化的厚重；茶饮以亲切的面貌是超越于药茶的，尽管最早记录茶的，都在本草方剂里，而茶最终还是脱药亲水，以杯不离手的茶饮日用，来抵达“不离日用常行内，直造先天未画前”的文化情怀。

茶文化，讲的便是饮茶文化。

二、饮茶法

饮水与饮茶，这两者是近邻。“柴米油盐酱醋茶”的俗语即指饮茶如饮水般，视作生活必需品。假如饮茶仅仅同饮水，只是口感上比水更有滋味些，或因为茶多酚茶碱的缘故有了依赖感，那是小看了人类发明饮茶行为模式的策略了。

饮茶的行动策略，前面讲过，一是路径依赖，二是价值统帅。茶依赖于饮水路径，这使茶进入了日常生活之基石领地，牢固不可动摇。但茶毕竟不是水，随时可被水剥离出去；也有人根本不能接受茶进入饮水的日常。因此，价值趋向起到了关键性的作用，价值之形态的文化互构在茶与社会主流文化间形成。文化互构的第一步，须让饮茶行为可分解、可符号化，延伸行为的时空感，使社会主流文化的思想、审美在延长的饮茶行为时空里能有意识地发挥、驻足；文化互构的第二步，在第一步的基础上，饮茶行为以一种亚文化或新文化呈现，加入到社会主流文化之中发挥其应有的作用。文化互构的过程，也就是行动策略实践的过程；策略成功，也即文化互构之磨合一致。饮茶传播史在宋明之后十分频繁，几乎走向了世界各大洲。近千年的实践下来，并不是所有国家都接受了饮茶日常；但接纳饮茶文化的很多国家，几乎都以此为骄傲作该国文化的经典标志之一，可见日常生活文化的恢弘之力。

将饮茶行为要素逐一分解、逐一标志，铺展程式，并在群体中加以约定而成为一种规范，此刻的饮茶已不是简单的解渴、果腹、保健等以生存实用为目的的活动。在日常生活之中建立饮茶活动的具体程式，以要素和法则作为饮茶活动的主线，在程式中追求文化价值，具备此形态的饮茶行为模式，称之饮茶法。

饮茶法，应具备三个方面的逻辑视角：有时间轴的程式、有对象性的要素法则、有人参与活动之意义价值。以这三个逻辑视角，我们来分析我国（也是世界上）最早的两部典籍，是否有饮茶法的基本模样。一是西晋杜育的《荈赋》，中国最早的茶诗赋作品；第二个是唐代陆羽的《茶经》，中国茶文化史的首部著作。宋代诗人苏东坡曾赞誉这两部以茶为专题的首创作品："赋咏谁最先，厥传惟杜育。唐人未知好，论著始于陆。"宋代文人吴淑也有言赞美："清文既传于杜育，精思亦闻于陆羽。"这两部著作都有极大的影响力。

1. 杜育《荈赋》

杜育《荈赋》先存文本有缺字，全文大致如下："灵山惟岳，奇产所钟。瞻彼卷阿，实曰夕阳。厥生荈草，弥谷被岗。承丰壤之滋润，受甘露之霄降。月惟初秋，农功少休；结偶同旅，是采是求。水则岷方之注，挹彼清流；器择陶简，出自东隅；酌之以匏，取式公刘。惟兹初成，沫沉华浮。焕如积雪，晔若春敷。若乃淳染真辰，色绩青霜，白黄若虚。调神和内，倦解慵除。"《荈赋》以诗赋的形式，第一次完整地记载了茶叶的种植、生长环境、采摘时节、烹茶选水选具、茶汤的鉴赏品饮、饮茶对人的效用等全部过程。

《荈赋》中的饮茶，与更早前出现的茶作为草本、作为茗菜的制作、功效等说明文字相比，有很大的不同。从饮茶法的三个维度分析，《荈赋》有着明显的程式路径：时间，采茶旺季初秋；地点，出好茶的山冈田野；人物，一起出游的好友；行为，采茶、取水、备器、赏汤（沫花）；效果，饮用倦除。对象要素描摹得更为仔细：茶求奇产，水挹清泉，器择东陶，酌汤以匏；除了规定对象的器物要求外，行为的规定也清晰可见，亲力亲为、精心制作、美轮美奂、体察不已等。在程式中体现（隐喻）的文化含义更为突出：比如，"承丰壤之滋润，受甘露之霄降"即可指茶树的种植环境好，也可指人文环境的颂扬；"酌之以匏，取式公刘"仅仅说品茶汤之器具？不，民心向归的周祖先公刘，无疑是杜育的志向和榜样；"调神和内，倦解慵除"虽又回到饮茶药用的功能，但在中国追求心身健康本身就是非常强大的主流文化。因此，《荈赋》以简洁文字最早向人们呈现了饮茶法的程式、要素和文化诉求。《荈赋》比唐朝陆羽的《茶经》要早四百多年，陆羽在其《茶经》一书里分三次提出杜育作品，这在《茶经》一书里都实为罕见，也反映出《荈赋》在我国茶叶史上的地位之高。

2. 陆羽《茶经》

陆羽《茶经》分三卷十章约7 000字，分别为：一之源，茶自然物的起始之貌、茶的文字表达追溯等；二之具，制茶工具；三之造，制茶工序；四之器，对煎茶饮茶的24种器具作出规定；五之煮，煎茶的流程与方法要素，特别指出水的选择；六之饮，通过批判当时代的风俗，确立自己创造的饮茶方式；七之事，简述茶史；八之出，归纳产地及品类；九之略，在严格遵守陆氏茶饮规程之外的权宜之计；十之图，作为法则通约的必要悬挂、宣贯。

《茶经》是一部关于茶叶生产的历史、源流、现状、生产技术以及饮茶技艺、茶道原理的综合性论著，是中国茶文化学术发端的著作，是一个划时代的标志。基于厚实的实践基础、资料积累及文化酝酿，陆羽对自己创立的饮茶方式向全社会推行，比《荈赋》的表达要强硬得多，也更为自信、圆满。在《茶经》中，陆羽设计了一套茶具、茶器、一套烹茶、酌茶的程式，对茶事规律和技巧进行了总结和创新。陆羽通过一定的程序来表现精神和思想，这种精神即体现了人的实践，同时又与茶作为一种特殊饮料的自然属性相一致。陆羽《茶经》提出的饮茶行动策略是"精行俭德"，通过饮茶的行为规定来培养茶人思想情操，把饮茶看作，进行自我修养、锻炼志向、陶冶情操的方法。主流文化的儒、道思想同样在《茶经》饮茶行为、器具中体现，特别是陆羽精心设计制作风炉的思想蕴意，刻铸"陆氏茶、尹公羹"，"圣唐灭胡明年造"等字，表明陆羽以伊尹自比。伊尹"负鼎俎，以滋味说汤（成汤）致于王道"，他通过调鼎中羹的道理向商汤喻示治国的王道，陆羽以此自比，抱负彰显。风炉上刻八卦符号，题"体均五行去百疾"的字句，反映的是道家哲学中的五行相生相克理论，强调了自然和人类社会各种因素之间相互依存、相互矛盾的基本规律，而只有掌握其平衡才能求其发展。陆羽试图达成社会共同遵从其饮茶程式规则的愿望，《茶经》问世，在当时的确掀起了"自从陆羽生人间，人间相学事新茶"历史面貌，从而开辟了一个新的文化领域。

饮茶活动一直有着强烈的文化诉求。从杜育《荈赋》"承丰壤之滋润，受甘露之霄降”、陆羽《茶经》“伊公羹、陆氏茶”、宋赵佶《大观茶论》“盛世清尚”、明朱权《茶谱》“栖神物外，不伍于世流，不污于时俗”，延及现代茶文化，都通过饮茶之事来表达自己的文化责任和文化内化。茶禅人偈语“喫茶去”，也试图教导人在日常生活中自然见道，有着直指人心的力量。

饮茶法，一种以饮茶为程序的文化法则开始被社会群体接受，饮茶以文化的力量在日常生活中的基石地位逐渐稳固，如林语堂说的“只要有一壶茶，中国人走到哪儿都是快乐的”，饮茶的精神愉悦高于了实用功能。但，茶还有更大的抱负。文化有界，艺术无疆，茶之饮继续走向它试图抵达的目的地。

第二节　饮茶之美

美是永恒的，是生命价值的终极追求；美的绝对性、自在性，能超越时空、超越所有的局限，关怀到每一个生命，成为生命的信仰。中国思想一直将美与宇宙、社会、人生的根本问题等直接联系起来进行观察和思考，因此，饮茶的价值追求进一步走向美的领域也成必然。历代茶人们将日常茶事与自己的审美活动、精神追求、人格理想紧密结合起来，借助饮茶活动思考天地人生之理的行为方式，他们从泉茶之中体悟出人生穷通之理，将茶性与人性相比，借以明道励志，来表现清高脱俗的精神品格，使饮茶品茗具有高妙的审美价值和玄远的生命意味。西晋杜育在《荈赋》中歌颂了品茶高雅美妙的意境，陆羽《茶经》从饮茶的仪式中看出了支配整个世界的同一个和谐和秩序，谱写茶艺。而在宋代，更是以举国上下游于艺的狂欢行为，将生命与美的热爱屹立于当下。即便到明清以后，茶艺仍以淡泊、玄远之美隐喻在日常生活之中。

茶艺，通过形象性的直观方式和情感语言表达，从魏晋至唐宋，其风流雅致、其华美格局、其汪洋恣肆，已然形成饮茶之风的独特审美态度。陈寅恪先生曾言，魏晋风流与两宋文化是中国思想文化史上的黄金时代，其先后辉映的基本特征，即为“独立精神，自由思想，批评态度”。茶与社会文化整体一直都关系密切，茶是折射现有文化传统的一种载体，有怎样的社会政治经济文化，就会诱发怎样的茶文化，饮茶之美，便是茶文化中最核心的内容。如果说魏晋是茶饮之美的发轫期，唐代集其大成，宋代则是发展的顶峰期。日本茶道，由南宋茶艺东传，经其本土化改造而成；12世纪初冈仓天心以一本《茶之书》的唯美关怀，让近代世人理解茶道之于东瀛。

一、风流与即兴

魏晋时期，由血腥、短暂、自赏、玄远等构成了一幅社会画面，也诞生出追求自由唯美的文化群体。犹如曹操发出了“对酒当歌，人生几何，譬如朝露，去日苦多”这种对生死存亡的重视和哀伤，对人生短促的感慨，反过来使人们愈发重视生命当下的深度品味，浓郁的人生情怀成就了社会文化环境。更有崛起的新兴士大夫阶层社会，面对极其险恶的生存处境，他们的思想行为却是选择了个性的张扬与独立，表现出率直任诞、清俊通脱、不滞于物、不拘礼节、颇喜雅集等人格特征。建安七子、正始名士、竹林七贤、王谢世家、桃源陶令，他们代表的“魏晋风度”得到后来许多知识分子的赞赏。魏晋风度是一种人格范式，也称魏晋风流、魏晋风骨。

风流的构成条件为：玄心、洞见、妙赏、深情[①]。《汉书》中的“风流”，颜师古释曰：“言上风既流，下人则化也。”这里的风流，指风气教化，风气流行，可以改变民众。此后，“风流”有了专指某种才能俊秀、寄意高远的士人气质的外现意义。

在魏晋时代，饮茶以贵族修养的风流高雅的象征君临神州。魏晋南北朝是贵族制社会，这些贵族不是军阀武夫，而是拥有幽雅文化素养的士大夫。风流更多地表现为言谈、举止、趣味、习尚，既然魏晋风流是精神上臻于玄远之境的士人的气质外现，那么他们的言谈、举止、趣味、习尚便

① 关剑平：《茶与中国文化》，人民出版社，2001年8月第1版，第196页。

是风流，进而为文人学士、高官大贾乃至皇室贵族所模仿，向全社会普及，于是这美的生活趣味成为社会习尚。烹茶有一定的程式，敬茶也有礼仪规范，在烹茶、敬茶、饮茶的整个过程中，要求谈吐得体，举止优雅，因此饮茶具备风流的多种要素，是风流的一种。

杜育《荈赋》、张载“芳茶冠六清”等文字词语赞誉茶艺之美，可谓风华绝伦；再深层次，我们更同感杜育的秋日登高采茶、取山泉备东陶、尊贤喻志释怀的情趣之美，一种远离尘世、独自沉浸感念之美。魏晋没能留给后世足够的文字资料供我们探索当时的饮茶风流，但在这样一个风雅的社会里，堂而皇之地将饮茶称“水厄”“酪奴”，非一般情感不能领悟其在日常生活里的亲近感和时尚性。以魏晋风流的意识为强大动力，饮茶作为憧憬风流之美的生活艺术在这一时代迅速普及，对于少数民族和其他国家也不例外，进一步烘托了魏晋茶艺繁衍的风流高雅、遗世独立的审美情趣。

唐代是一个寻求儒、释、道融会贯通的时代，以特殊现象出发反映一般规律的思维方式，带来了《茶经》的问世，有了茶艺的体系。《茶经》里的茶艺高度颂扬精益求精、中规中矩之美，每一个美的发现，总在试图探索其中的原因，或者相互之间的关系，美在和谐秩序之中。唐卢仝著七碗茶歌：“一碗喉吻润，二碗破孤闷。三碗搜枯肠，惟有文字五千卷。四碗发轻汗，平生不平事，尽向毛孔散。五碗肌骨清，六碗通仙灵。七碗吃不得也，唯觉两腋习习清风生。”饮茶可获得羽化成仙，达到人生至美境界。时代的思想风格总也相似，有趣的是，卢仝之法依旧要通过七碗茶的循序渐进，才可以得道。唐代茶艺以中规中矩、循序渐进为审美趣味，造就了一统世界的饮茶秩序。

宋时代人对茶有无限的热情，甚至痴迷。宋朝是中国古代历史上商品经济、文化教育、科学创新高度繁荣的时代，自由开放、尊儒重教。在思想建设上注重以立足现实的思辨回应各种思潮、强调人的主观意志。因此，宋人关于茶的理想不同于唐人这般象征主义，而是力求现实化。饮茶不是诗意的消遣，而成为一种自我实现的方式。不朽即在无穷的变化之中，在于过程。宋代点茶斗茶分茶蕴含的审美思想和审美感受是独特而惊艳的。

点茶，是宋代对唐陆羽茶艺改革后创立的新程式，主要原因在于茶叶

生产加工水平提高，茶饼质量较之唐更加鲜嫩、醇和，茶艺的关键步骤改煎（直火开汤）为点（去火开汤）能使茶汤更美味，与之相符的器具、流程也都发生了变化，自成体系。宋代点茶包括备器、选水、末茶、候汤、熁盏、点茶、分茶等一整套复杂程序的茶艺。关键在于候汤和击拂，茶筅、汤瓶、茶盏是宋茶艺最核心的茶具。点茶主要分小碗点茶（如蔡襄《茶录》所述）和大钵点茶（如赵佶《大观茶论》所述）两大类，后者点汤击拂后，再将大钵里点好的茶汤分在茶盏品饮。小碗点茶在斗茶竞技时用得较多，在茶会雅集或庙堂之上时用大钵的较多，后者常用来体现皇恩浩荡。

点茶过程中的击拂注汤是一个很短暂的时间，高手赵佶将之细分为七个步骤、七次加汤，每一汤的动作要领及汤面变化都予以形象描述，在这更为短暂的时空里，点茶人从中体会到不同层次的感官体验，这是一种极细腻、极精致的审美体验。宋代点茶还有一个更奇幻的审美对象，是点茶时形成汤花沫饽，十分丰富厚实，可持久咬盏、可形象为文字图案。宋盛行斗茶，老百姓斗汤花咬盏的持久性，不仅能评出点茶高手，也是对茶叶采摘加工质量好坏的评比。文人雅士们更多斗茶汤花幻化的艺术形象，“水丹青”“茶百戏”由此而来，宋陶谷记录了“能注汤幻茶，成一句诗，并点四瓯，共一绝句，泛乎汤表”点茶丹青高手，以及“使汤纹水脉成物象者，禽兽虫鱼花草之属，纤巧如画，但须臾即就散灭”的茶百戏现象。赵佶也认为自己点茶的茶面呈“疏星皎月”状态。

在这样的艺术氛围下，茶为饮的功能几乎被置于次要的地位，而利用这小小物类，人们找到了可以发生在任何人身上的美的享受、快乐的游戏，精神上的愉悦超过实用的想法。更独特且不可替代，这种艺术是即兴的、短暂的。在开始点茶时，谁也不能预设结果，不能确定的结果之美成为审美内容，它满足了人们在平常中发现不平常的惊喜与渴望；形成的茶汤花画是幻象，须臾间消失，但细腻的情感使人们依旧为那一瞬间的美驻足不前、茶汤幻象到底是茶本身，还是参与者内心的艺术向往，回到了审美的本质；留下一些没有说尽的，给了观者以完成作品思想的机会，凝神屏气的注意力使参与者进入了作品的一部分，达到美感的极致。宋代也有“红焙浅瓯新火足，龙图小碾斗晴窗”“不用撑肠拄腹文字五千卷，但愿一瓯常及日足睡高时”（苏轼）的雅致乐生情思，但以斗茶分茶之丹青百戏为代表，宋代茶艺的细腻空灵心性、审美不确定性，以及主体参与共同形成审美内容等，更成为后世膜拜且不可企及之顶峰。

二、不完美的崇拜

冈仓天心著述《茶之书》，开宗明义给了日本茶道一个定义：“日本把饮茶尊崇为一种审美的宗教，即茶道。茶道是基于崇拜日常生活里俗事之美的一种仪式，它开导人们纯粹与和谐，互爱的奥秘，以及社会秩序中的浪漫主义。茶道基本上是一种对不完美的崇拜，就像它是一种在难以成就的人生中，希求有所成就的温良的企图一样。”日本茶道起源于中国，古代日本没有原生茶树，也没有喝茶的习惯，饮茶的习惯和以饮茶为契机的茶文化是八九世纪时从中国大陆传过去的。至19世纪为止，日本茶文化的发展一直受到中国大陆茶文化的影响，大陆茶文化在各个历史时代所创造出的新形式都逐次波及日本茶文化。

但是，紧随着中国文明脚步的日本茶道，在15世纪后开始走出了自我辉煌的道路，一种独立的、世俗的仪式完全确立起来。

首先创立茶道概念和仪式的是15世纪的村田珠光和尚。村田珠光在参禅中将禅法的领悟融入饮茶之中“佛法存于茶汤”，从而开创了独特的尊崇自然、尊崇朴素的草庵茶风，逐一将艺术与宗教哲学引入喝茶这一日常活动的内容之中。禅宗重视在日常生活中的修行，所以关于日常生活有严格的各种清规，这些清规深化提高了生活文化，使其生活有一种艺术韵味。继任茶人是武野绍鸥，他对村田珠光的茶道进行了很大的补充和完善，还把和歌理论输入了茶道，将日本文化中独特的素淡、典雅的风格再现于茶道，使日本茶道进一步民族化。16世纪的千利休是日本茶道集大成者，他将日本茶道仪式真正提高到艺术水平上。摆脱一切有形物质的束缚是千利休的核心主张，茶室可以更小、茶具可用俗品、茶花随心而动、简化茶道的规定动作等，将茶道从禅茶一体的宗教文化还原为淡泊寻常的本来。他强调茶道重要的是凝神体味和发现本心，抛开外界的形式操纵，以专心体

会茶道的趣味，使茶道的精神世界更加自由。千利休创立了茶道的“四规七则”沿用至今。

日本茶道中的“四规”也被称为茶道精神，“和、敬、清、寂”之“寂”是日本茶道美学的关键点，“寂”指凝神、幽静、清冷、慎独。因此，茶人们进入茶室气氛恬静、庄重凝神，拿起茶碗便与茶碗成为一体，拿起茶刷便与茶刷成为一体，点茶时要随着程序的进展心技一体，通过一丝不差的繁复规则来磨炼人心。当这些定规不再令饮茶者厌烦，当饮茶人信手而为就符合茶道礼法时，才算领会了茶的真谛，才能体会一杯恬静而美好的温良之茶。在茶人们来看，只有生活于艺术之中的人才能理解艺术所含有的真正价值，所以，茶人们在日常生活中也努力保持在茶室时所表现出的风雅态度。茶人独自在茶室也一样，“自然物向能够静观自己的人呈现出一幅亲切的面容，从这个面容中人可以认出自己，而自己并不形成这个面容的存在”[①]，自然物的茶汤提供了人们心灵观照的途径，在独处无人注意时，也要谨慎不苟地做好每一个细节，透过对自身的洞察来获得真实的自我，体会茶道之寂的智慧。

茶道审美在日本得到精致化的发展。饮茶已经不再局限于理想化的饮用形式，它成为生活艺术的宗教，日本的建筑、绘画、诗歌、舞蹈等，都与茶道美学的繁衍有关。茶成为崇拜纯粹和精致的诱因，成为一种神圣的仪式，在这一仪式中，主人和客人协力去创造世俗的幸福瞬间。真正的美只能通过在精神上去完美那些不完美的事物才能得到，因此不完美是美的过程，美的崇拜即是不完美的崇拜，正如人生的过程。这是日本茶道审美的核心主张。

18世纪的英国作家查尔斯·兰姆对茶道有同样的体会，认为茶道就是这样一种隐藏着你可以发现的美的艺术，一种暗示你不敢表白的东西的艺术；它是平静而充分地自嘲的高尚的秘密，它本身即是这样一个幽默——达观的微笑。东西方文化在茶的审美上达成了一致。17世纪，由英国皇宫首先兴起饮茶仪式，确立在茶叶的贵族出身，拥有了高傲显贵的社会地位，

---

① [法]杜夫海纳：《审美经验现象学》，韩树站译，文化艺术出版社，1992年版，第588页。

以及社会追捧的时髦风尚。在妇女群体的推动下，英国本土化的贵族家庭饮茶仪式基本成形，家庭英国下午茶的时光里，面对尚未泡开的清茗，客人表现了对未来命运达观的顺从。茶没有葡萄酒的傲慢，没有咖啡的矜持，没有可可的故作天真，西方士人们同样把他们的思想精华与茶的理想混在了一起。英国的农民、工人阶级也开始饮茶，发现茶之善行，英国工业革命中需要茶来温暖他们，给予保持清新的身体和活跃精神的超级力量，“有了茶叶的影响，我们才相信和希望去实现我们的梦想，否则我们会在灰心和失望中放弃”（兰斯特）[①]。茶不仅出现于家庭仪式，还广泛存在于品茶园、咖啡馆等公共生活领域，在这些社会舆论中心里，带有审美性的仪式、陶醉在某种优雅气氛中的场景，使人摆脱日常生活的烦闷，发现茶在“不完美”的娴静冥想里能找到共同的慰藉。

三、审美态度

审美态度是对茶最深沉的追求，它代表了快乐、代表了慰藉、代表了自由的精神。茶艺是快乐的，它有品赏到颇有滋味的茶汤这种实实在在的快乐，有着丰富的推动力参与游戏的明朗而自由的快乐，能在日常生活中围筑起慰抚、温暖心灵的家乡世界而快乐。生命的本质是趋乐避苦的，弗洛伊德的“快乐原则”说，人的整个精神机关的基本促进动力，来自没有得到满足的愿望或者没有得到平息的激动——一个释放由此而产生的未满足感的愿望，从而消解紧张，得到快乐。中国人在日常生活中以游戏般的活动来平衡这样的快乐，茶艺的生活方式通过无所不在的审美态度获得了这样的快乐与自由。

茶艺生活需要无所不在的审美态度。当我们能把琐碎的、模糊的、世俗的饮茶方式呈现出艺术化的愉悦，我们便应该有这样的审美态度来欣赏发生在我们周围的一切：热爱大自然，因为它是美的，它与茶叶同样有着不同寻常的美，能与人类共舞而获得快乐。热爱苦难，因为它是美的，犹

① 马晓俐：《多维视角下的英国茶文化研究》，浙江大学出版社，2010年8月第1版，第48页。

如品茶，有它的苦涩才能感受到啜苦咽甘的美味，有它的苦涩才有百折不挠的探索达成今天洋洋大观的茶艺文化。热爱与我们不相同的人生，因为它们是美的，当我们欣赏着踏过的每一步路，我们才知道日常生活的价值更为重要，在那里，每一个人都有美的自由和快乐。我们以审美态度来欣赏这一切，我们便拥有了充实的心灵，充实感能让我们的内心变得更加强大而宽容。

审美的充实感也是规则的体现。古人说“充实之谓美”（孟子·尽心下），席勒也指出：“人要追求独立自主的外观，比起他不得不把自己限制在实在之内，要求有更大的抽象力，更多的心灵自由，更强的意志力；而且要想达到独立自主的外观，人就必须先经过实在。”①充实感不仅是扩大心灵的感受表现于外在形式，更重要的，充实感还受到具体可见的规则约定和考验。美不在为生存而工作中产生，其过程犹如参加游戏的盛会，为实现自由，美约定了规则。之所以我们能欣赏到茶艺的美，是因为茶艺按美的规则来实践，执行茶、水、器、火、境之美的法则、形式表现之美的法则、行为修养之美的法则等。一个漂亮的人物可能具有依据人体法则审美的意义，但一定不是茶艺审美的内容；只有当漂亮的人物在茶艺的法则中与各元素融为一体，带给人充实感和自由，才是茶艺的审美。犹如爱情，它是世界上最美的情感，无论我们用怎样的词语描绘它都不能达到它的美好，但爱情也一样有着法则，比如责任、信任等，抛开法则的爱情只能沦陷为欲望。车尔尼雪夫斯基说过：“生命是美丽的，对人来说，美丽不可能与人体正常发育和人体的健康分开。”审美的对象必须接受之所以成为审美对象的规则对它的检验。

审美态度是超越规则之后的自由。通过美，我们才能到达自由。美是人类追求自由的唯一路径，这种自由的实现必须历经苛刻又不尽完美的规则的检验。宋代《上堂法语》中记载了禅师悟道的体会：“老僧三十年前参禅时，见山是山，见水是水。到后来，见山不是山，见水不是水。而今依前，见山还是山，见水还是水。”这里所述的“三见”，一见是表象、二见

---

① [德]席勒：《审美教育书简》，张玉能译，译林出版社，2009年版，第90页。

是再现、三见是无形。当我们开始接触茶艺，觉得很简单，因为自己每天就是过着这样的生活；当我们要表现和再现茶艺之美时，却觉得那些可能是我们的生活、也可能不是我们的生活，大部分的时候更觉得它是建立在我们日常生活之外的、并抱有怀疑的世界；当茶艺真正地融入了我们的情感、进入我们的内心、融化到我们日常生活之中，规则不再阻挠我们进入茶艺世界，因为规则就在日常生活之中了，大美不言、大象无形。即便无形，我们依旧能自由地享受着如同“沏一杯茶而已”般的美好，沏着这一杯杯茶，犹如一场快乐的游戏，我们从必然王国进入了自由王国。

茶艺的生活方式追求这样的审美态度：它是一种丰富的情感，追求生命的自由与快乐，美是通向自由的桥梁，于是它热爱美，热爱生活中一切美的痕迹；实现美的境象，却必须从最不自由的规则遵守开始，于是为之历练，为之百折不挠地奋斗，在此过程中是快乐的，因为它并非为了生存；逐渐地，规则与我们内心向往的理想连接在一起，与游戏的法则一样，它总是屈服于人类的坚持，我们便超越了它。超越了规则，我们还拥有了改变规则的可能。当我们超越了规则，才发觉美似乎一直依附在我们的日常生活之中，到处都洋溢着快乐和自由；当自由充溢着我们的精神和生命，便是获得了日常生活给予的最高馈赠。

美，庄严而强大，这里有活跃的人生。用审美态度来看待我们的生活、我们的人生，我们便拥有了自我完善的能力。

第三节　茶艺

茶艺之“艺”，从字典上解释有三层意义：一是技能，二是准则，三是艺术。因此，茶艺从其直接的字面解释，可以有三个不同层面的理解：沏茶的技能；沏茶、饮茶方法，规则；饮茶的审美，及以此示范的审美教育。

从本质上说，茶艺是主体作用于客体的呈现。茶艺主体是在茶艺实践中形成的具有一定技术与审美能力的人，也即茶艺师；茶艺客体是在茶艺实践中主体实现创作能力的对象，即由茶、水、器、火、境等基本质素以及之间的组合规律和形式。茶艺呈现，即如何表达一杯完美的茶汤，其中，

“表达”是沏茶过程和茶汤享用呈现的所有行为过程；“完美”是物质滋味和精神意义指向美好的总体感受，是呈现的目的。基于茶艺的本质内容，茶艺师依据自身的技术、文化及审美能力，展开了作用于茶艺客体的多样形式的追求，在“表达”的具体行为与“完美”的价值需求之间，产生了与敬畏与心灵滋养有关的、基于信仰的动机。这样的动机在行为上的表现，即仪式化。仪式化使茶艺具有规定性和特殊性，涉及了技艺、礼法、审美、修养四个领域。

茶艺的概念可表达为：是仪式化、审美化的饮茶方式，它以东方哲学为精神核心，以茶、水、器、火、境为基本元素，以技艺、礼法、审美、修养为研究领域，通过具有规范仪式的艺术创造，再现和表现饮茶活动，从中表达理想的人格和社会图景。

一、仪式化

茶艺区分于一般饮茶活动的主要行为特征是仪式，茶艺的性质是仪式化。茶艺作为一般沏茶、饮茶、解渴的活动，不会被提高到作为专门化、艺术化、哲学化的学问来对待；茶艺之所以与一般的饮茶活动区分开来，是对其特殊性的显现和强调，茶艺是一种特殊的饮茶生活方式。这个特殊性就是由仪式化发生的。

仪式的发生与生命有关，人们为了安全、安慰或更好的生活，服从于某种具有诱发因素功能的行为，采取集体认同的形式，不断增强其功能的强度、准确度和精密性而趋向于特殊化的过程，称之为仪式化。结构仪式化理论提出了在社会大环境中仪式化行为的特征，分别是突出性、重复性、相同性及资源性，该理论关注处于一个大社会环境之中的小群体，如何通过对大环境中最得到强调的仪式化行为的采纳而对大环境的社会结构进行复制。[①]仪式化符号行为的突出性越明显、行为的重复性频率越高、仪式化

---

① [美]戴维·诺特纳若斯：《美国华裔的边缘化及涵化进程中的结构仪式分析》，单纯译，《世界民族》，2002年第1期，第68-81页。

行为的相似性越大、仪式化符号行为社会资源越广阔，在这些环境中仪式化符号行为的意义也就越重大。

日常生活的仪式化更多地体现规范、风格或形式。仪式大多与宗教信仰有关，在日常生活中也有相似的模式行为，比如先祖们敬畏食物而举行的仪式、诞辰节日的仪式等，仪式化能够使世俗世界变得与神圣世界具有相同的价值和意义，这样，神圣世界中令人敬畏的力量同样会显现在世俗世界之中。中国传统文化从本质上说充满着对日常生活的敬畏，把一件物品或日常事务与宇宙规律联系在一起，对于中国人来说是十分常见的思维模式，人们希望通过仪式化行为，带给日常世俗生活以积极影响，使世俗的日常生活具有神圣性。日常生活的行为原本是模糊的，随着仪式化的进行，行为特征变为显著而简单化，其本质内容不断重复，一部分内容被强化，最终形成了具有某种规则、风格和形式的行为模式，并被社会大环境认同而得到复制。日常生活仪式化的结果，在形式的规定性和特殊性方面与日常生活加以区别，茶艺即是拥有了这样的规定性和特殊性。

茶艺的仪式化，是通过具有文化精神和宇宙观象征意义的饮茶行为，赋予人一种可以辨别的身份和属于这一群体或集体的特殊精神风貌和气质，集体拥有了这个特有的观念和生活方式，在传播中不断重复饮茶的思想、技能、程式，使茶艺主体的气质、行为和客体的茶、水、器、火、境等要素规定得越来越显著、准确和严格，最终形成特殊化的形式，完成了茶艺的仪式化过程。茶艺的规定性和特殊性表现如下：

规定性。中国茶艺文化是从文人意识或者说诗人意识中起源，在中国古代，它作为一种象征精致文明的生活方式被世界各地广泛模仿，因此，仪式化的饮茶行为被视为对清高脱俗、风流儒雅的气质要求和承认，这种承认也意味着确立的一个权威，在权威的引导下对饮茶行为带有某种敬畏感。伴随这种同志意识和敬畏感的培养，有特别意义的茶艺行为和器物被一一规定，以区别一般的饮茶态度。茶艺的规定性首先是对饮茶器具以成系统的方式与日常生活区分开来，饮茶器具从兼用的物品起步，随着行为特征不断强化，具有特别规制与符号的专用饮茶器具逐渐成形。器具是茶艺仪式化程度判断的重要指标，专用茶器具越成规模，规定得越细致，茶

艺仪式化水平和成熟度也就越高。茶艺的程序也给予了规定性，以位置、动作、顺序、姿势、移动线路等要素分解，仔细制定规则与流程，通过这样的规定能较快地进入不同于日常生活的特殊形式之中，承认特有的身份。将茶艺的茶、水、器、火、境的客体特征显著化，简化了饮茶活动的外在形式，使其具有可复制性，而被更多的群体认同。

特殊性。茶艺的特殊性与规定性是密切联系的，规定性的饮茶方式与一般的饮茶行为区分开来，表现出它的特殊性，对规定越是敬重，特殊性就愈发显著。从唐代开始，茶艺通过陆羽《茶经》以及其他茶人典籍的传播，对器具的严格规定、技艺要素的反复强调、致敬理想的表达等，达到了茶艺与一般饮茶行为区别的特殊性要求。这种特殊性除了对茶艺程式的规定外，作为与社会一般生活不同的存在，茶艺有继续突出其特殊性以及重建阶层的愿望。茶艺仪式在发生之时，就试图借助神圣的力量消除世俗生活原有规定的比如阶层、身份、生存状态等不同与差别，因此在茶艺规则中十分强调无差别与公平性，由于介入仪式后的特殊性与优越性，形成以茶艺规则为秩序的小群体，试图重建日常分层关系。一方面，茶艺仪式化过程中的消除差别和小群体阶层，短暂地释放堆积的不安与压抑感，是对社会秩序的维护；另一方面，茶艺的起源和本质都是出于对文化权威的敬仰，并在仪式过程中以敬重的态度得以呈现，保持了与社会主流意识的一致性，因而它终究能找到与社会文化相平衡的状态而协同发展，最终实现了被社会环境认同的、完成仪式化的稳定结构，具备了行为复制的组织动力，仪式的特殊性也越来越集中在对规则的敬重态度。

茶艺不仅停留在日常生活行为仪式化的过程，中国人自古以来对饮食文化有着高度的审美兴趣，既要满足审美的非功利性、又要满足审美的实在性，茶的出现满足了中国特有的日常生活审美需求。茶艺从仪式化进入审美境界，便以一种精致文化的面貌存在于社会，并为文明社会普遍推崇。仪式化的过程使茶艺超越了日常生活中饮茶的一般态度，以特有理想化的生活方式和观念，形成具有独自性的文化形态和审美领域。

茶艺仪式化的规定性和特殊性，具体表现在以下四个领域：茶艺的技艺领域、茶艺的礼法领域、茶艺的审美领域、茶艺的修养领域。

（一）技艺领域：以科学性为基础的茶艺主体行为

茶艺是一个行为的表现形式，技艺是茶艺最直接的呈现。茶艺的技艺领域是茶艺师的行为作用于客体对象时的表现，是茶艺师如何组织茶艺的各元素来实现茶汤的行为，以及分享和品鉴茶汤的过程。其中，对于客体元素的知识认知和控制，是技艺实现的条件。因此，茶艺的技艺领域，是研究以科学性为基础的茶艺主体规定的行为方式。

茶艺元素的科学性包括了茶叶的知识，茶叶色、香、味、形的形成与品质类型的区分，水的分类、选择与区分，火的利用，器具的材质、结构、功能的理解，茶境空间结构的合理性等。中国在几千年的茶叶生产和沏茶、饮茶的生活中积累了丰富的知识，“格物致知”是茶艺研究极为重要的第一步。茶艺基于对客观元素的知识认知，要呈现一杯更加完善的茶汤，茶艺师的技术控制是十分必要的，比如，研究器具的不同材质和结构造型与茶品选择的适切度配合，以有利于茶汤性能的发展；将各个元素的技术指标控制在恰到好处的程度，在规定的时间、空间中针对不同人群的呈现；茶艺师熟能生巧、气韵生动的技巧表现，带给人畅快淋漓、神思向往的审美享受等，都是茶艺在技艺领域研究的内容。茶艺的技艺从主体结构分，表现为茶艺师沏茶的技艺和饮者品鉴的技艺。

茶艺师技艺的规定性会比较直观，主要体现在茶艺进入沏茶的过程中，它仔细分解和制定了位置、动作、顺序、姿势、移动线路等“合五式”规则。茶艺师按照规定的基本流程来进行重复训练，在不断的练习中，获得熟练的技艺能力，能力与情感加以结合，促使茶艺师技艺水平的提高。技艺另一方面是品鉴的能力，有好茶，还要会品尝、评判和欣赏，茶汤品鉴有科学性的一面，也有人文情感的因素。

（二）礼法领域：以敬重态度为仪式化特征的核心内容

茶艺的核心文化归属是儒学，茶艺的仪式化过程，将儒学的根本之学礼法作为茶艺对规则敬重态度的理解，是自然的、也是必然的。茶艺仪式化的特殊性主要表达为突出的敬重态度，这种敬重的态度用礼法的形式融

入茶艺的行为模式之中，组成了茶艺的核心内容。

礼法在茶艺的日常生活之中是十分普及的，礼法的核心是敬重态度及其表现形式。宗教活动中经常有献茶的仪式，来表达敬重态度，至今人们仍是用“清茶四果”“三茶六酒”来祭天谢地，期望得到神灵的保佑。宋代专设“四司六局”机构，专门提供“烧香、点茶、挂画、插花”等礼节性活动的服务，说明了点茶作为仪式的重要性。南宋朱熹《家礼》中记载了每个家庭必须掌握平常的祭祀礼节，其中茶礼的程式被视作“通礼”加以规定。日常生活中以茶待客，是最常用的礼节来表示对客人的尊敬。

茶艺的仪式化，使礼法的敬重意义更加突出，这种敬重态度在茶艺范畴涉及的人与物的关系和人与人的关系中得以表现。人与物的关系体现出尽物性的原则，充分了解和发挥各物质元素的性能，不能有一丝的浪费，珍惜它们的存在，对自然充满敬畏感；人与人的关系体现出尽人事的原则，彼此间的尊敬、爱惜，培养默契的情感，尊重生命的存在，竭尽全力地做好每一件事，追求天人合一的神圣感。茶艺的礼法决定于茶艺的每一个细节，当敬重的态度贯穿于技艺的全部，礼法才得以呈现。

（三）审美领域：茶艺的美感呈现与艺术表达

茶艺具有美感，茶艺的美感既有实用性，又有移情性，增大了茶艺传播的价值和范围。茶汤是茶艺的审美对象，茶汤的实用性美感主要体现在色、香、味、形上，也有为一杯更加完善的茶汤而融合其中的主、客体之美的内容；茶汤的移情性，是茶人以茶汤为观照唤醒了自由与想象力，抒发了对人生及世界的情感。茶艺审美范畴体现为仪式感、朴实、典雅、清趣、人情化五个方面，茶艺的审美特征提供了日常生活美学研究的广阔领域。

茶艺审美的表现形式是艺术，茶艺是一个综合的艺术形式，它包括了实用艺术、造型艺术和表演艺术。茶艺以茶汤为观照，以“尽其性”的原则对茶艺各个器物从实用到审美的要求、茶汤“色香味形”品鉴以及茶艺带给一般生活的示范，茶艺属于实用艺术。茶艺的造型艺术主要体现在茶席的设计，茶席设计是否成功是茶艺给予观众的第一印象，随着茶艺的推广，茶席设计也作为单独的艺术作品形式提供审美。茶艺最能留下深刻印象的是茶艺师气韵生动的表演，以及观众“啐啄同时”的参与，茶艺师与茶汤交相辉映趣合了“从来佳茗似佳人”物我合一、物我两忘的审美情感，茶艺又属于表演艺术。茶艺以艺术形式的作品呈现，在文化创意产业蓬勃兴起的时代，谱写着茶艺有史以来最为壮丽的篇章。

（四）修养领域：茶艺精神的日常生活实践

任何一个学者对茶艺的研究，都会归结到茶艺的精神，又称茶德，或称茶道。茶艺的精神，来源于它的哲学思想。相似于学者对茶道内容的解释，茶艺思想是以中国哲学、东方哲学为基本核心的，它围绕着天人合一、正德厚生、孔颜之乐的哲学理念来确立理想的人格和社会图景。茶艺的思想表现在茶艺的形式之中，它是通过茶艺的技艺、茶艺的礼法、茶艺的审美以及艺术形式给予表达的。茶人信奉茶艺蕴含的思想，终身持久不懈地操练自己，生活在茶艺思想的体验之中，以生命去实践这个思想，茶艺的思想成为茶人日常生活的实践。茶艺思想通过日常生活实践而提炼形成指导性宗旨，称为茶艺精神。

二、符号

哲学体会揭示了茶艺作为文化现象的人的理性与精神的归属，符号是茶艺被感知的具体形式，而哲学则蕴含在符号意义之中。符号，以形式通过感觉来显示意义，符号既是意义的载体，是精神外化的呈现，又具有能被感知的客观形式。文化现象中最核心的文化符号，应该能反映出该文化与其他文化显著区别的客观特征，因此，符号在文化现象中有不同类型的存在。

仪式是茶艺的文化符号，仪式具有可感知性，仪式化的程度标志着茶艺的发展进程，仪式虽然是可被感知的行为形式，但仪式还不足以解释茶艺的整体性，仪式在组织的传播方面发挥了重要的作用，因此，仪式是茶艺的符号载体。茶汤是茶艺的文化符号，茶汤是观照的对象，人们通过茶

汤不仅获得对茶艺客观规律的把握，也从中体会到人类的情感和审美愉悦，但茶汤在表达茶艺基本结构的层面上是抽象的，它将茶艺客观形式进行了符号的集合。在洞见茶艺的基本结构和理解茶艺形式的整体性上，茶艺的茶、水、器、火、境五个元素符号是最恰当的表达，它既是茶艺客观感知的形式，具有显著而强烈的代表性，又通过茶艺元素符号来表达茶艺的哲学理念、文化精神以及仪式化的意蕴。茶、水、器、火、境代表了茶艺的核心文化符号。

茶艺由主客体组成，主体是人，由茶艺师与茶人共同组成，起主导作用的是茶艺师；客体是茶艺师改造的对象，是实现茶艺目的并具有核心特征的基本物质，茶艺客体由独立和必要的元素构成。元素，同一性质事物的主要组成部分。茶艺依从不同的主体而呈现的客观对象，都应该有一致性的物质组成部分，从而形成其特有规律和特征把握。茶艺最核心和最根本的任务，是把植物的茶转变为仪式化茶汤，使茶汤充满人情味和审美感，呈现一杯更加完善的茶汤。茶、水、器、火、境五个元素与茶汤形成过程关系紧密。“茶”是茶汤之核，“器”为茶之父，“水”为茶之母、是茶汤之形，“火”为内功、“境”为外力，是茶汤实现的动力和带给主体审美情趣的路径，故为茶汤之力。茶、水、器、火、境以“核、形、力”的维度构成茶艺最本质的物质基础，主体通过把握这五个元素的客体对象特征，实现茶艺从形式到内容的生活艺术之美。

茶艺由茶、水、器、火、境五个元素构成，这些元素在主体的作用下相互联系、相互作用、相互依赖、相互制约，构成了用以表达茶艺思想、内容、形式的有机整体。对茶艺元素的确定，突出了茶艺的规定性，五个元素缺一不可，茶艺是在茶、水、器、火、境的完整呈现中赋予了主体的情感表达。

“茶、水、器、火、境”的符号不仅代表了茶艺的具体形式，还与中国文化的“五行”“五常”有暗合的关联。“五常”是儒家文化的归旨，“常”指规范、恒常不变，“五常”表达了儒家崇奉的五种德行：仁、义、礼、智、信。汉代学者还把“五常”与“五行”一一对应起来：仁和木，义和金，礼和火，智和水，信和土。因而，茶艺符号形成了这样从形式到意义

的文化表达：茶—木—仁，器—金—义，火—火—礼，水—水—智，境—土—信，分而述之。

（一）茶—木—仁

茶为木性，木大生而其德在仁，以茶示仁，仁者爱人。《论语·颜渊》篇中记载：樊迟问仁，孔子回答说："爱人"。仁爱的方法，是"忠恕之道"。《论语·雍也》篇，孔子说："夫仁者，己欲立而立人；己欲达而达人。能近取譬，可谓仁之方也已。"这就是说，仁具有两个方面：一是"己之所欲，施之于人"，尽己为人谓之"忠"；二是"己所不欲，勿施于人"，"不迁怒、不贰过"即"恕"。"忠恕之道"，孔子认为，这就是把仁付诸实践的途径，也称为"絜矩之道"，即以自己作为尺度来规范自己的行为。只有约束自己的行为，才有可能推己及人，获得认识人类的智慧。

茶为仁爱，因此，茶的珍惜和敬重之感要在茶艺的过程中得到体现。通过一叶茶，能有诚意地联想到茶农的辛勤、自然界对它的滋润，因此更加怜惜它的存在，茶艺师精心地沏好每一杯茶，饮者尽心的享受茶带来的色香味形，欣赏它每一刻的美妙呈现。珍惜因为饮茶而连接在一起的人与人之间的情感，严格规定自己的行为，按茶艺的规则认真做好每一个环节，以一期一会的约定来对待每一次的茶事，实现以茶表达仁爱的目的。

（二）器—金—义

器有金性，金大成而其德在义，义者宜也。在儒家看来，义是一个事物应有的样子，它是一种绝对的道德律。社会的每个成员必须做某些事情，这些事情本身就是目的，而不是达到其他目的的手段。义，"为而无所求"，人做自己所当做的，因为这是道德本身的要求。相对应于道家的"无为"，儒家认为，一个人不可能什么事也不做，每人都有应当去做的事情。一个人做所当做的事情，其价值就在"做"之中，而不在于达到什么外在的结果。

孔子自己的一生就是这种主张的例证。他身处在一个社会政治动乱的时代，竭尽己力去改造世界，周游列国，与各种各样的人交谈；虽然一切努力都没有效果，但他从不气馁，明知不可能成功，却仍然坚持不懈。《论语·尧曰》："不知命，无以为君子也。""知命"的人生态度是竭尽己力，成败在所不计。这里的"命"是指宇宙间一切存在的条件和一切在运动的力量。我们从事各种活动，其外表成功，都有赖于各种外部条件的配合，但是，外部条件是否配合，完全不是人力所能控制的。因此，人所能做的只是尽己力之所及，而把事情的成败交付出去。知命，即是要认识世界存在的必然性，是个人对外在成败利钝在所不计。如果这样行事为人，在某种意义上说，我们就永不失败。这就是说，如果我们做所当作的，遵行了自己的义务，这义务在道德上便已完成，而不在于从外表看，它是否得到了成功，或遭到了失败。能够这样做，人就不必拳拳于个人得失，也不怕失败，就能保持快乐。

茶之器是茶艺的重要元素，"形而上者为之道，形而下者为之器"，它是茶艺承载茶汤追求悟道的工具，"器为茶之父"，也是茶艺历代传承的客观见证。以器容道，以器盛茶。器是茶艺组成的基础，是体现茶艺思想的线索，因而陆羽用一整卷来写作"器"。对茶器的追求是一种"为而无所求"的态度，完美的"二十四器"，是来体现煎茶饮茶必须要这么做的事情；但这里更要紧的是茶人反身对己的道德要求，在风炉之器上铭刻的"陆氏茶、尹公羹"，表达了陆羽的治国抱负，所谓"以器承德"。做我们应当做的事，把事情的成败交付出去，不为外在的成败左右我们的目的，因而茶人豁达乐观。

（三）火—火—礼

火重气性，礼出和气，火大长而其德在礼，礼者立也。孔子曰："不学礼，无以立。"《管子·枢言》说："法出于礼，礼出于俗。"荀子说："礼以顺民心为本……顺人心者，皆礼也。"礼是人在社会上立足的基础。礼的主旨是表达敬意。孔子曰："今之孝者，是谓能养。至于犬马，皆能有养。不敬，何以别乎？"敬是把礼作为人与动物区分的标志。礼的本质在"分"，"物以类聚，人以群分"。礼强调"分"的目的有二：一是为了辨识，是对他人的认识，约定成俗的礼成为认识人的一个参照依据；二是制定规则，来维护社会的秩序，尽可能地减少竞争。所以，礼的“分”是为了“和”，礼与和是统一的。

中国历史上许多朝代把礼看作治国的大纲与根本。荀子曰：“人无礼则不生，事无礼则不成，国无礼则不宁。”礼也被视为认识上的是非准则，“非礼勿听，非礼勿言”，便是以礼为听、言之准绳。以礼“正名、决讼、察物、同心”，即以礼来成为各种事物进行规定的标准，成为认识和行为发生分歧和冲突时进行判决的准则，成为指导认识、贯彻认识的过程以及认识的标准，用以统一人们的认识和思想。

火是人类文明起源的标志，从这一意义上，它与礼具有同样核心地位。茶艺中的火有柴木、燃料之火，也有火焰、火候、煮汤、水气之火。火之气形成了茶汤之气。中国向来重“气”：“万物负阴而抱阳，冲气以为和”。这种对气的理解同样也带到茶汤中来：礼出和气。茶艺重礼，茶艺将礼法作为重要的研究范畴。形式上有祭祀之礼，客来敬茶之礼，茶为国礼等；内容上有茶人茶事“礼陈再三”，以帛纱示礼，“凤凰三点头”之礼等；思想上有“礼和敬乐”，“德重茶礼”等。不学茶礼，不立茶艺。茶艺礼法的核心是表敬意，以“尽其性、合五式、同壹心”的规则执行，来体现礼法在茶艺中的贯穿，追求气韵生动的和谐之美。

（四）水—水—智

水大藏而其德在智，智者乐水，智者明辨。中国哲学对知识的认识主张从实际出发，“知也者，以其知过物而能貌之”（《墨经·经说上》），人的认知能力必须与一个知识对象打交道，才得以辨认它的形象，通过感官传达到思维的器官，由此构成知识，并能分析和理解。关于明辨，“夫辨者，将以明是非之分，审治乱之纪，明同异之处，察名实之理，处利害，决嫌疑焉，摹略万物之然，论求群言之比。以名举实，以辞抒意，以说出故，以类取，以类予”，为分清是非，区别治乱，辨明各种事物之间的相似相异之初，考察名实的原理，分析利害，排除疑虑，明辨是十分必要的。它考察一切发生的事情、对各种事情的论断以及它们之间的关系，循名求实，指陈命题，以表达思想、论述，提出事物由来之“故”，决定取舍原则。荀子认为，涂人皆可以为大禹，是因为人有智性。孔子说："智者乐水，仁者乐山。"老子说："上善若水。"智是对瞬息万变世界的认识与明辨，所以孔子会对着江河说："逝者如斯乎！"

水为茶之母。明代的茶人张源在《茶录》中写道："茶者，水之神也；水者，茶之体也。非真水莫显其神，非精茶曷窥其体。"许次纾在《茶疏》中提出："精茗蕴香，借水而发，无水不可论茶也。"张大复在《梅花草堂笔谈》中提出："茶性必发于水。八分之茶，遇十分之水，茶亦十分矣；八分之水，试十分之茶，茶只八分耳。"说的是在茶与水的结合体中，水的作用往往会超过茶。水对于茶汤是重要的，犹如人的智性的重要。

茶艺以启迪智慧为根本，智为明辨、科学、理智。一是尽物之智，以自然科学的角度认识茶艺各要素以及物质属性，按自然规律来行为茶艺；二是知人之智，以人文科学的角度明辨不同人的需求和习惯，谋求和谐气氛，营造融洽怡然之境；三是自知之智，以哲学的立场内省，"吾养吾浩然之气"，促成心智的生长。

（五）境—土—信

境为承载，土生万物，土大化而其德在信，信者慎独。慎独而修身，修身而诚意，诚意而信。意不诚，即便是自己做人做事的马马虎虎，也通常责人而不责己，此为自欺。以刻刻留心，来留意是否自欺，也才能做到不自欺。留心自己即慎独，人当闲居独处时，最能鉴别出这人是怎样一个人。"诚于中，形于外"，反身修省，躬行实践，才可心地光明。以反己修身的办法来恢复其天性本然，然后推己及人，孟子云"可欲之谓善，有诸己之谓信"，才能在自己的内心中装盛万物万情，达到诚信之境界。

茶境从土，土是人类不能离开的根本。茶境承接了茶艺的形式与意义，是茶人回归家乡世界的路径。茶境分为有形和无形的表达，有形的茶境包括了环境、艺境、人境等空间和场合，茶境之无形表达，有美之意境、人生之境界等。有形的境是茶艺各种要素存在和组合的空间，是对空间的具体展示形式，无形的境是茶人在茶艺中体会审美自由和陶冶情操的路径。

茶艺之境，用以体现诚意，信实，是一种善的实践。茶人在茶会前半小时庭院里洒些水，一种洁净的气氛表示了主人对客人诚意的欢迎；明代在日常居住环境中独设茶寮，是敬重茶的礼法、表达茶人诚意的生活方式的独立；从唐代的具列到现代的茶席设计，茶艺具体表现的空间形式得到进一步的增加，在实现的过程中，茶人的诚意态度决定了空间形式的感染力程度。茶人在茶艺的境界中养茶心、修茶气，茶人做的是“沏一杯茶”这件事，反映的是茶人反求诸己的胸怀、取舍和不懈努力。茶人做到内观而慎独，培养独自的默契与不显露的幽默，体现了茶与心灵修养的关系以及茶人群体至诚的同质性。

三、精神

精神的修炼是人生最有意义的一件事，但同时也是最难做的一件事。精神的修炼是通过各种途径与手段，反复地把生命规律、自然规律以及各种崇仰的理念深入到我们的精神参照系当中去，从而使我们的精神世界逐渐变得清明、纯正、全面、客观。人文精神的意思应该理解为：人文知识化育而成的内在于主体的精神成果。茶文化一直追求文化的涵养，也即茶德，饮茶人的道德追求。茶德自古以来都是立于重要地位的。唐代陆羽将茶德归之于饮茶人应具有“精行俭德”的行为和美德。唐末刘贞德在《茶十德》一文中提出“以茶利礼仁”“以茶表敬意”“以茶可雅心”“以茶可行道”等观点扩展了“茶德”的内容。中国的“茶德”观念在唐宋时代传入日本和朝鲜后，产生巨大影响并得到发展。日本高僧千利休提出的茶道基本精神“和、敬、清、寂”，强调茶人的内省态度；朝鲜茶礼倡导的“清、敬、和、乐”茶德，强调中正的精神。中国当代茶学专家庄晚芳提倡“廉、美、和、敬”，程启坤和姚国坤先生提出了“理、敬、清、融”，中国台湾学者也提出“和、俭、静、洁”“清、敬、怡、真”等茶德。这些茶德的提出，是学者们对茶文化在不同的时代、国度和以不同的角度进行了阐述。

茶艺精神，属于修养的范畴，也是茶德的组成部分，它是茶艺思想在日常生活的实践和提炼，指导着茶人对生活与生命的理解和体验。它是将

茶艺的外在表现形式进行哲学意味的总结，追求真善美的境界和品德修养。以茶艺的角度，围绕饮茶的艺术实践过程，茶艺的精神付诸于茶艺师的行为，应该有更加显现的特征。集中关注到了这几个方面：一是茶艺的清洁，从茶艺的具体器物表现，一直到茶人的清洁气质，都有充分的涉及；二是茶艺的和敬，是行为态度、生活理念和人际关系的要求，茶艺是归于儒家文化内核的；三是茶艺的俭简，从茶性俭到生活的简素，不仅倡导了俭朴的社会风尚，也提供了茶人在简素宁静的生活中反省自我的重要途径；四是怡乐，日常生活的生动乐趣、人情感在茶艺中的反映是十分重要的内容，茶艺之美也给予茶人自由之精神的体会。因此，这里也提出茶艺的精神为“清、和、简、趣”。

“清”，对中国人来说情有独钟，许多美好的称誉，往往是清字当头。茶艺精神之“清”是指清洁、清明、清正，它涉及了三个层面的要求。茶艺外显的清洁，茶艺涉及的器物是比较多的，比如茶叶、茶杯、茶盘、茶巾、茶点、茶服、茶席、茶人妆饰、园庭路径、茶寮茶室等各类各品，这些器具、物品或环境布设都必须达到干净、卫生、清爽的要求。茶艺事情的清明，茶艺师有格物致知的自觉，清楚了解茶、水、器、火、境各元素的知识，理解流程规则的合理性，从容明白地进入茶艺程序。茶艺风格的清正，茶艺在任何一个时刻都表现出风雅、清朗、纯正的风度格调，它确立正面的积极意义。

“和”，是中国儒家文化的重要原则，有和谐、致中和、和而不同之说，“和”的内容是秩序、仁恕、有为，茶艺精神之“和”同样基于这样的理解。茶艺“和”之秩序，即表现为茶艺仪式化的规则与敬重，规则的确定使茶艺被广泛理解和模仿得以有稳定的结构，敬重态度则是规则执行的必要条件。茶艺以“和”为仁恕，茶艺有分门别类的秩序、规则、流派等，包括对待不同的生活方式，特别强调了人与人的相互友爱、同情和宽容，仁恕是“和”的本质。儒家一贯坚持“和”是发展中的平衡，茶艺的“和”自始至终都表达了有秩序、有为的价值观，茶艺崇尚“和”的最高境界是“天人合一”，在日常生活中通过茶艺来获得进步的意义。

“简”，茶艺追求“简”的精神，表现在追求简素的生活作风，简素淡雅的生活能较好地隔离浮夸焦躁的喧嚣，在世俗社会中寻找到一席清凉与宁静，内观自己的心灵，慎独而不自欺。茶艺的人生平凡而真实，如若比起他人有更宽容的胸怀和更强大的力量，唯一的来源是过着简单的生活，如孔颜之处，与天地同乐。

“趣”，是中国传统美学的追求，有趣尚和趣味，才使创作者与欣赏者之间有沟通和共鸣。茶艺是艺术化的生活方式，茶艺精神之“趣”，表现在它有超逸不俗的闲趣之美，有宁静自然的幽趣之美、有朴质浪漫的童趣之美、有怡乐仁爱的情趣之美，在趣味的徜徉中获得一种慰藉，也给予积极的力量。茶艺反映日常生活的生动趣味，茶艺最有趣的事莫过于能喝到一杯美妙的茶汤了，“趣”是茶艺人生的智慧。

“清、和、简、趣”的茶艺精神指导了茶艺的行为模式和生活方式，贯穿于茶艺的技艺、礼法、审美和修养领域。“大乐与天地同和，大礼与天地同节”，文化的内化使日常生活中的一件饮茶琐事，既是平凡的，又显示出气象万千的景象。

第二章

茶艺五元素："格物致知，和而观之"

"文化依附于物质，物质分解的越细，文化越成熟。茶艺的物质对象是茶、水、器、火、境。"

在茶文化的历史文献中，涉及审美化的饮茶方式，一般都涉及主体的人和对象客体两个方面。客体对象由物质构成，将对象物质分解，称之为元素。在古代文献之中大抵都有相关茶艺元素的叙述和分析。比如，从陆羽《茶经》十章的条目看，前三章的茶、第四章的器、第五章的煮（火、水）、第六章的饮，这些与茶艺的主客体直接相关，第九章"略"和第十章"图"的主要内容是茶艺在室外的环境以及室内对规则教育的挂图。因此，《茶经》中的茶艺，从客体元素的分析是围绕着茶、器、火、水、境的结构的，以及对主体提出的品饮和技法的要求，包括这些规则的传播。明代许次纾在《茶疏》中提到："茶滋于水，水籍乎器，汤成于火。四者相须，缺一则废。"茶艺由茶、水、器、火四大基本元素组成。明代张源在其《茶录序》中说道："其旨归于色、香、味，其道归于精、燥、洁。"对茶艺的要求唯有两条：品茶的要求、沏茶的技巧，它侧重对主体的品鉴能力与技艺的要求。屠本畯著的《茗笈》中对古代茶书做一辑录，他概括十六章中与饮茶活动相关的章节内容有：茶、水、火、汤、技法、器、境、不宜、品鉴、风流。在这十个条目中，技法、不宜、品鉴、风流等是对主体的要求；汤是茶水器火境之间相互作用的结果。因此，茶艺的关键元素也指茶、水、器、火、境。《红楼梦》第四十一回就品茶作了一段生动的描写：贾母、宝玉、黛玉等一行来到栊翠庵，妙玉亲手沏茶待客，她为贾母用旧年积存的雨水沏了“老君眉”，盛在“成窑五彩小盖盅”里；而对宝玉、黛玉、宝钗等更是另眼相待，沏茶的水竟是“五年前收的梅花上的雪，装入瓮中，埋入地下，今夏才开的”，茶具则全是古代的珍玩，十分讲究。宝玉还不解自喃，被妙玉一番取笑，称只取饮茶解渴之功效的，为“牛饮”。可见，光有茶，竟是不能为之饮，光知饮而不致精细，也无有好茶；必须有适宜的茶、水、器、火、境的绝配，才能成为人间的至情享受。由此看来，历代茶人对茶艺分别从主体和客体提出了基本的要求，在茶艺的物质呈现方面，几乎都集中在茶、水、器、火、境的五个因子之中，并在各自的著述中详细解释了茶、水、器、火、境在茶汤形成和主体感受等方面存在的重要作用，在历史的沿革中，茶艺对象元素的构成是非常集中和一致的。

茶艺的主客体同时在饮茶活动中历史地形成的，它不能离开主体而独立存在，茶艺客体相对于作为个体存在的主体而言，还只是一种可能的存在，要成为个体现实的创作对象，有一个转换的过程，这种转换过程是与作为个体的茶艺主体对技术与审美的追求、标准与能力相关联的。茶艺客体是价值的物质载体，它具有的客观属性是形成茶艺价值的必要条件。 在茶艺的主客体关系中，茶艺师是茶艺的主体，茶艺的客体是茶、水、器、火、境五个元素，两者形成了主客体的结构，本章以茶、水、器、火、境的顺序，冠名以前章标志的文化符号，来解析茶艺物质载体的特征与性质。

第一节　仁爱之道：茶

茶为天地灵物，生于明山秀水之间，与霁日光风为伴，以朝露晚霞为侣，得天地之精华，钟山川之灵禀。韦应物言茶“性洁不可污，为饮涤尘烦”，陆羽称茶为“南方之嘉木”，卢仝把茶饼唤为“月团”，黄庭坚誉茶为“云腴”，苏东坡把茶比为“佳人”，乾隆皇帝亦是赞其为“润心莲”……诸

如此类，不胜枚举。我们可以感受到，在各式各样的称呼中，“茶”已不单单是一个自然界植物名字，更是带上了人类丰富的主观感情色彩。历代茶人所传承下来的不单是烹茶待客之礼，我们还能从各式掌故中看到他们对茶各方面研究：打造茶寮，亲手植茶、制茶，课僮艺圃等，又或是入深山，访佳茗，了解茶的自然之理。从柴米油盐中的那一片树叶，到文人雅士美誉不断的上等佳品，茶可以说是我们最熟悉的陌生人。

“茶”字的使用含义多样化：可以指茶树，如种茶、茶园；可以指茶的鲜叶，如采茶、炒茶；可以指干茶，如买茶、贮茶、送茶；可以指茶汤，如品茶、饮茶，在对茶汤的定义中，中国人还经常将其他植物的根茎叶等与茶叶一样地沏泡，也称之为饮茶。有趣的是，即便如此复杂的“茶”，中国人总能很清楚分出所指的是哪种形态的茶。茶叶具有保健的功能，比如，茶叶基本成分有：儿茶素类，俗称茶单宁，是茶叶特有成分，具有苦、涩味及收敛性，具有抗氧化、抗突然异变、抗肿瘤、降低血液中胆固醇及低密度脂蛋白含量、抑制血压上升等功效。咖啡因，带有苦味，是构成茶汤滋味的重要成分，茶中特有的儿茶素类及其氧化缩合物可使咖啡因的兴奋作用减缓而持续，故喝茶可使人保持头脑清醒及较有耐力。茶中还含有丰富的钾、钙、镁、锰等11种矿物质，属于碱性食品，可帮助体液维持碱性，保持健康。因此，茶叶饮用与药用功效合一了。

茶叶从其客观要素来看也是内容丰富，以下从茶叶的类型、命名和品质等来分析其主要特征。

一、茶类划分

中国的饮茶历程漫长，茶区分布范围广，茶树品种繁多，制茶工艺技术不断革新，多样化的条件使我国的茶类极为丰富。

不同的加工方式会使茶叶主要内含物发生变化，并且具有一定的系统性。目前茶类划分的基本依据，便是依据这些系统性物质性能的改变。从历史断代来看，我国茶类变化基本以明代为分水岭。明代以前主要是绿茶，之后出现了白茶、黄茶、红茶、黑茶与绿茶并存。清代，乌龙茶出现，六大茶类自此齐全，并广泛地传播到了世界各国。

按照茶类划分的原则，我国茶叶分为基本茶类和再加工茶类两大部分。除此之外还有一类花草茶，在日常生活之中常作饮品。由于其不含“茶叶”，故不归于茶类，单独列为一类。

（一）基本茶类

以颜色冠名，分为六大类：绿茶、白茶、黄茶、青茶（乌龙茶）、红茶、黑茶。基本特征如下：

（1）绿茶：不发酵茶，干茶、茶汤、叶底形成“三绿”的品质特点。基本工艺流程分杀青、揉捻、干燥三个步骤。根据其加工工艺的区别，主要分为蒸青绿茶、炒青绿茶、烘青绿茶、晒青绿茶四大类。炒青分长炒青（眉茶）、圆炒青（珠茶）、扁炒青（龙井）；烘青分普通烘青和细嫩烘青（如太平猴魁）；晒青有散茶和紧压茶（如青砖、沱茶）；蒸青主要为煎茶和玉露。绿茶是我国产量最高的一类茶叶，品类之多亦居世界首位。

（2）白茶：微发酵茶，成茶满披白毫。基本工艺流程为萎凋、晒干或烘干。白茶常选用芽叶上多白毫的品种，如福鼎大白茶品种。因原料的细嫩程度不同，分为芽茶与叶茶两类，白毫银针属于芽茶，白牡丹、寿眉属于叶茶。

（3）黄茶：轻发酵茶，有着“黄汤黄叶”的品质特点。基本工艺流程为杀青、揉捻、闷黄、干燥。依原料芽叶的嫩度和大小分为黄芽茶、黄小茶、黄大茶三类。君山银针、霍山黄芽等属于黄芽茶，平阳黄汤属于黄小茶，广东大叶青为黄大茶。

（4）青茶（乌龙茶）：半发酵茶，外形色泽青褐。基本工艺流程为晒青、做青、杀青、揉捻、干燥。典型的乌龙茶沏泡后，有“绿叶红镶边”之美称。汤色黄红，有天然花香，滋味浓醇，韵味独特。乌龙茶因品种品质上的差异，分为闽北乌龙、闽南乌龙、广东乌龙和台湾乌龙四类。闽北乌龙典型为武夷岩茶，武夷岩茶最出名的是大红袍；闽南乌龙是乌龙茶的发源地，其最著名的是安溪铁观音；广东乌龙以凤凰单丛和凤凰水仙为代表；台湾乌龙根据萎凋做青程度不同又分为台湾乌龙和台湾包种两类，前者以冻顶乌龙最为有名。

（5）红茶：全发酵茶，有着“红汤红叶”的品质特点。基本工艺流程是萎凋、揉捻、发酵、干燥。根据产地和加工工艺不同又分为小种红茶、工夫红茶和红碎茶（C.T.C）等。小种红茶以正山小种品质最佳，工夫红茶有祁红、滇红等，红碎茶经常加工为“袋泡茶”。

（6）黑茶：后发酵茶，一般原料较粗老，加之制造过程中往往堆积发酵时间较长，叶色油黑或黑褐。基本工艺流程是杀青、揉捻、渥堆、干燥。其主要供边区少数民族饮用，所以又称边销茶，黑毛茶是压制各种紧压茶的主要原料。黑茶因产区和工艺上的差别可分为湖南黑茶、湖北老青茶、四川边茶和滇桂黑茶。滇桂黑茶中最著名的是普洱茶和六堡茶，又称特种黑茶，品质独特，香味以陈为贵。

（二）再加工茶类

以基本茶类作为原料，进行再加工后产生的产品统称为再加工茶类。主要包括花茶、紧压茶、萃取茶、果味茶、药用保健茶和含茶饮料等几类。

花茶：用茶叶和香花进行拼和窨制，使茶叶吸收花香而制成香茶，也称作熏花茶。窨制花茶的茶坯主要是绿茶中的烘青，也有少量的炒青、细嫩绿茶以及红茶和乌龙茶。有的以窨制的花名定名，如茉莉花茶、桂花茶等，有的以原茶为名，如花毛峰、花龙井、花乌龙等。最为著名的当属“茉莉花茶”。

紧压茶：由各种散茶经蒸压后再加工成一定形状而成的。根据原料茶类的不同可分为绿茶紧压茶、红茶紧压茶、乌龙茶紧压茶和黑茶紧压茶，现在也出现了白茶紧压茶和黄茶紧压茶。

（三）花草茶

花草茶是指将植物的根、茎、叶、花或皮等部分加以沏泡或煎煮，而产生芳香味道的草本饮料。其不含山茶科山茶属茶叶种的“茶叶”成分。中国人习惯将非餐桌上的汤类统称“茶”，如西洋参茶、菊花茶等，花草茶又称为“非茶之茶”。

花草茶伴随着茶艺的兴起也大肆流行起来，目前基本分化为两大类：单品花草茶和复方花草茶。

（1）单品花草茶：指使用单一植物作为茶饮。一般来说单品花草茶品质特征十分突出或优异，能给人们带来良好口感和新鲜自然的体验，并有它特殊或出众的功用。常见的有菊花茶、玫瑰花茶、枸杞子茶等。有时单品花草茶会突出其药效的功能而淡化口感满足，如薰衣草具减轻头痛、喉咙痛等功效，但其味道浓烈，仅限于特定人使用。

（2）复方花草茶：复方花草茶顾名思义即多种植物组合而成的饮品。它通过几种不同口味的花草调配，来追求色、香、味的完美，八宝茶是其中的典型。复方花草茶不仅要求味道甘香，各种原材料的融合搭配，同时也注重颜色柔美，以期能够带给人们在视觉和味觉上的多感官享受，并兼顾每一种花草的保健特性。复方花草茶也常常会选择茶叶作为配料。因为不同植物的性能不同，复方花草茶的调制具有一定的技术性。

二、茶叶命名

俗话说"茶叶学到老，茶名记不了"，中国茶区分布广博，茶叶种类丰富，制茶工艺多样化。不同产地生产的茶叶，命名的方法也是五花八门。有的根据形状不同而命名，如六安瓜片、眉茶、碧螺春、君山银针等；有的结合产地名胜命名，如西湖龙井、黄山毛峰、庐山云雾等；有的根据外形色泽或汤色命名，如银毫、竹叶青、平阳黄汤等；有的依据茶叶的香气、滋味特点而命名，如兰花茶、杏仁香、苦茶等；有的根据采摘时期和季节命名，如明前茶、秋茶、新茶等；有的根据加工制造工艺而命名，如炒青、花茶、紧压茶、发酵茶等；有的根据包装形式命名，如袋泡茶、小包装茶、罐装茶等；有的按销路不同而区分，如内销茶、外销茶、边销茶等；有的依照茶树品种的名称而定名，如水仙、铁观音等；有的依产地不同而命名，如英德红茶、祁门红茶、径山茶等；有的按茶叶添加的果汁、茎叶以及功效等命名，如人参茶、荔枝红茶、减肥茶等。

茶叶名称总体分为两种：其一是作为茶叶商品的名称，如西湖龙井、

大红袍等；其二是界定茶叶类型的名称，如明前茶、内销茶、袋泡茶等。第一类茶叶商品名称对于茶叶品牌建设来说具有重要意义，它可以形成一种文化现象。现实生活中，消费者在未接触到商品之前往往通过商品名称来判断商品的性质、用途和品质，一个简洁明了、富有感染力的名称可以提前赢得消费者的注意，使其初步了解商品，还能给人带来美的享受，从而刺激消费者的购买欲望。因此，兼顾茶叶品质特点及消费者心理特点进行商品命名是极其必要的。

茶叶商品命名有多种方法：

（1）直接命名法：直接、概括地反映或描述茶叶商品的形状、颜色、性质、成分、用途、产地等，高度提炼现象又呈现现象，走“直心是道场”的文化线路。直接命名的茶叶名称一般要求有差异性、显著性、新颖性，能有“道理”被消费者接受。比如“安吉白茶”名称，反映了茶叶的产地、显著性品质特征，也隐含了历史的沿用（《大观茶论》），使消费者直观鲜明地了解了商品的特质。

（2）历史名沿用法：中国几千年茶叶史诞生了不少历史名茶和茶名，尽管朝代更迭使茶叶有了较大的实体差异，但文化是依托实体又超越实体的，历史传承的意义会给茶叶商品带来附加值。比如紫笋茶，原唐代贡茶，陆羽《茶经》及历代茶叶记载中均有出现，唐代加工为蒸青压制茶饼，与当代的紫笋茶大不相同。

（3）景物关联法：用移情的手法在茶名中添加云、仙、春、峰、红梅、竹叶等自然景物或现象，寄予了一定联想和审美情趣。这一类的茶名最多，如九曲红梅、庐山云峰、瀑布仙茗等。

（4）拟人命名法：运用拟人的手法将茶叶商品人格化、故事化，产生文化联想，进一步诠释“从来佳茗似佳人”的意蕴，加深消费者对茶叶商品的印象。如东方美人、龙谷丽人、铁观音等。“东方美人”是产于台湾的一种特殊乌龙茶（白毫乌龙），风格特征明显，数量稀少，而“东方美人”这一典雅的名字更是引起了人们对它的好奇和探究，大多数消费者不知道它还有一个当地的名称“椪风茶”。

总而言之，茶叶商品在命名中要与实际状况相符合，应有科学性、独特性、文化性，简明易记，寓于情趣。从而培养积极的情感，发挥文化感召的力量，激发消费者探究兴趣和购买欲望。

三、品质的形成

茶叶品质是指茶叶在色、香、味、形等方面的表现程度。判断茶叶品质是一项技术性工作，需要掌握大量的知识：如各类茶叶的制作工艺、等级标准、审评检验方法等。古人对茶的品质鉴定也是极为重视的，所谓“色味香品，衡鉴三妙”，唐代陆羽的《茶经》、宋代赵佶的《大观茶论》、明代冯可宾的《岕茶笺》等都有详细的描述和说明。

茶艺师应当了解茶叶色、香、味、形的特征在生产加工过程中形成的原因，明确所泡茶叶的性状优劣，并思考是否有方法能加以改善茶汤品质。通过在沏茶过程中的扬长抑短，来实现茶艺能达到的目标和效果。

（一）茶叶色泽的形成

茶叶成品的色泽可分为干茶色泽、茶汤色泽和叶底色泽三部分。而鲜叶色泽基本为绿色，仅绿色深浅程度不同。从嫩度的变化来说，是中间绿，两头黄，嫩度越高，绿色越浅而嫩黄；粗老茶叶则带枯黄。不同茶类的茶叶因加工工艺不同导致系统物质性能的差异性，形成了不同的色泽表现。

绿茶：杀青破坏了酶的活性，抑制了酶促氧化反应，实现了防止鲜叶红变的目的。为形成绿茶“三绿”特性打下了基础，即干茶、茶汤、叶底都呈绿色。

白茶：只萎凋而不揉捻，在萎凋这一过程中酶活性虽增强，但与空气接触少，没有充分氧化。且白茶的茶树品种多白毫，嫩度也高，故芽叶上多白色茸毛，致使干茶和叶底都带银白色，茶汤呈杏黄色。

黄茶：在“闷黄”的过程中发生“热化作用”，叶绿素氧化降解，而多酚类初步氧化成茶黄素，形成“三黄”特征，即干茶、茶汤、叶底都呈黄色。

乌龙茶：通过晒青、做青和杀青三个关键步骤，破坏部分叶绿组织，完成部分发酵或半发酵的目的，使叶底呈现“三红七绿”的品质特征。干茶色泽青褐，汤色橙红。

红茶：萎凋后经揉捻或揉切，通过控制温度和湿度增强酶的活性，使茶多酚在发酵过程中充分氧化缩合，使茶汤和叶底都呈红色，如发酵过度则变成红暗色。干茶因含水量较低，呈乌黑色，茶汤呈红色。

黑茶：在“渥堆”过程中进行了充分的自动氧化，使干茶成为褐色，叶底呈青褐色，茶汤呈红褐色。

（二）茶叶香气的形成

茶叶香气的组成部分多样，不同组成部分的形成条件不同，茶树品种、生长环境、栽培方式、采摘状况、制茶工艺以及后期储存状况等都对茶叶最终成品的香气有着不同程度上的影响。但究其香气的形成途径，主要可概括为以下四个方面：

一是使鲜叶中原有的青气挥发，微量时带清香，或形成花香。鲜叶中青气成分的沸点在160℃，所以用高于160℃的高温杀青，能使绝大部分青气在几分钟内挥发，微量在高温下转化为清香，这是我国绿茶的传统工艺——锅炒杀青能形成高香品质特征的理论基础。

二是发展鲜叶中原有的芳香物质。茶叶由于品种、生长环境的不同，其自身所含的芳香物质成分及呈现条件也会有所不同，需要在加工过程中通过一定的手段将其表现出来。如广东的凤凰单丛香型有芝兰香、蜜兰香、杏仁香等十余种，多样化的茶树品种所含的芳香物质亦有所区别，在加工过程中需要通过差别化的加工手法来表现茶叶的香气特征。

三是在加工过程中形成新的芳香物质。茶叶的加工过程中伴随着大量的化学反应，一些化学分子结构在制茶过程中会重新组合，形成新的物质包括芳香物质。如β－胡萝卜素可以分解重新组合成α－紫罗酮、二氢海葵内酯等其他芳香物质，前者表现为紫罗兰香，后者表现为甜桃香。

四是茶叶吸收鲜花中的香气。如茉莉花茶的香气来源于窨制时茶坯吸收了茉莉花的香气。

（三）茶叶滋味的形成

人们对茶叶滋味的感知是茶汤内物质多样性的统一，其主要成分由多酚类、咖啡因和氨基酸三个部分组成。多酚类表现为涩感并表现出较强的收敛感，咖啡因表现为苦味，氨基酸则是鲜甜味。其中茶叶中的果胶含量也会在一定程度上影响茶汤的醇厚感。

多酚类含量较低，氨基酸含量较高的鲜叶用来制作的绿茶少涩感，而且能更好地表现出茶汤的鲜甜感。红茶在加工过程中充分发酵，大部分多酚物质转化成茶黄素、茶红素、茶褐素，其中茶黄素和茶红素分别表现为鲜爽和醇厚，使茶汤滋味与绿茶截然不同，呈现醇厚鲜爽的口感。而黄茶和黑茶分别经过“闷黄”和“渥堆”，发生不同程度的氧化反应，部分多酚转化，涩味减轻，使滋味变为甘醇。

（四）茶叶形状的形成

我国茶叶的外形丰富多样，且有部分具有艺术欣赏价值。茶叶形状的形成受到多方面的影响，如茶树品种、采摘时间和标准、制茶技术标准等。其中茶叶加工过程中的制茶技术标准对茶叶外形的关系最为密切。

有些茶叶杀青或萎凋后不揉捻，经干燥，茶叶基本保持自然形状，如白毫银针、瓜片等；有些茶叶杀青后揉捻，晒青或烘干，茶叶保持揉捻叶的形状，如晒青绿茶；杀青叶经揉捻后炒干或半烘炒，在炒干过程中运用不同的手法或机械，在揉捻叶形状的基础上，进一步造型，就可以形成如条索细紧的眉茶，颗粒圆结的珠茶，螺旋形的碧螺春，针形的雨花茶等；杀青叶不经揉捻，直接炒干，在炒干过程中用巧妙的手法造型，即形成扁平光滑的高级龙井及一些炒青名茶；鲜叶萎凋后揉捻或切碎，再发酵烘干，茶叶也基本保持揉捻叶或切碎叶的形状，如工夫红茶、红碎茶；还有一些茶类，它们经过蒸压在模子里形成各种形状，如砖茶、饼茶、沱茶等，称之为紧压茶。

（五）茶叶包装保存

茶叶优良品质的延续还需要恰当的保存条件。茶叶包装尤其需要重视，

绿茶、白茶、黄茶、轻发酵乌龙等容易受到外界因素影响，因此需选择较小的包装盒容量，如一二两装的包装，从而减少使用过程出现“漏气”现象；岩茶、单丛、红茶等要选择较大容量的包装盒；普洱等则对包装的密封及容量要求较低。目前市场上有不少茶叶选择小泡袋包装，一次一泡，也十分合理的减少了茶叶与外界接触。

茶叶贮藏过程中的品质劣变主要表现在：茶叶滋味物质减少、香气变差、茶叶及茶汤色泽变红变暗等。导致这些变化的主要因素是水分、温度、氧气、光线、异味等。

（1）水分：水分在干茶中含量的高低，对于茶叶能否在贮藏中延续优良品质最为关键。茶叶品质的变化由一系列化学变化引起，而水分是使变化得以顺利进行的重要媒介。所以，茶叶含水量越高，化学反应的速度越快，茶叶色香味的劣变也越快。因此，要避免茶叶在包装和贮藏过程中变质，需将茶叶加工后的含水量控制在6%以内。

干茶表面为疏松多孔的结构，表面积较大，且具有较强的吸附能力。茶叶在处于相对湿度较大的环境里时，茶叶就会因吸湿而使含水量提高，导致茶叶品质下降。研究表明，茶叶贮藏环境的相对湿度大于50%，其含水量就会显著增加，而且空气相对湿度愈大，变质速度就愈快。所以，在茶叶贮藏过程中，密封的包装材料和降低环境相对湿度是延续茶叶优良品质的重要措施。

（2）温度：环境温度愈高，茶叶品质劣变的速度就愈快。据研究，在一定条件下，温度每升高10℃，绿茶色泽褐变的速度要增加3~5倍。采用低温冷藏是目前常用的方法，一般选择1~5℃的温度冷藏茶叶较为经济适宜。

（3）氧气：茶叶贮藏期间品质劣变，多数与茶叶中的有效成分（如茶多酚、维生素C、类脂等物质）的缓慢氧化有关。因此，如果在茶叶贮藏期间能隔绝空气，或降低其中氧气的含量，对于保持茶叶品质是有利的。现在针对茶叶商品的保存也多采用排除氧气的真空或冲氮包装，可以有效地提高茶叶的保存品质。

（4）光线：茶叶长时间暴露在光照下，会发生光化学反应，其中的色素很快会变色成棕褐色，加速茶叶陈化，因此，应采用不透光的材料制作容器来贮藏茶叶。

（5）异味：干茶一般以多孔的和较疏松的状态存在，以及含有能吸收异味的化合物，所以具有较强的吸收异味的能力。存放茶叶的容器及环境要干净无味，且在贮藏过程中不与其他食物混放，以免串味而损害茶叶的香气。

还有一些茶叶，比如普洱茶，对存放地点要求较低，只要不受阳光直射，储存环境阴凉通风干爽，远离污染或香皂、蚊香、樟脑等气味浓厚的物品即可。适宜用陶罐、陶瓮或陶缸储藏，缸口不必密封，蒙上一层牛皮纸避免落灰，每过3~5个月将所储之茶翻动一下，环境温度最好保持在20~30℃，年平均湿度低于75%。岩茶一般也不采用低温储藏，可采用普洱茶的保存办法，并运用复焙的方式保持茶叶干燥。茶叶在合宜的环境中贮藏，不仅不会降低品质，还能感受茶叶在不同转化时期的奇妙滋味。

四、茶叶审评鉴别

茶叶品质的鉴评主要有两种方式：理化审评和感观审评。

理化审评是通过仪器仪表等检测机器通过物理或化学方法测定茶叶的理化性态，主要检验的项目有茶叶水分含量、茶叶中农药残留量、茶叶浸出物测定、茶叶灰分测定、茶叶粗纤维的测定、茶叶粉末和碎茶含量的测定等。理化检验的检验环境要求标准高，需配备仪器较多，检验周期长，一般地方检测机构和茶叶经销单位难以配置齐全。只有国家茶叶质量监督检测中心作为高度专业化的茶叶审评机构可以系统进行茶叶检验并出具证明，其主要专业从事各类茶叶及茶制品的监督检验、委托检验、仲裁检验、消费争议检验和QS发证检验。

一般的茶叶经销商、爱好茶叶的人士、普通的茶叶消费者要对茶叶进行鉴别评定，通常依靠感官审评来解决。感官审评不需要复杂的仪器设备，而是用人的感觉器官，即用眼看、手摸、鼻嗅、嘴尝等方法来品评茶叶的质量、级别程度。这种方法比理化检验简单、直观，是检验茶叶的通用方法。

（一）干看评外形

外形是茶叶品质的综合表现。

首先，将干茶凑近鼻端，感受茶叶香气。吸气时靠近茶叶，呼气时离开茶叶。一是判断是否具有茶叶香气；二是辨别香气高低；三是感觉香气纯正程度。凡香气高、气味正的茶叶在品质上具有一定优势；而香气低、气味不正的茶叶就极有可能是粗老茶，或劣质茶。

其次，将茶叶摇匀后，扦取有代表性的样茶平摊于白纸上，仔细观察干茶的色泽、嫩度、条索、粗细、整碎等状况。色泽匀正，嫩度高，条索或颗粒紧实，粗细一致，碎末茶少的，是茶叶优良品质的表现；反之条形茶条索松散，叶脉突出，叶表粗老，色泽不一，身骨轻飘，片、末、老叶多；圆形茶颗粒松沏，大小不一，色泽花杂，都算不得好茶。对同一种茶，要求干茶大小、粗细相对一致：在扁茶中无圆茶，在圆茶中无扁茶；在直条茶中无弯条茶，在弯条茶中无直条茶；在长条茶中无短条茶，在短条茶中无长条茶；在厚张茶中无薄张茶，在薄张茶中无厚张茶等。

另外，需要判断干茶中的含水量。将干茶抓于手中，用力握紧，感觉茶叶刺手，且条索能折断，用手指能捻成碎末，为合格干茶的表现之一。

（二）湿看识内质

湿看，即为开汤审评。取需要审评的样茶3克（青茶为5克），放入白色瓷杯（青茶选用白瓷盖碗）中，然后注入150毫升（青茶为110毫升）沸滚适度的开水。5分钟后开汤（青茶需开三次汤，浸泡时间分别为2分钟、3分钟、5分钟），先嗅香气，次看汤色，再尝滋味，后评叶底。

（1）嗅香气：茶叶经杯中充分沏泡后，立即倾出茶汤并完全沥尽，将茶杯连叶底一起送至鼻端嗅香若闻到的茶香清高纯正，有心旷神怡之感，可算茶叶的优良品质之一。在嗅茶叶香气时，要热嗅、温嗅和冷嗅相结合。热嗅的重点是辨别香气的纯异；温嗅可以比较明确地判断茶叶香型和浓度；冷嗅则主要判别茶叶香气的持久程度，也可以作为前面的补充。

（2）看汤色：茶汤颜色是茶叶内含成分溶解于水后的综合体现。这些溶解于水的茶叶内含物质，与空气接触会发生变色，所以看汤色应及时进行，一般在嗅香气前或后立即进行。茶汤审评，应结合茶品，按汤色性质以及明暗、深浅、清浊等评比优次。一般来说，凡属上乘的茶品，尽管由于茶类不同，色泽有异，但汤色明亮有光的特征是一致的。

（3）尝滋味：茶叶作为一种饮料，其风味多样，不但不同茶类风味不同，即便同种茶类因产地不同，其味感也有所差异。茶叶中出现不同风味是由茶叶中的呈味物质数量和占比决定，如果各种成分的数量和比例适当，茶汤滋味就表现的宜人可口，容易受到大众的欢迎，但由于各人在口感方面的喜好不同，往往各有偏爱。一般认为，绿茶茶汤表现浓醇鲜爽，属上等；红茶茶汤则偏向于“浓、强、鲜”，即滋味浓厚、强烈、鲜爽为宜。

尝茶汤滋味应紧接着看汤色后进行。茶汤温度一般以50℃左右为宜，若茶汤温度太高，味觉会受到强烈刺激而麻木，影响正常判断；若茶汤温度太低，一是降低了味觉的灵敏度，二是会使茶汤中的呈味物质析出，从而影响茶汤的审评结果。同时，由于人的味觉器官——舌的不同部位对滋味的感觉是不同的，所以，尝茶汤滋味时，必须使茶汤在舌头上循环滚动，充分地感受茶汤滋味，这样才能正确而全面地判断。尝滋味主要通过茶汤的浓淡、强弱、爽涩、纯异、鲜滞等来评定优劣。

（4）评叶底：将沏泡去汤后留下的叶底倒出并均匀摊开，针对完整的芽叶还可将其放在漂盘中适当添加清水漂起茶叶，观察其老嫩、整碎、色泽、均杂、软硬等情况以确定质量的优次，同时还应注意有无其他物质掺杂。评叶底时要充分发挥眼睛和手指的作用，手指按揿叶底的软硬、厚薄等，眼睛看叶底的老嫩、光糙、色泽、匀净等，从而区别叶底的优劣。

茶叶质量的审评，一般通过上述干看外形和湿评汤色、香气、滋味、叶底五个项目综合考评，才能全面地评定茶叶质量的优次和等级。想要准确判断茶叶品质优劣，需要多参与茶叶的品评，了解各类茶品的特点，从而不断积累经验，提高判断水准。凡质优的茶叶必然表现为色泽正、香气高、滋味醇、形状美；而较次茶叶则往往色泽花杂，香气低沉，滋味粗淡，形状不正。

第二节 智慧之用：水

水，被誉为人类的生命之源，其对于茶而言也是至关重要的。在茶与水结合形成茶汤的过程中，水的作用甚至会超过茶叶本身。因为水不仅仅是茶叶展现色、香、味、形的载体，其中的营养成分和药理功能，都是通过用水沏泡茶叶来实现的；而且在饮茶过程中，茶中各种物质的体现，愉悦快感的产生，无穷意会的回味，都需要通过水来传达。

在自然界中，水有软硬之分：含有较多量钙、镁离子的水称为硬水；不容或少量含有钙、镁离子的水称为软水。如果水的硬性是由碳酸氢钙或碳酸氢镁引起，称为暂时硬水，这一类水经过煮沸，所含的碳酸氢盐会分解成不溶性碳酸盐，就实现了硬水到软水的转变。水的硬度与茶汤品质紧密相关。用软水沏茶，茶汤清澈甘洌；用硬水沏茶，则会影响茶的本色。暂时硬水所含的钙、镁离子在水烧沸后会随之分解，变为软水，因此也可以作为沏茶用水。在天然水中，雨水和雪水属软水，泉水、溪水、江河水属暂时硬水，部分地下水属硬水，人工处理水大部分为软水。

一、水的地位

“水为茶之母”，古今凡论茶之说，必言及沏茶用水。古人论述水与茶的关系，大致分为两大部分。

一是论述水的重要性。明代茶人张源在《茶录》中说“茶者，水之神也；水者，茶之体也。非真水莫显其神，非精茶曷窥其体”；许次纾于《茶疏》中言“精茗蕴香，借水而发，无水不可论茶也”；张大复在《梅花草堂笔谈》中更是提到“茶性必发于水。八分之茶，遇十分之水，茶亦十分矣；八分之水，试十分之茶，茶只八分耳”，这些言论都充分地说明了水对于茶的重要性，以及茶汤中水与茶各自的权重关系。

二是水的鉴别与选择。古人用水为天然之水，陆羽在《茶经》中明确提出了适宜作为饮茶用水的选择：“其水，用山水上、江水中、井水下。其山水，拣乳泉、石池慢流者上。”认为用出于乳泉、石池水慢流缓的水来煎茶，是最理想的；而湍急的流水、山谷中澄清却不流动的水，都应弃之不用。陆羽善别茶，亦擅鉴泉，历代茶人注重这两方面能力的兼具。郑板桥写有一副茶联：“从来名士能评水，自古高僧爱斗茶。”也从一定程度上说明了“鉴泉评水”在饮茶活动中的不可或缺。根据现有资料，可追溯到最早有评水之举的是唐代刘伯刍，他通过“亲挹而比之”，列出了天下水品共有七等；陆羽以其所游历之处，给二十处水源排出了高下。且嗜茶好泉者为觅好水都着实舍得费一番工夫。唐武宗时居相位的李德裕，嗜惠山泉成癖，烹茶不饮京城的水，而从无锡到长安，途程三千里，派专人从驿道传递惠山泉，谓之“水递”。晚唐诗人皮日休以杨贵妃驿递荔枝的典故作诗讥讽：“丞相常思煮茗时，郡侯催发只嫌迟；吴关去国三千里，莫笑杨妃爱荔枝。”

名茶得甘泉，犹如久旱逢雨，生机顿发。宋朝苏舜元与蔡襄斗茶的典故，充分说明了这一点。蔡襄之茶为精品，水则选惠山泉，苏舜元的茶不如蔡襄好，但他素稔“若不得佳茶，即中而得好水，亦能发香”之理，匠心独运地选择了竹沥水，胜惠山泉一筹，最终斗败了蔡襄。这种茶与水的掌握运用之妙，可谓是已臻化境。由于水居功甚大，历来精于茶者还颇多论述水的专著，如唐代张又新的《煎茶水记》，宋代欧阳修的《大明水记》和叶清臣的《述煮茶泉品》，明代有吴旦的《水辨》、田艺衡的《煮泉小品》和徐献忠的《水品》，清代有汤蠹仙的《泉谱》等，可谓是不胜枚举。

二、沏茶用水

唐代以前，人们习惯在茶叶中加入各种香辛佐料，经煎煮后调饮，对茶叶本身的色香味形无太多的要求，因而对宜茶之水品也缺乏关注。唐以后，清饮雅赏之风开始盛行，对沏茶水品也开始有了较高的要求。宋徽宗赵佶在《大观茶论》中提出：“水以清、轻、甘、冽为美。轻甘乃水之自然，独为难得。”明代罗廪在《茶解》中主张：“水不问江井，要之贵活。”清代曹雪芹《冬夜即事》诗中写道：“却喜侍儿知试茗，取将新雪及时烹。”由此可见古人对宜茶水品的论述颇多且要求明晰。现代茶人对水也不乏深

入的研究，如林治先生、姚国坤先生都对其作过总结，宜茶的好水综合而言可归纳为以下五个特征“清、轻、甘、冽、活”①。

（一）宜茶之水

（1）水质要清。水之清表现为：“朗也、静也、澄水貌也。”水清则无杂、无色、透明、无沉淀物，最能显出茶的本色。陆羽在《茶经》中专列一具——漉水囊，以做滤水之用，使烹茶之水清净；宋代斗茶，茶汤以白为贵，对水质也就提出了更高的要求。水之清，是古今茶人对沏茶用水的最基本的要求。

（2）水体要轻。明朝末年无名氏著的《茗芨》中指出：“各种水欲辨美恶，以一器更酌而称之，轻者为上。”清代乾隆皇帝极为认可这一理论，他但凡出巡，都要命随从带上一个银斗，去称量当地名泉之水的比重，并以水的轻重，评出名泉次第。北京玉泉山的玉泉水比重最轻，故被御封为“天下第一泉”。现代科学证明了这一理论的正确性，水的比重越大，溶解的矿物质越多，从而直接影响茶叶有效物质的浸出及滋味的形成，所以水以轻为美。

（3）水味要甘。宋代蔡襄《茶录》中认为“水泉不甘，能损茶味”；明代田艺蘅亦在《煮泉小品》中写道“味美者曰甘泉，气氛者曰香泉”“泉惟甘香，故能养人”，所谓水甘，即水一入口，舌尖便会有甘甜感。咽下后仍有甜爽的回味，用这样的水沏茶对茶汤的滋味自然是有所增益的。

（4）水温要冽。冽即冷寒之意。明代茶人认为“泉不难于清，而难于寒”“冽则茶味独全”；明代陈眉公《试茶》诗中曰：“泉从石出情更冽，茶自峰生味更圆。”这是因为寒冽之水多出于地层深处的泉脉之中，所受污染少，且常年恒温8℃，为最佳饮用口感温度，沏出的茶汤滋味纯正、鲜爽可口。

（5）水源要活。南宋胡仔称“茶非活水，则不能发其鲜馥”；明代顾元庆“山水乳泉漫流者为上”；明代罗廪主张“水不问江井，要之贵活”，这些都说明宜茶水品贵在“活”。所谓“流水不腐”，现代科学也证明了其正确性，流动的活水中细菌不易繁殖，同时活水经过自然净化，氧气和二氧化碳等气体的含量较高，泡出的茶汤尤为鲜爽可口。其中值得注意的是水源

① 林治：《中国茶艺》，中华工商联合出版社，2000年版，第83-84页。

要活，源自天然露头泉，水源终年涌动，属于分子团活性水，可以激活茶性。但活水并不等于“瀑”，凡“瀑涌湍激”之水，缺少中和醇厚之感。

总体而言，泉水为烹茶之上品。山岩断层中涓涓细流汇集而成的泉水，不但富含二氧化碳和各种人体有益的微量元素，而且经过砂石过滤，水质清澈晶莹。用这类泉水沏茶，可以使茶叶的色香味形得到最大的发挥。虽说泉水为佳，但也要有选择，如硫黄矿泉水、瀑布湍急的泉水等都不适宜用来沏茶。多数泉水基本具有“清、轻、甘、冽、活”的特征，宜于烹茶，且泉水无论出自名山幽谷，还是平原城郊，都以其汩汩涓涓的风姿和淙淙潺潺的声响引人遐想。寻访名泉是品饮中国茶的迷人乐章，用泉水沏茶还可为茶艺平添几分幽静、几分隐逸、几分自然之韵。

（二）水的选用

现代沏茶用水的选用与以前相比有很大的区别。由于天然水受到了现代工业的污染，人们又生产出再加工水以便日常饮用，这些再加工水也就成为了生活中沏茶的首选用水。再加工水包括了纯净水、矿泉水、蒸馏水等，其中纯净水和矿泉水比较常用，所冲泡的茶汤晶莹透澈，香气纯正馥郁，滋味鲜醇爽口。

一些爱茶之人仍对自然水有所偏爱，常有寻泉汲水之举，力求对茶的最佳诠释。能用来沏茶的天然水可分为天水和地水。天水尤以雪水为佳，古人称之为“天泉”，最为茶人们所推崇。唐代白居易的“融雪煎香茗”，宋代辛弃疾的“细写茶经煮香雪”，元代谢宗可的“夜扫寒英煮绿尘”，清代曹雪芹的“扫将新雪及时烹”都表现了古人对雪水烹茶的喜爱。而在地水中茶人最钟爱的是泉水，泉是经过砂岩层缓慢渗透，相当于经历了多次过滤，无杂质，水质软，清澈甘美，且含有多种无机物，用于沏茶能充分地显示出茶叶的色、香、味。中国五大名泉的镇江中冷泉、无锡惠山泉、苏州观音泉、杭州虎跑泉和济南趵突泉等，至今仍是沏茶用水之优选。还有茶人将水再进行巧妙的加工从而获得特殊价值，以这种方式加工的水，称为“水艺水”，如“竹沥水”、妙玉的“梅花雪水”等，现代茶人也有沿此追随的。“水艺水”重视的是别具一格的心思、情调和文化怀念，也有可

能在实际上确实改善了水质。

现代生活中使用最多的水是自来水。城市中的自来水大多含有较多用于消毒的氯气，部分水在自来水管中滞留较久还会含有较多铁质，直接用这类水沏茶会严重损害茶的香味和色泽。氯化物与茶中的多酚类化合物发生反应，会使茶汤表面形成一层"锈油"，茶汤入口会产生苦涩味；而水中的铁离子含量超过万分之五时，就会使茶汤变成褐色。因此，用自来水沏茶需要经过重新处理，如先将自来水盛在容器中贮放一天待氯气等散发后再煮沸沏茶，或是采用净水器将水净化，成为较好的沏茶用水。

另外，还有一些水不宜直接饮用。一是生水，河水、溪水、井水、库水等水体中都不同程度地含有对人体有害生物和物质；二是夹生水，指自来水未煮开的水，自来水温度达100℃后仍需继续沸腾3~5分钟，氯化水消毒灭菌处理过程中形成的有害物质才会随蒸气蒸发完，饮用更为安全；三是千滚水，指沸腾时间较长或反复煮沸的水，这类水因沸腾时间过久，水中难以挥发的物质，如重金属成分和亚硝酸盐含量以及有毒无机成分会成倍乃至几十倍增加，从而影响或损害人体健康；四是老化水，指长时间贮存不动的"死水"，不建议用于沏茶并饮用。

（三）水与茶汤

沏茶用水，不仅要注重水品的选择，还需要关注水与茶、火等其他元素共同完成茶艺的过程，时间、温度、方式等方面因素也会直接影响茶汤滋味的形成。水接触茶后即为开汤，此后虽也是水之"体"，但其"神"已是"茶"，故为品"汤"，品汤既品茶也品水，有着"非真水莫显其神"之说。水与汤的关联性，除了水的品质，还有许多影响因素，包括茶水比、水温、浸泡时间、冲泡次数等。同样的水，在这些条件的变化影响下，所冲泡出的茶汤都会发生滋味上的改变。

第三节　表礼之形：器

茶之器，泛指人们在饮茶过程中使用和涉及的各类器具。唐代陆羽将茶之器与茶之具列为两类，前者是开汤饮茶的器具，列入《茶经》第四章；后者是茶叶加工的器具，列入《茶经》第二章。在现代，人们笼统地将茶具、茶器、茶器具等都指向开汤饮茶的器具，而茶叶加工器具则已发展到了现代化的茶叶机械、茶机。从严格意义上来说，现代指称的茶具和茶艺器具还是略有区别。茶具专指沏茶品饮过程中直接利用的工具，是茶艺仪式化对专用茶具的规定，如壶、杯、勺、盘、炉等。茶艺器具还包括了一些周边产品，它们的产生与茶艺没有直接的关系，而是由于文化内容的关联性而被茶艺活动广泛利用，如花器、桌旗、屏风等。周边产品可以转化为茶具，有些是因为不同区域对茶艺仪式规则的要求不同，如花器在一些国家地区作为专用的茶具；有些则是经历了一定的演变而形成的，如匙枕起源于笔架，逐渐转变为搁置茶匙的专用。为叙述方便，本节茶艺器具以茶具为名称，其核心指茶艺专用器具，也包括了一些茶艺的周边器具产品。

器为茶之父，宜茶之器在茶艺中的地位亦不容小觑。《易·系辞》中载："形而上者谓之道，形而下者谓之器。"唐代陆羽在《茶经》中设计了24种完整配套的茶具，并强调："城邑之中，王公之门，廿四器缺一，则茶废矣。"其意为在城市繁华之中，王公贵族们品茗时，哪怕缺少烹饮茶器中的一件，也就称不上喝茶了。学习茶艺首先要认识及了解茶具的功能、用途、材料、历史、审美等内容，学会使用茶具，是茶艺的第一客观实践。茶具不仅满足饮茶的功能要求，还体现了茶艺的规定性和艺术性，评价一个国家（地区）茶艺成熟度，主要依据的不是茶叶的生产消费，而是以体现功能性、规定性和艺术性的茶艺器具发展水平。茶具的发生和发展，如同酒具、食具一样，历经了一个从无到有、从共用到专一、从粗糙到精致的漫长过程。茶具的发展水平决定了茶艺的水平，它伴随着饮茶生活方式逐渐发展和成熟。同时也是茶艺不同发展阶段的重要标志，唐代之所以成为茶文化兴起阶段，其中一条重要依据就是出现了专门的茶具。

茶具分类的依据基本有以下几种：一是器具用途；二是器具质地；三是器具在茶艺中发挥的功用；四是器具品位。比如对第四种按品位分，是指每一类茶具都有粗品、细品、特种工艺品和拙品之分。粗品只讲"用"，不讲"艺"；特种工艺品虽然为茶人所向往，但往往比较昂贵，一味追求名

贵稀有的茶具，反而违背了茶艺精神；拙品是看上去不起眼，但审美价值高，取决于茶艺师的艺术涵养，属于可遇不可求的。细品则是指经济实用的工艺美术品，可以日日使用的茶具基本定位在细品类，它们有一定的工艺水平，既讲"用"，也讲"艺"。在实际茶艺活动中，茶具各类品级均会有涉及，不能以偏概全。以下我们主要关注茶具按用途、质地和功能的三种分类。

一、茶艺器具名称

茶具涉及的器型以及材质种类极为丰富，即使是相似的器型也可能有完全不同的名称和定位。比如有些盛器要求内容物干燥，而有些专用于盛水，盛水的器具用途也有所区别：有些是盛清水、有些是盛茶汤、有些是盛汤渣。茶艺的规定性要求器具在用途上哪怕有些微差别，都会被赋予不同的含义，一旦确定了名称和用途，茶艺师必不可混用或错用，这是由茶艺的仪式化性质决定的，茶艺师必须以敬畏的态度严格遵守。

茶艺的名称有些来源于器具的用途、有些来源于器具材质、有些则来源于器具外形。按茶艺流程对茶具的使用要求，可将茶具分为七大类：供火器、清水器、汤饮器、匙置器、巾帨器、承贮器、渣盂器，在这些大类中我们来对茶具进行细分罗列和定名：

（一）供火器：提供火源或热源的器具及关联辅助用具

风炉：古时风炉用炭，当代风炉大多内置酒精灯或通电，外观多选择古朴之风。

酒精炉：容易获取，使用较广泛。

电磁炉：无明火，安全洁净，适宜加热的器具多，外观简洁大方。

随手泡：属电（磁）炉的一种，因专用作茶艺工具，民间常用此名。轻巧、安全、洁净、快速，且便于控制水的沸态。

电茶壶：可直接加热，一般在水房内使用。

烛床：一般用玻璃做床承，保温用，有时作为装饰，仅提供浪漫气氛。

三脚架：挂起烧煮时的提壶、系锅之用。

（二）清水器：盛放清水或加热后清水的器具

水注子（汤瓶）：又名侧把壶、执壶，壶体似花瓶，用于添加热水。

提梁壶（汤瓶）：又名上把壶，多用于注水沏茶。有玻璃材质、陶瓷材质、金属材质（铁壶、铜壶）等，一般可加热，玻璃材质的提梁壶还有辨汤直观的优点。

长流壶：俗称长嘴壶，便于远距离添水，常用于表演。

清水罐：广口带盖，盛放储存清水用。

热水瓶：保持水温，一般在水房用。

（三）汤品器：沏茶、品茶用具，直接接触茶汤

小壶：茶叶开汤的容器，以容量大小分为两类。一类是容量在350毫升以下标准的小壶，主要用于沏茶，也有兼用作茶盅。制作材料有陶（包括紫砂）、瓷、玻璃、金属、石等。形制多样，有侧把壶（又称执壶、手壶）、握把壶（又称横把壶、直把壶）、上把壶、无把壶、自流壶、套壶等。第二类壶的容量在500~1 500毫升，又称茶娘壶。从壶把来分类主要有提梁壶、执壶、提系壶，耐高温材质（如陶、金属、耐高温玻璃等）提壶可用于加热煮茶。

盖碗：由杯盖、杯身、杯托三个部分组成。有瓷质、陶质、金属质、竹木质、石质、玻璃等，盖碗可单独或兼用作主泡器和品饮器。

杯：最常见的是玻璃杯，其他有瓷杯、陶杯、金属杯等。形状有无耳杯（又称直身杯）、单耳杯、双耳杯、套杯、盖杯等。容量在150毫升以上杯子可以兼作主泡器和品饮器，150毫升以下一般只作品茗用，20~50毫升左右的杯又称"啜杯""胡桃杯"，品饮时带杯托。另有一种直筒小杯，杯型瘦而高，仅用于闻茶香，称为闻香杯。

茶盅（匀杯）：又称公道杯，为均匀茶汤浓度使用，一般与小壶或盖碗配合使用，杯沿有流，能分茶。与茶滤配合使用还具滤渣功能。盅的容量一般与壶同即可，亦可将其容量扩大到壶的1.5~2.0倍，在客人多时，可沏

两次或三次茶混合后供一道茶饮用。盅要均分茶汤，故流的断水性能要高，而断水性的优劣取决于流的形状。

碗、盏：碗、盏可通用，盏的容量比碗小，一般带盏托。有束口碗、敛口碗、撇口碗、敞口碗（又称斗笠碗）之分。有越窑、汝窑、定窑、钧窑等不同的产地、材料和工艺制作的瓷碗，也有陶碗、玻璃碗、漆器碗、木碗、金属碗等。

锅、镀：煮茶用，一般受水1~2升，有系耳。陶器和金属器较为常见。

烤罐：烤茶用。

茶盆、茶钵：又称巨瓯，分茶用。

（四）匙置器：代替直接用手取用的器具及其他搁置类的辅助性茶具

茶勺：又称茶匙，拨茶用，取茶粉更佳。多为竹木或金属制品。

茶则：取茶用，有一定的容量，能用以量茶。多为竹木制品。

青竹夹（茶夹）：又称小青竹，取茶用，取用扁平形茶更佳。夹头平直，多为素竹制成。

茶夹：又称水夹，夹头大多有钩形，取茶渣、烫杯时用。多为竹木制品。

茶针：用于挑茶、疏通茶壶堵塞物等，也用作其他的辅助。多为竹木制品。

茶漏：喇叭口形的竹木器具，小口壶置入条形茶时常用此器。多为竹木制品。

茶匙组：又称匙筒，集合放置茶勺、茶则、茶夹、茶针、茶漏等用具，有些茶匙组连杯托架和杯托。

匙枕：卧置茶勺、茶则等用具时起抬高的作用，保持清洁，避免重要部位与席面直接接触。

盖置：放置壶盖、碗盖，保持壶盖清洁，并防止盖上的水滴在桌上。有托垫式如盘状，圆形、碟形等，直径一般比盖大；有支撑式如高足状，直筒形、异形等，直径一般比盖小，能支撑起盖子或其他需要搁置的茶具中心部位；有时也用布垫代替。

渣滤：高密度金属、纱布或其他新型材料的滤网。用以过滤茶汤中的杂渣。可与茶盅配合使用。

杯托：承载茶杯的器具。适宜的杯托有这样的要求：一是易取，托沿离桌面的高度至少为1.5厘米，以便轻巧地将杯托端起，即使是盘式的杯托，也应有一定高度的圈足；二是稳定，杯托中心应呈凹形圆或在中心做出一个圈形，大小与杯底圈足相吻合，充分嵌住杯子，使其不易晃动；三是平整，托沿和托底均应平整，使茶杯可以平稳放置；四是防粘着，饮茶时除盖碗常连托端起，其余品茗器一般仅持杯啜饮，若杯底有水或杯底温度较高使托与杯底间空隙部分减压，造成杯与托粘连，端杯时会将托带起，因杯托自身重量随后即会掉落，发出响声甚至打碎，故茶托不宜过于光滑，分茶时也要避免水滴入托。

水勺：舀水用，使用葫芦瓢会显得更有古意。

（五）巾帨器：茶艺中用到的软性织物

茶巾：擦拭水迹、茶渣，隔热托壶用。要求吸水性能强，耐茶渍色料好，易折叠。

垫巾：较有质感的织物或其他材料制成，起装饰、衬垫或代替茶盘之用。

纱布囊：煮茶时包裹茶叶用。现也有用新型材料制成如玉米纤维等。

白织：洁净的织布，吸水性好，可作盖置、杯托、匙枕等的替代品。

帛巾：象征性圣洁物品。

盖膝巾：正跪沏茶时用。

桌布、桌旗：装饰用，用于营造氛围。

（六）承贮器：起到承接或贮存作用的器具

茶储：又称茶仓，茶叶存贮器。茶席上使用的茶储容量多为一两左右，装条索较大且疏松的茶品时容量可略大些。

茶荷：赏茶用。外形要求美观，也需有足够容量可满足一次茶叶冲泡的用量。

茶盘：端放沏茶器具用，竹木制居多。基本有围沿，茶艺使用时不允许有水滴入，但万一发生，也能起到一定的贮水作用。有些茶盘专门设有蓄水功能，称为“双层茶盘”，有抽屉式和上置式，前者更便于处理弃水。还有一种单层“水茶盘”，也称“茶台”，有水孔管用于排水，下接水盂承接弃水，以固定装置为多见。

奉盘：奉茶、奉点心、赏茶等用。要求轻巧、合手及美观。

茶点盒（碟）：放置茶点的碟或盒。

茶船（茶池）：有碗状茶船和夹层茶船两种形制，圆形、陶瓷制作的较多。碗状茶船在使用时会蓄水，致使壶的下半部浸于水中，长期使用会令茶壶上下部分色泽有异，故有夹层的茶船优于碗状。茶船直径要大于壶体的最宽处，因用于蓄水，故其容水量至少是茶壶容水量的2倍。茶船除“湿壶”“淋壶”时蓄水用，还能防止高温烫伤桌面、沏泡用水溅到桌面，有时还可观看叶底，盛放茶渣和涮壶水等。

具列架（床）：将茶具一一列出，置于立体的架子上，称具列架。放置在平面的桌上或席地，称为具列床，具列床类似茶台。

（七）渣盂器：接纳茶艺中需要弃去的水、茶渣等器具

水盂：承接温杯、烫杯后的弃水。

滓盂：盛放茶渣用。

清水盂：洁手用。

二、按质地的分类

茶具由不同的材质加工而成。由于材料、质地和加工方式不同，茶具会表现出不同的特征和性能，如玻璃材质的器皿具有透明、散热快、造型丰富的特点，紫砂材质则有古朴、收敛、隔热性好的优势。茶艺师如何发挥出不同材料的表现力，以及借助其表现力来实现茶汤的呈现，是对茶艺师技术和艺术能力的第一考验，也是决定茶艺作品价值的重要因素。

按质地分，茶具可分为陶土茶具、瓷质茶具、玻璃茶具、金属茶具、

漆器茶具、竹木茶具、其他茶具等若干类。

（一）陶土茶具

陶器是指以黏土为胎，通过盘条、轮制、模塑等方法加工成型后，在800~1 000℃高温下烧制而成的物品，坯体不透明，有气孔，具有吸水性，叩之声音较钝。陶土器具是新石器时代的重要发明，最初是粗糙陶，后逐渐演变成较坚实的硬陶和多样化的彩釉陶。陶器佼佼者首推宜兴的紫砂茶具及潮州的朱砂茶具，两地渊源颇深，后利用饮茶生活中器具运用发展形成了各自的风格。以下统称为紫砂茶具。

紫砂作为一种炻器，是介于陶器与瓷器之间的陶瓷制品。其特点是结构致密，接近瓷化，强度较大，颗粒细小，断口为贝壳状或石状，但不具有瓷胎的半透明性。紫砂茶具创始于宋，明代大为流行，成为各种茶具中最引人瞩目的瑰宝。明代《陶庵梦忆》中记载："宜兴罐以龚春（供春）为上，一砂罐，直跻商彝周鼎之列而毫不愧色。"另有史料记载"供春之壶，胜如金玉"，"阳羡（即宜兴）瓷壶自明季始盛、上者与金玉等价。"紫砂壶兴起后，因其沏茶时不烫手，益于茶味，能蓄香、造型多样且质地淳朴古雅，所以极受欢迎，茶人以"深爱笃好"来品味壶的真趣。紫砂壶自龚春后，经明代万历年间董翰、赵梁、文畅、时朋"四大名家"，稍后的时大彬、李仲芳、徐友泉"三大妙手"，清代的陈鸣远、杨彭年、杨凤年、邵大亨、黄玉麟、程寿珍、俞国良以及近代大师的不断创新发展，已成为令人叹为观止的工艺珍宝，是茶艺中不可或缺的重要茶具。

按照壶的泥质，紫砂壶的原料由紫砂泥、朱砂泥、绿砂泥三种调和而成，可以烧成数十种颜色。紫砂壶有四大优点：一是原料可塑性好，产品不易变形；二是气孔率介于一般陶器和瓷器之间，且有独特的双气孔结构，用来沏茶，香蓄味醇；三是泥料分子有特殊的鳞片状排列结构，因此冷热急变性好，不烫手，不易炸裂；四是色彩多样且都为天然色泽，异彩纷呈、质朴高雅。

紫砂壶造型可分五大类：光壶、花壶、方壶、筋纹壶、陶艺壶。紫砂壶造形艺术讲求"方不一式，圆不一相"的特点，方壶壶体光洁，块面挺括，线条利落，圆壶则在"圆、稳、匀、正"的基础上变出种种花样，让

人感到形、神、气、态兼备。紫砂壶的造型千姿百态，有的圆肥墩厚，有的纤娇秀丽，有的拙纳含蓄，有的小巧洒脱，有的古朴典雅，有的妙趣天成，有的灵巧妩媚，有的韵味怡人。紫砂壶共有钮、壶盖、壶腹、壶把、流嘴、足、气孔七个部位，从制作的工艺上细分，足有圈足、钉足、方足、平足之分；钮有珠钮、桥式、物象钮三种；壶盖有嵌盖、压盖、截盖；把有侧把、圈把、斜把、提梁把等，可谓是形式多样、眼花缭乱。

鉴壶的基本技巧，主要需要注意以下五个方面：

（1）看壶的嘴、把、体三个部分是否均衡。一是牢固平稳：将壶放在桌上，按按四角，观察是否跷动；以壶把、壶嘴一线为对称轴观察，是否嘴、口、把成一直线；提起壶盖，贴着壶的对称轴移动，观察是否平衡。二是壶盖和壶口的紧密：壶装满水后，用手指按在气孔上，如果倒不出水则称为禁水，表示壶的紧密性良好。一般来说，各部分欠均衡的壶很难称得上美观。

（2）看泥质和烧制。用手平托起壶身，然后用壶盖的边沿轻轻敲击壶身或壶把，如果发出以下三类声音说明壶都有一定程度上的问题：一是碎裂声，则说明是把碎壶；二是噗、噗的沉闷声，说明烧得不够透，烧“生”的壶会大量吸水、渗水；三是声音尖锐，说明烧过头了，太“熟”易碎裂，称其为玻璃质，也不能发挥紫砂的优良性能。轻轻敲击后壶音清亮悦耳，似有钢琴声且余音悠扬者，方为上品。

（3）看实用性能。好的壶应手感舒适，装满水后，一手拿壶把掌握自如，没有不自在和吃力的感觉。从壶中倾出茶汤时应出水流畅，水柱凝而不散，俗称“七寸注水不泛花”，即倒茶时茶壶离杯子七寸高而注入的茶水仍呈圆柱形流线，而不是水珠四溅。倾注茶汤时“收断水”利索自如，壶嘴不留余沥。还需观察壶的内壁是否干净光滑，流与体结合部是单孔还是网状，细密程度如何等细节。最后要确定壶的大小是否适合饮茶需要。

（4）看整体。首先是壶的泥色是否喜欢，好的壶泥色泽温润、光华凝重、亲切悦目、古雅亲人。其二是壶的造型是否满意，好的壶型美观大方、气韵生动。其三是壶纹和壶的装饰铭刻内容和技法是否喜欢。

（5）看气质。将壶摆放在一定距离，仔细观察及感受形态上流露出的艺术感染力。好的壶能从文静雅致中显出雍容气度，从朴实厚重中让人体会大智若愚，从线条的简洁明快中生发返璞归真之遐思，从自然的造型中让人感受生机勃勃。这些体悟需要一定的经验积累。

古人讲“操千曲而后晓声，观千剑而后识器”，要想提高自己对紫砂壶的审美能力，除了提高自身文化艺术素养之外，最好的办法就是多看名壶感受其气韵，一把好的名壶是制壶大师心灵的产物。

（二）瓷器茶具

陶器与瓷器的区别主要是原材料和烧成温度的不同。陶器烧成温度一般都低于瓷器，最低甚至在800℃以下，最高达1 100℃左右。瓷器的烧成温度则比较高，大都在1 200℃以上，甚至达到1 400℃左右。不同的土质耐高温性能有所区别，瓷器以高岭土作坯，在烧制瓷器所需温度下即可烧成。瓷器的发明和使用稍晚于陶器，瓷器茶具呈白瓷、青瓷和黑瓷三足鼎立之势。

（1）白瓷茶具：白瓷早在唐代就有“假玉器”之称，唐代饮茶之风大盛，各地先后涌现出以生产茶具为主的窑场，如河北邢窑、浙江越窑、湖南长沙窑、四川大邑窑等生产的白瓷茶具都享有盛誉。北宋以后，江西景德镇因生产的瓷器质地光润、白里泛青、雅致悦目从而异军突起，技压群雄，逐步发展成为中国瓷都。元代，景德镇始创青花瓷茶具。明、清两代白瓷茶具的制造工艺水平达到一个高峰，所产的瓷器以“白如玉，薄如纸，明如镜，声如磬”而著称于世。其中的青花茶具幽靓典雅，彩瓷茶具造型精巧、胎质细腻、彩色鲜明，广彩茶具施金加彩、金碧辉煌，雍容华贵。这些茶具各具特色，为世人所共珍。除景德镇之外，湖南醴陵、河北唐山、安徽祁门的白瓷茶具也都极富特色。

（2）青瓷茶具：青瓷茶具始于晋代，主产地为浙江。唐代顾况《茶赋》记载：“舒铁如金之鼎，越泥似玉之瓯。”著名诗人皮日休在《茶瓯》一诗中赞美青瓷：“邢客与越人，皆能造瓷器，圆似月魂堕，轻如云魄起。”发展到宋代时，浙江龙泉哥窑、弟窑的生产水平达到鼎盛时期。哥窑所产的青瓷茶具如同翠玉，胎薄质坚，釉层饱满，色泽静穆，雅丽大方，如清水

芙蓉惹人怜爱，被后代茶人誉为“瓷器之花”。弟窑所产瓷器造型优美，胎骨厚实，釉色青翠，光润纯洁，其中粉青釉色酷似美玉，梅子青釉色宛如翡翠，都是难得的瑰宝。

（3）黑瓷茶具：黑瓷茶具流行于宋代。宋代斗茶之风盛行，宋徽宗赵佶在《大观茶论》中写道：“盏色贵青黑，玉毫条达者为上，取其焕发茶彩色也。”蔡襄亦在《茶录》中载：“茶色白，宜黑盏，建安所造者绀黑纹如兔毫，其坯微厚，熁之久，热难冷，最为妥用，出他处者皆不及也。”茶色贵白，黑瓷茶具更能映衬茶汤之美，胎体厚实茶汤不易冷却，利于汤花持久不散。黑瓷以建安窑（今在福建省建阳市）最为著名，所产的兔毫盏釉色黑亮，纹如兔毫纤细柔长，造形古雅。且建盏有“入窑一致，出窑千变”一说，充满了偶然性和变化性，极富趣味，为茶人所喜爱。

（三）漆器茶具

漆器茶具始于清代，较知名的有福州脱胎茶具、北京雕漆茶具、江西鄱阳等地，其生产的脱胎漆器等，均具有独特的艺术魅力。福建福州生产的漆器茶具尤为多姿多彩，被誉称为“双福”茶具，创始人为清代乾隆年间的沈绍安。脱胎漆茶具制作精细复杂，先要按照茶具的设计要求，做成木胎或泥胎模型，用夏布或绸料以漆裱上，连上几道漆灰料，然后脱去模型，再经填灰、上漆、打磨、装饰等多道工序，最终得以漆器茶具成型。脱胎漆茶具多为黑色，也有黄棕、棕红、深绿等色，其材质轻巧美观、色泽光亮、明镜照人，器具不怕水浸，能耐温、耐酸碱腐蚀，且融书画于一体，饱含文化意蕴。漆器作为实用器，在夏商以后已较为多见，但漆器的盛器之用历代以来皆未形成规模生产，直至清代，一批工艺大师恢复汉代“夹纻”技法，推广脱胎漆器后，漆器得以日渐受到重视。漆器作为工艺品欣赏较为多见。

（四）金属茶具

金属茶具是在历史上主要用于宫廷茶宴。1987年5月，我国考古学家在陕西扶风县法门寺地宫中发掘出一套晚唐时期的银质鎏金茶具轰动一时，这套茶具精美绝伦，堪称国宝。

（五）竹木茶具

竹木质地朴素无华，用于制作茶具有保温不烫手的优点。另外，竹木材质还具有天然纹理，做出的茶具别具一格，耐观赏。目前主要用竹木制作的茶具有茶盘、茶台、茶匙组、茶储等，也有少数地区用木茶碗饮茶。

（六）玻璃茶具

玻璃茶具是茶具中的后起之秀。其质地透明、可塑性大，制成各种茶具晶莹剔透、时代感强、价廉物美且兼具实用性，所以很受消费者欢迎。

除了上述六类常见的茶具之外，还有用玉石、水晶、玛瑙、生物以及其他珍稀原料制成的茶具，这些珍稀器具用于观赏和收藏较多，在实际沏茶时很少使用。

三、主辅位的划分

茶具是茶艺的器物类载体，是茶艺的外在显示。茶艺的核心任务是茶汤呈现，名目繁多的器具以完成茶艺为任务承担各自角色，这些茶具在角色担任方面有主要和辅助的区别，这种区分也有利于茶艺师集中注意力解决关键问题，顺利实现客体向主体价值的转换。我们将不同的器具按茶艺核心任务的承担顺序，分为主泡器、品饮器、辅具和铺陈四类。茶艺师完成一个主题明确的茶艺作品，首先要考虑的是主泡器的选择，根据主泡器的功能、风格、质地，并从品饮者的特点需求出发，选定品饮器，再一一配以辅具和铺陈等物品。

（一）主泡器

开汤，是指干茶接触到水转化为茶汤（叶底）的环节。除冷泡法外，开汤时一般都有温度要求。承载开汤环节的茶具，即为主泡器，主泡器是完成茶艺的核心器具。唐代陆羽煎茶是在鍑中完成的开汤，主泡器是鍑；

宋代赵佶在巨瓯中完成了点茶，主泡器则是巨瓯；现代龙井茶基本都在透明玻璃杯中开汤，玻璃杯即是主泡器；铁观音的冲泡宜选用紫砂壶为主泡器，而花茶往往选择盖碗为主泡器。

主泡器是茶艺师以任务为导向的选择。茶具本身不具有固定性，同样的器具，茶艺师可以根据不同的茶叶、环境、需要等，来决定它的作用。比如，玻璃杯可以成为绿茶开汤的器具，也可以仅充当配合其他主泡器的饮杯；紫砂壶也不全都是主泡器，也可兼作匀壶、水注等。一旦确定主泡器，茶艺的基本流程也就确定了。

主泡器对茶艺师来说最为重要，它是茶艺师技能发挥的主要载体，通过它才能呈现出完美的茶汤。因此，茶艺师拥有珍贵的主泡器，需要常常保护养护好主泡器，使它们在有好茶、好水的时候能有更好的表现，从而表达出茶艺师对自然的敬重以及主宾间的仁爱。比如一把好的紫砂壶，用其泡茶，使用的时间越长，壶身色泽愈加光润古雅，泡出的茶汤也就越醇郁芳馨，甚至在空壶里注入沸水都会有清淡茶香，这就是茶具对茶艺师的回报。

（二）品饮器

品饮器是饮者直接用来品鉴和饮用茶汤的器具。品饮器与饮者的关系更为密切，因此通过品饮器的选择，可以看出茶艺师是否具有足够的素养来判断出饮者的喜好，这表现了茶之仁爱、器之适宜的理念。这一点在《红楼梦》妙玉献茶一节中描写得最为淋漓尽致，不同的人配合了不同的茶及饮杯，生动入微地刻画出了妙玉不俗的茶人气质。

品饮器基本是单独使用，此类品饮器容积较小，注入的茶汤控制在三口能喝完的量。在用壶作主泡器时，需要配置若干小杯作为品饮器，几个饮者围坐于茶艺师周围，如同品饮器围着主泡器，人物同象，展现出其乐融融的饮茶图景。品饮器也有兼用，作为品饮器时兼主泡器之用，这类一般会选择较大的容量，来满足开汤需要。如玻璃杯沏龙井茶，玻璃杯即为主泡器，又是品饮器；盖碗沏泡绿茶、花茶，则是主泡器兼用作品饮器。兼用品饮器，能使饮者在品饮时，观赏茶叶在茶汤中的优美姿态，使味觉、嗅觉和视觉同时有美的享受。

同样，作为品饮器的茶具也不是固定的，需要茶艺师依据茶艺的主题而设计选择。如在使用盖碗沏泡岩茶时，一般将茶汤注入胡桃杯中品饮，盖碗仅单独用作主泡器；有些饮者喜好就着壶嘴饮茶，这壶也就兼用作品饮器。主泡器和品饮器是茶艺的两大主角茶具，茶艺的第一堂课需要学会用好主泡器和品饮器，茶艺的最高阶段也避免不了主泡器和品饮器的使用。

（三）主泡器与品饮器

主泡器、品饮器在饮茶史上可谓是各领风骚，历代的茶叶生产方式和社会风尚都有所不同，由此形成了各个朝代不同的品鉴喜好，这些变化都反映在茶艺的主泡器和品饮器的选择上。

唐朝："青则益茶"。陆羽在《茶经》中通过对各地所产瓷器茶具的比较后认为："邢（今河北巨鹿、广宗以西，河以南，沙河以北地方）不如越（今浙江绍兴、萧山、浦江、上虞、余姚等地）。"唐朝人们饮用的为饼茶，茶须烤炙研碎后，再经煎煮而成，这种茶的茶汤呈"白红"色，即"淡红"色。一旦茶汤倾入瓷茶具后，汤色就会因瓷色的不同而起变化。"邢州瓷白，茶色红；寿州（今安徽寿县、六安、霍山、霍邱等地）瓷黄，茶色紫；洪州（今江西修水、锦江流域和南昌、丰城、进贤等地）瓷褐，茶色黑，悉不宜茶。"而越瓷为青色，倾入"淡红"色的茶汤，呈绿色。陆羽从视觉角度，提出了"青则益茶"，认为以青色越瓷茶具宜茶，为上品。而皮日休和陆龟蒙则从茶具欣赏的角度提出了茶具以色泽如玉，又有画饰的为最佳。因为唐代是煎煮的方式烹茶，这里"青则益茶"的茶碗就成了品饮器的专用。

宋朝："茶色白，宜黑盏"。从宋开始，饮茶习惯逐渐由煎煮改为"点注"，团茶研碎经"点注"后，茶汤色泽近"白色"，唐时推崇的青色茶碗难以衬托出"白"的色泽。而此时作为饮茶的碗已改为盏，对盏色的要求也就起了变化"盏色贵黑青"，认为黑釉茶盏才能映衬"白色"茶汤。蔡襄在《茶录》亦提及："茶色白，宜黑盏。"蔡氏特别推崇"绀黑"的建安兔毫盏。宋代点茶方式有两种，一种是在巨瓯中点好后分茶至茶盏（赵佶《大观茶论》），巨瓯是专用的主泡器；另一种则是直接在茶盏中点茶（蔡襄

《茶录》)，这一方法中黑盏既充当主泡器又兼作品饮器。

明朝："盏莹白如玉，可试茶色"。明代，人们已由宋时的团茶改饮散茶。明代初期，散茶的茶汤已由宋代的"白色"变为"黄白色"，对茶盏色泽的要求不再是黑色，改而喜爱"白色"。对此，屠隆认为茶盏"莹白如玉，可试茶色"。明中期后，白瓷茶盏对茶汤色的呈现，依旧作为一种不可或缺的要求，但此时瓷器和紫砂茶具兴起，人们饮茶注意力逐渐转移到茶汤的韵味，对茶叶色、香、味、形的要求，更侧重于"香"和"味"，追求壶的"雅趣"。所以，明代的白瓷茶盏有作为主泡器的，也有配合紫砂壶作为品饮器使用。

清朝及以后：百花齐放。清代以后，茶具品种增多，形状多变，色彩多样，再配以诗、书、画、雕等艺术，从而把茶具制作推向新的高度，焕发出蓬勃生机。而茶类的多样化，又使人们对茶具的种类与色泽，质地与式样，以及茶具的轻重、厚薄、大小等，提出了新的要求。主泡器和品饮器的选择就更丰富了。

(四)辅具和铺陈

辅具是茶叶沏泡过程中必须使用的辅助性工具，如茶储、茶荷、茶匙、茶盘、水盂、茶巾、风炉、水注、盖置、具列等，在主泡器和品饮器选择确定后，辅具既要满足技术功能要求，还要具有与主体和谐的美感。

铺陈是茶艺过程中为进一步凸显主题增加美感、营造氛围而添加的物品。如桌布、桌旗、垫巾、插花、香炉、书画、屏风、装饰品等物件，茶艺师根据设计需要来选择不同的铺陈。随着茶艺水平的不断提高，人们对茶艺文化创意产生了更为细致和多元化的要求，茶艺铺陈也成为其中渲染氛围最佳的景象，丰富了茶艺的视觉效果和空间境象。

第四节　忠义之举：火

想饮用一杯色、香、味、形兼备的佳茗，仅有好茶、好水是不够的，而需要做到茶、水、火"三合其美"。宋代苏辙在《和子瞻煎茶》诗中曰："相传煎茶只煎水，茶性仍存偏有味。"其意思是要煎好茶，首先就要烧好水。明代田艺蘅在《煮泉小品》中也提到："有水有茶，不可以无火。非无火也，失所宜也。"即沏一杯好茶，仅"有水有茶"是不够的，还须掌握好烧水的"火候"，否则就会"失所宜也"。由此可见饮一杯好茶，烧水的学问也不可低估。实践表明，好茶无好水，固然不能发挥出茶的特有风味；甚至给人以"厌饮"之感；但有了好茶、好水，而烧水"火候"失宜，同样会使茶的"本质"得不到充分发挥。

宜茶之火，是通过控制火候与候汤两个方面，从而获得优良的沏茶之汤水。火候，是指煮水的火力；候汤，是对沏茶用水温度的掌控。

一、燃料与火候

沏茶用水需做到"活火快煎"，其关键在于"活火"，有了"活火"即可缩短烧水时间，符合"快煎"的要求。那么，何谓"活火"呢？唐代李约认为，"活火"是指"炭火之焰者"，即炭火有焰。昔时用柴或炭烧出焰火较难，如今多使用液化石油气，取活火十分方便，呈蓝色火苗即可。唐代陆羽认为烧水燃料，以木炭为最好，硬柴次之，接着又进一步提出凡有烟腥味的木炭、含油脂的木炭，以及腐朽的木器都不宜使用。明代田艺衡认为，木炭不能常得，提出烧水燃料亦可用干松枝，"遇寒月多拾松实房，蓄为著茶之具，更雅"。许次纾更是在《茶疏》中提出："火必以坚木炭为上。然木性未尽，尚有余烟，烟气入汤，汤必无用。故先烧令红，去其烟，兼取性力猛炽，水乃易沸。"不能让"烟柴头"污染了水。张源亦在《茶录》中点明"炉火通红，茶铫始上。扇起要轻疾，待汤有声，稍稍重疾，斯文武之火候也"即水须武火煮沸，不可用文火炖熟，扇法要注意轻重徐疾。

现代生活中已很少用柴和炭烧水，但仍需注意达到以下两点要求：一是热源燃烧性能佳，产生的热量要大而持久，不致出现因热量太低或热量忽高忽低的情况，而延长烧水时间，致使烧出来的水失却鲜爽、清新之感；二是作为热源的燃烧物不应带有烟气或异味，以免污染沏茶用水而影响茶叶本味。

二、候汤的情趣

在我国饮茶史上，在宋朝以前，饮茶需先用文火烤茶，尔后将茶研碎，再加水调盐入釜烧煮，分酌而饮，此方式称为煎茶。煎茶过程中包括了烧水和煎茶两道工序，陆羽在《茶经》中言及烧水："其沸，如鱼目，微有声，为一沸；缘边如涌泉连珠，为二沸；腾波鼓浪，为三沸，已上水老，不可食也。"依陆羽之见，烧水以"鱼目"过后，"连珠"发生时最为适宜。唐代温庭筠在《采茶录》中提出烧水要用"活火"急燃，不能用"文火"久烧。宋代苏轼在《试院煎茶》中也认为"活水还需活火煎"。宋代蔡襄在《茶录》中说："候汤最难，未熟则末浮，过熟则茶沉。"这些说法已被现代科学证实，"过熟"沸水中的二氧化碳已挥发殆尽，使得沏出来的茶汤鲜爽味大为逊色。故沏茶用水烧之得当，对茶的利用，以及沏泡茶水的质量，都有着极其重要的作用，不可轻视。

宋代开始，随着茶类发展，原本的煮茶、煎茶方法逐渐为点茶法所替代。而明代以后，散茶饮用日益普遍，用沸水沏泡茶叶更为普及。沏茶是采用沸水直接冲泡茶叶，因此，沏茶对水各方面的要求也就更高，沸水的"老"与"嫩"，燃料的"活"与"朽"，火候的"急"与"缓"都与茶汤最终的呈现结果紧密相关。也因此有大量的人研究如何掌控水沸程度，有人以"声"辨别，如宋代的罗大经在《鹤林玉露》中认为："松声桂雨到来初，急引铜瓶离竹炉。"有人以"形"判断，如宋代的苏轼认为"蟹眼已过鱼眼生，飕飕欲作松风鸣"时为度；有人"声""形"统筹鉴别，如明代的许次纾《茶疏》中提出："水一入铫，便需急煮，候有松声，即去盖，以消息其老嫩。蟹眼过后，水有微涛，是为当时；大涛鼎沸，旋至无声，是为过时。过则汤老而香散，决不堪用。"其意即沏茶用水以烧至"蟹眼过后"，有"微涛"时为度，倘若"大涛鼎沸"，直至"无声"，就过度了，"决不堪用"。明代的张源对如何烧好沏茶用水的见解更是细致入微，他在总结前人沏茶用水的基础上，在《茶录》中提出了"三大辨"和"十五小辨"作为掌握烧水程度的识别方法，以此防止烧水出现"老"与"嫩"的状况。

人们历来知道未沸的水不能沏茶，但若“大涛鼎沸”或多次回烧，以及蒸汽长时间加热煮沸的开水用于沏茶，都会使茶叶产生“熟汤味”，口感变差。烧水时间过长，或经多次回烧的开水，水分会大量蒸发，使得剩下的水中含有较多的盐类及其他物质，尤其是亚硝酸盐含量会相对增加，以致茶汤苦涩味加重，汤色灰暗。所以说，“水老不可食”是有道理的。

不同时代茶艺方式不一，对火候和候汤的要求也不尽相同，柴火候汤难得一见，炭炉煮水被部分爱茶之人保留下来，偶有所见。大部分现代人烧水煮茶主要还是选择方便又清洁的电能，免去了许多古人的费时费力，但同时失去了饶有趣味的烧水过程。也有一些新式茶艺，开始用“冷泡法”沏茶，直接向“火”发起了革新。不过，对于大部分人而言，烧开水来沏茶最为合适。

第五节　信守之德：境

境，对中国人来说是最为复杂也是最为简单的对象。它原本是一个自然客观的对象，但东方文化常常习惯于移情入境、以境言志、情景交融。因此，客观景象中往往比照人格，人的情感也同样寄寓于境景之中。唐代诗人王昌龄《诗格》中说：“处身于境，视境于心。莹然掌中，然后用思，了然境象，故得形似。”王国维提出“一切景语皆情语”充分概括了中国美学融情于景，寓景于情，情景交融，自有境界的主张。可以说，境是“情”与“景”的共同体。[①]

在这样的文化背景下，饮茶之境虽指饮茶时的地域风情、自然景色、人工设施、节令气候等条件，但饮茶自古以来是中国典雅生活方式的代表，历代文人将其不断人格化，不仅在景、在物，还包含了人品、事体。翰林院的茶宴文会，虽为礼仪，也不少风雅；文人相聚，松风明月，自有包含宇宙的胸怀和气氛；茶肆茶坊、家中瀹饮，轻松欢快、情意绵长；边疆民族奶茶盛会，表达民族的豪情和民族间兄弟情谊；时令饮茶，春华秋实，

① 宗白华：《宗白华美学与艺术文选》，河南文艺出版社，2009年版，第32页。

讲究回归自然，以“一叶且或迎意，虫声有足引心”浸染其中，足见饮茶之境的丰富内涵。

一、古人茶境情调

茶的品饮环境，历代都有众多的叙述。其中说得最详细的要数明代冯可宾的《岕茶录》，其中提出了适宜品茶的13个条件，即一要“无事”：个事皆可一缓，独有闲趣瀹饮；二要“佳客”：以茶迎客，茶气相投，情怀不已；三要“幽坐”：择静僻处，清静无为，把壶玩香；四要“吟诗”：言之不足故嗟叹之，嗟叹之不足故咏歌之，茶性使然；五要“挥翰”：泼墨点茶，茶香书韵，韵高风雅；六要“徜徉”：可踏足翠竹小径，可遨游万里风光，一茶一念，闲庭信步；七要“睡起”：香茗在手，才觉神清气爽；八要“宿醒”：宿醉破醒，唯茶功高；九要“清供”：案头高雅趣味，古朴遗风，了然于壶茗之间；十要“精舍”：陋室设名器，茶不在形而在神；十一要“会心”：人茶合一，会心不远；十二要“赏鉴”：格物致知各色茶，谦虚不偏执；十三要“文僮”：茶僮茶伴应手协助，和谐默契，浑然天成。

与宜茶13个条件相应的，冯氏还提出了不适宜品茶的“禁忌”7条，即不利于饮茶的7个禁忌，它们是：一“不如法”：指烧水、沏茶不得法；二“恶具”：指茶器选配不当，或质次或玷污；三“主客不韵’：指主人和宾客，口出狂言，行动粗鲁，缺少修养；四“冠裳苛礼”，指官场间不得已的被动应酬；五“荤肴杂陈”：指大鱼大肉，荤油杂陈，有损茶的本质；六“忙冗”：指忙于应酬，无心赏茶、品茶；七“壁间案头多恶趣”：指室内布置零乱，垃圾满地，令人生厌。

明代徐渭在《徐文长秘集》中作了概括性的说明：“茶宜精舍，云林，竹炉，幽人雅士，寒霄兀坐，松月下，花鸟间，清白石，绿鲜苍苔，素手汲泉，红妆扫雪，船头吹火，竹里飘烟。”与徐氏同时代的许次纾，也在《茶疏》中提出了“宜于饮茶二十四时”，即：“心手闲适，披咏疲倦，意绪棼乱，听歌闻曲，歌罢曲终，杜门避事，鼓琴看画，夜深共语，明窗净几，洞房阿阁，宾主款狎，佳客小姬，访友初归，风日晴和，轻阴微雨，小桥画舫，茂林修竹，课花责鸟，荷亭避暑，小院焚香，酒阑人散，儿辈斋馆，清幽寺观，名泉怪石。”这些文人雅士描述对茶境的要求足可见品茗之情趣，也充分说明我国历来重视品茗环境。且我国传统文化主张“天人合一”，认为人与自然应成为和谐的一体。一个有修养的人，要把握好自然，使人的生命活动与自然的环境条件相契合。

归纳上述茶人的追求，可以说宜茶之境包括了：品饮者的心境、茶本身的境遇、人际间的关系、艺文之境，以及周围自然环境等。饮茶，既是物质享受，又含艺术欣赏，茶人们对茶境必然有所选择，以使自身与大自然相互感应，从而获得对境追求。

二、席、艺、境

茶艺之境是人们的人文寄托和审美玄想，也是有迹可循的客观对象，它通过茶艺师的技术和修养来实现具体构造，同时也成为人们承载理想而借助的一种载体。茶艺之境大致分为三类：茶席、艺能、环境，茶席是茶艺之境的核心空间，艺能是对茶席的补充，环境是茶席的延展和修饰。

（一）茶席空间

茶席，又称泡茶席，是茶具的组合空间和人文主题。在茶席中不仅具体刻画了茶、水、器、火、境的序列和线条，也暗示了茶艺师与饮茶人介入的位置和态度。茶席是茶艺师依据茶艺主题，以一定物质材料和手段创造的满足饮茶活动的可视静态空间形象作品，它以茶汤的形成为核心，围绕主泡器、品饮器等主要器皿构造具有点、线、面、体、色彩及肌理等视觉美感的造型艺术。茶席是茶艺活动中客体的展现空间，是茶艺师实现技术和审美对象的中心区域。

茶席由茶艺师设计，需满足茶艺活动的基本要求：第一，茶席布置要符合泡茶逻辑，茶席中的主要物质材料——茶具，在各自沏茶任务中都有特定的功能和角色，既要充分发挥茶具性能，同时也要符合人体工学，取拿便利；第二，茶席要体现生活方式约定的规范性，茶艺受到日常生活的

制度规定，不同器物的高低、前后、上下或简约或繁复的选择在空间形象的摆设安置要体现这一点；第三，茶席要满足艺术作品的审美要求，茶席作为一个艺术作品，是茶艺造型艺术的主要载体；第四，茶席是在统一主题下对器物的集合和创作，茶席并非是物质材料的简单组合，它承载了茶艺的主题思想，因此，虽然是客观物质的呈现，但人们在茶席中往往能感受印象深刻的人文意蕴。茶席作品是茶艺师素养和能力的表达，也是主宾之间静默的深度对话。

茶席最突出的特征在于美感。茶席通过茶具组合，表现出点线面的几何之美，圆壶、圆杯、方盘、方巾、茶匙、匙枕等，摆出雁阵、平行线、圆弧、鱼钩等式样，点面结合，遥相呼应，展现出匀齐合宜之美；茶席器物以感怀四季、日月、花草鱼虫等进行铺陈渲染，将沏茶饮茶置于借景抒情、情景交融的境界之美；茶席描摹古风、民风、俗事的饮茶形式，以好古力学、志乐天下之善的情怀，抒发怜惜珍爱之美，极致的简约茶席还可体现出禅机之美。所谓“心匠自得为高”，茶艺师需要充分运用美学思考，使客观器物作我主观情思的象征，独具匠心地展现出茶艺整体的韵律美，以营造一个良好的茶境给品饮者美的感受。[①]

（二）艺能

艺能是依据茶艺主题对其他艺术活动或作品加以融合，是对茶席的补充。艺有多种形式，如琴、棋、书、画、诵、歌、舞、插花、焚香、赏供等。艺能可以与茶席共同组成一个整体的视觉艺术，如挂画、赏供；也可以融合加入动态艺术，如在茶艺活动的同时表演书法或舞蹈等。音乐是有空间性的，对茶艺之境有着很大的烘托和塑造作用，一个有强烈感染力的好音乐往往能将茶艺的主题画龙点睛地凸现出来。荀子在《乐记》中说“德者，性之端也；乐者，德之华也。”古人历来强调音乐在人修养历程中发挥的作用。

茶艺音乐的选择有古典名曲，幽婉深邃，韵味悠长；也有现代茶乐，

---

① 宗白华：《宗白华美学与艺术文选》，河南文艺出版社，2009年版，第34页。

清雅空灵，朗朗欣喜；还可以是精心录制的大自然之声，如山泉飞瀑、小溪流水、雨打芭蕉、风吹竹林、秋虫鸣唱、百鸟啁啾、松涛海浪等，都是极美的音乐。这些音乐会把自然美和人文美渗透进茶人的灵魂，引发茶人心中潜藏的关于美的共鸣，为品茶营造一个如沐春风的美好意境。

一边饮茶，一边有琴棋书画相伴，亦是美事一件，养性怡情，雅趣相投。陆游曾作"矮纸斜行闲作草，晴窗细乳戏分茶"，为我们展现了一幅悠然咏茶的美妙艺境。艺境还可以根据主题选择插花、点香、装饰等，营造艺术美以引人进入以茶为艺的特定场景。

（三）环境

环境，即茶艺场所，它包括外部环境和内部环境两个部分。对于外部环境，中国茶艺讲究清幽野趣，返璞归真，天人合一。唐代诗僧灵一曾言："野泉烟火白云间，坐饮香茶爱此山。岩下维舟不忍去，青溪流水暮潺潺。"钱起的诗中也展现了一幅美妙的自然场景："竹下忘言对紫茶，全胜羽客醉流霞。尘心洗尽兴难尽，一树蝉声片影斜。"而品茶的内部环境则要求窗明几净，格调高雅，气氛温馨。明代茶人热衷于打造专门的"茶寮"用于饮茶，屠隆《茶说》"茶寮"条记："构一斗室，相傍书斋，内设茶具，教一童子专主茶设，以供长日清谈，寒宵兀坐。幽人首务，不可少废者。"张谦德《茶经》中也有"茶寮中当别贮净炭听用""茶炉用铜铸，如古鼎形，……置茶寮中乃不俗"的记载。明清时期专用茶寮的出现，使明代茶人日常生活的茶事有了固定的场所，并上升为安顿性灵的中心[①]。

茶席与环境、艺境三者相辅相成，环境提供了安置茶席的场所，茶席的出现赋予环境饮茶氛围和玄想，艺境的文化气质唤起默契的想象力。陆羽《茶经》在"九之略"中讲述了自然环境和室内环境的差异性，在室内环境，"城邑之中，王公之门，二十四器阙一，则茶废矣"，且茶具的规定性又要求了茶席精益求精的完美追求。但自然环境中，茶席中一些茶具可以略去，因为在山野清泉中可以获得，唐代如此，现代也一样可以作各种

---

① 吴智和：《明代茶人的茶寮意匠》，史学集刊，1993年第3期，第15-23页。

尝试。茶艺师需体会自然界带来的灵感，返璞归真，道法自然，以智慧和修养借用自然环境给予的器物，达成钟灵毓秀、含英咀华的自然风度。乾隆皇帝在《春风啜茗台》中写道："山巅屋亦可称台，小坐偷闲试茗杯。拂面春风和且畅，言思管仲济时材。"虽在拂面春风中品茗，讲着"偷闲"，但心中仍在思索谋求济时安邦之才，忧心家国天下，展现出茶人气质。

第三章

习茶四必要：“仁心涵泳，仪规切己”

“怎样才是茶艺师？有仁心、知仪规，两者合一；于生活幽默而不露痕迹。”

茶艺师是茶艺活动的主体，茶艺师利用其专门化的能力、技术和修养，完成了从茶（自然属性）——茶汤（人格化）的过程，体会日常生活中的敬畏和崇拜，对生活琐事的珍爱、生活秩序的仪式感、生活不显露出的谨慎等，承担人生所有的不完美和遗憾，也在其中享受和分享茶艺创造的浪漫、充盈和宁静。茶是茶人自我历练的人格写照，孟子曰：“爱人不亲，反其仁；治人不治，反其智；礼人不答，反其敬——行有不得者皆反求诸己，其身正而天下归之。”以平凡普通的“沏好一杯茶”为历练，时刻在过程中内观自己，反映出茶人反求诸己的胸怀、取舍和不懈努力。茶人在日常生活做“沏好一杯茶”这件事，握起茶勺的行为中内观自己的敬畏感、接触主泡器的茶艺之始会意心与器的相通、奉茶行礼时反省自己的诚意，做到人与它物之间的同一、人与他人之间同一、人与自己内心的同一。

吃茶养心，体现茶与心灵修养的关系。现代茶圣吴觉农先生指出，要把茶视为珍贵、高尚的饮料，因茶是一种精神上的享受，是一种艺术，或是一种修身养性的手段。赵州和尚著名偈语“吃茶去”，直接指出了“吃茶修心”的道理。唐代诗人卢仝有七碗茶歌，喉吻润、破孤闷、搜枯肠、发

轻汗、肌骨清、通仙灵、清风生，喝茶是通往神仙境界的审美愉悦。日本荣西禅师著《吃茶养生记》，直指茶与修养的关系，日本仓泽行洋先生等主张“茶道是至心之路，又是心至茶之路”，茶道提供了心灵修养的路径。茶人们通过饮茶来提高自身的修养，获得心灵的慰藉与愉悦。“心”是思想、心灵，它既包括“格物致知诚意正心”的心，表示了“心”的获得必须经历“知”辨是非的过程；也包括了“致良知”之“心”，以至善求生命活泼的灵明体验及豁达精进心态。

茶艺师之吃茶养心，还须有行为模式外显，即对茶艺规则娴熟掌握，以此体现茶之心的内化程度。规则：规定、法则，是群体共同遵循的约定和沟通方式。饮茶是一件日常生活事体，当其脱离日常生活而提炼为茶艺时，仪式化的过程出现了一个高于日常生活的规则体系。茶艺的规则在茶之心的引导下，同样落实在这三部分：一是人与自己的关系，茶艺规则日用如何反哺到日常生活中而给予个人的影响；二是人与物之间的关系，是茶艺师如何实现一杯完美茶汤的规范化过程；三是人与人之间的关系，是为茶汤这件事而体现的茶人群体气质、行为、精神等修养和约定的具体化表达。

茶艺师的历 练要求做到仁心与规则互为体用，正如孔子之语“质胜文则野，文胜质则史，文质彬彬，然后君子”，有仁心无仪规，史；有仪规无仁心，野。茶人的生活向着君子靠近，于是慢慢练成了有“茶气”的人。茶气，不显露的默契与幽默，不显露的智慧。默契来源于一致的心性，彼此的暗相契合。幽默是一种智慧，正如林语堂道：“凡善于幽默的人，其谐趣必愈幽隐；而善于鉴赏幽默的人，其欣赏尤在于内心静默的理会，大有不可与外人道之滋味”，凡有的幽默、智慧以不显露作为对茶生活敬畏感的体察。大道无形，天行健、君子以自强不息。

第一节　习茶必要之：成生活家

茶艺师是茶艺生活的实践者，日常生活是茶艺师从技能训练到生活方式养成的基本场所，茶艺师首先要成为一个合格的生活实践者，适应和热爱生活，在"做生活"的过程中行茶艺，正如杜威所言，美学应"回到对普通或平常的东西的经验，发现这些经验中所拥有的审美性质"[①]，在行茶艺中体会茶艺精神之"清"：器物清洁、事理清明、风格清正；"和"：秩序和谐、仁恕和气、和而有为；"简"：简素作风、不役于物、直道而行；"趣"：以趣尚和趣味，涵闲趣、幽趣、童趣、情趣之美。中国传统文化中追求既朴质又浑厚的生活美，这在中国是普遍的、基本的、现实的。传统或儒家生活美学一端系在世俗生活的层面，即饮食男女、衣食住行、生老病死这些现实生活的具体内容上，另一端系在超越层面上，追求某种美和价值。这种美学强调：若只注重前者则会驰逐享乐而丢失生命，若仅强调美与价值，生命亦将无所挂搭而无从体现于视听言动之间。在日本，茶道同样是综合了日常生活的一切形式，只有生活于艺术之中的人才能理解艺术所含有的真正价值，所以，茶人们在日常生活中也努力保持在茶室时所表现出的风雅态度，茶人们自己本身就力图成为一种艺术，这是与一般艺术家所不同的。饮茶的重视在日常生活中的修行，茶艺的广泛意义包括了茶艺师日常吃、穿、住、行的生活体系，一个真正的茶艺师，他的艺术境界存在于日常生活之中。

一、清洁

清洁是人类文明的起步，也是茶艺师首要的生活训练与生活习惯。清洁要求在茶艺活动以及关联的生活内容中，保持物品、环境和个人的清爽洁净，它包括了干净、整洁等内容。茶艺清洁的另一层含义是自然的洁净，在茶艺活动中强调人与自然更贴切的对话和理解，以一种"自然心"来看待茶艺的清洁事务。

（一）干净

干净是以清洗等方式使物品、环境和个人不留污渍，干爽、卫生。茶

① 王德胜、李雷：《"日常生活审美化"在中国》，文艺理论研究，2012年第1期。

叶沏泡饮用过程中比较容易留下茶渍，茶器具的材料也比较繁多，保持茶器具的干净必须要了解器具的特殊性，才不至于为了干净而损坏了器具。比如紫砂壶的特殊结构，要求清洗时不可用洗洁精等亲油物质来洗涤或护肤霜的沾染，否则就作废了一把壶。茶匙、茶则等器具只接触干茶，本身比较洁净，同时又作为茶人连接茶叶的工具而产生象征意义，代表历代茶人之手手相传的厚重感，因此绝不能碰到水，更不能作它用，只能用干净的帛纱拂拭或用手搓摸，以示敬畏。茶渍留在棉织物上比较难以清洗，选择一些接近茶色的、又比较容易吸水的织物来制作茶巾、铺垫等物品，也是干净的内容。

干爽卫生对茶器具是极重要的，一般器具清洗后都要求沥干、拂干、晒干或烘干，并到达卫生的要求。比如玻璃品饮杯使用频繁，可以消毒方式来保持干爽、卫生；小啜杯常常在沏茶的过程中招待不同的客人，茶人们常用煮沸的方式来达到卫生标准。有些器具的使用一定要有干爽的步骤，否则会损坏，比如铁壶使用后一定要烘干，避免留存的水渍在壶内产生铁锈；品饮杯与杯垫之间会因为水的表面张力而假吸，在拿起品饮杯时可能会摔下杯垫。饮茶环境和个人也要求干净卫生，茶艺师不仅要有良好的个人卫生习惯，还特别要求手的干净，手是茶艺师的舞台，因此要勤洗净、勤剪指甲，不带首饰，犹如"素手汲泉、红妆扫雪"的画面，不涂护手霜等有气味的物质，以免玷污了茶味。茶艺师感冒、咳嗽，或患有传染性疾病，或手部患病或有伤口时，不宜沏茶招待别人，沏茶时尽量不要说话，以免唾沫或口气沾染上茶叶、茶汤。

（二）整齐

整齐是以有秩序、无障碍等标准，使物品、环境和个人保持整齐、光洁。茶器具比较繁多，有些器具珍贵、有些比较易碎、有些器型别致，因此不同类型的器具应分别堆放、陈列，来保证器具安全和使用时得心应手。在开展茶艺活动时，展示的和不展示的茶器具都应该整齐、洁净地安置。环境的整洁尤其重要，在类似日本茶室这样规定性极高的环境，其整洁的要求也较高，涉及了茶室、水屋、玄关和露地等场所的细致规定；对于一个简单的茶寮，也要求室内环境的有条不紊；即便只有一个角落或一张茶桌能充当品饮的环境，也要历尽所能地保持这个角落的无碍和整洁。

茶艺师个人有秩序、无障碍的整洁，在妆饰上，要求素面或淡妆，避免使用气味太重的香水或化妆品，干扰茶的欣赏；除去不必要的饰品，不宜佩戴太多、太抢眼的首饰，尤其是带有链子的手环或手表，不仅容易将茶具绊倒，还会影响沏茶素净的美感；扎紧头发，勿使散落到前面，否则容易不自觉地用手去梳拢它，破坏沏茶动作的完整性，也容易造成头发的掉落；露出前额或刘海，不挡视线，光洁示人；在服饰上，符合茶境的穿着，除了配合茶会的气氛外，还要考虑与茶席，尤其是茶具的配合，不要穿宽袖口的衣服，容易勾到或绊倒茶具，胸前的领带、饰物要用夹子固定，免得沏茶、端茶奉客时撞击到茶具，鞋子要方便行走送茶等。

（三）自然心

自然心是在干净、整洁的过程中，要充分体现出茶之自然心境。自然心是干净整洁之后茶艺师创造出的第二自然，是一种允容、撷趣的人与自然的情感，表现了对俗世美的一种洗涤状态。干净、整洁的茶室小径，应着秋天的景色又摇下一地的落叶；点好一碗茶，一个茶碗大家轮流品饮分享；草庵茶室，带有茶垢的老壶，随遇而安的匙枕、盖置、具列，减之又减的茶人心态，来显露出优雅的清贫。对茶艺来说，基础性干净整洁是物品、环境、个人提出的首要要求，只有茶艺师以自然心的态度实施清洁的过程，才能达到茶艺清洁的要求。

自然心是茶艺师通过茶艺训练不断提高自身修养，获得审美感悟后，以心灵的洁净完成具象的清洁过程的体现，是心净之清。

二、劳动

茶艺是在日常生活之内的，茶艺师必须时刻将自身技能的训练与日常生活行为结合在一起，只有在日常生活之中显示出茶艺师不显露的技能，才是达到了技能的最高要求。茶艺师从最简单的力量和劳动学起，在生活

实践中体会越深，茶艺师的未来造诣越有无限的可能。

（一）基础训练

在进入茶艺技法前，茶艺师先要完成几个基础训练：

（1）训练手臂的力量：肩、肘、掌在一个平面上，肘弯曲90°左右，手心向下，在肘部上压3千克左右的重物，或手提3千克左右的重物，保持平衡，至不能坚持，放下放松，休息后继续。

（2）训练手指的力量：300毫升容量以上的中壶装满水，用拇指、食指、中指握住壶把，并保持壶体水平、壶横向与肩膀平行，持续至不能坚持，放下休息后继续；然后，将食指虚起抵盖钮，用拇指、中指和无名指握住壶把，同上训练。用无名指和小指握住茶匙或茶针或筷子，手掌向下，手臂形状同前，自然、轻松、稳定。

（3）端正与气息训练：端正的姿态，极力修正平时的错误习惯，保持颈肩、腰股、膝腿等角度的90°要求。练习持壶注水动作时，注意身体姿势的端正。把注意力集中在气息上，细细地感觉气息的运动，加大吐纳的力度，注意过程的控制，平缓自如。

（二）日常劳动

（1）茶巾是茶艺师不离手的物件之一，茶巾拿在茶艺师的手上，便有了规定的具体形式和用法。整齐的茶巾作如下叠法的规定：①左右两边折向纵轴线对齐；②已经叠起的上下两边折向横轴线对齐；③沿横轴线对折；④修整完成。手拿茶巾中心，一面是拇指，一面是四指，这时茶巾有一边是双层可开合，这一边向手的虎口。

（2）养壶的习惯：茶艺师总有一把自己喜爱和特别重用的壶，因此，壶在日常生活的养护也是茶艺师的重要功课之一。新壶和老壶比较，新壶显得燥、亮、粗、老，老壶显得润柔细。这是因为壶在使用中，不断冷热水交替，茶汁的渗透，加之人的手不断摩挲，使壶变得柔和细润，所以壶需要"养"。新买的壶，先洗干净，注意洗壶不能用洗涤剂，手上也不能有浓的香油脂，壶内有些别扭的地方用金刚砂稍磨一下，壶有土腥味或异味，可用粗老茶叶放入壶中，待吸尽异味后再用，也可将茶壶放在茶水锅中煮沸30分钟，然后每天用壶沏茶，晚上倾倒茶渣，用水冲净擦干，扣倒备用。

（3）劳动训练：茶艺是生活的一门功课，它绝对不能从生活劳动中分离，所以，烧水、洗涤、打扫、整理等作业，以及在劳动中培养的习惯，都是茶艺训练的重要和必要组成。

第二节　习茶必要之：人情礼法

茶艺是温良的仪式，充满着对生活的怜惜之美。在茶艺审美活动中，往往把人的生命活动外化在与茶艺关联的各种物性中，通过茶艺的物性观照到人的生命活动，关怀到人的情感。将这样的情感又与比德紧密联系，在茶艺中实现“君子比德于茶”。陆纳、桓温以茶示俭、以茶比德；陆羽提出饮茶惟“精行俭德”之人最宜，都寄托了中国茶人的精神。刘贞亮的饮茶“十德”，表达了茶人的价值取向和与茶交融的情怀。同样，茶艺待客历来被视为君子之礼。茶艺作为塑造完整人格的手段，被历代茶人们重视，茶艺是进行礼法教育、道德修养的仪式，茶艺的习得过程也是东方文化、道德的继承和弘扬。茶人们在日常生活中也努力保持在茶艺中的人情、礼仪和风雅态度，表达自己的君子向往。杨万里有诗句云“故人气味茶样清，故人风骨茶样明”，他将老朋友的气质、风度与茶相比，以示高度的褒奖。茶成了高尚情操的象征，因而饮茶与有德之人相并行。

一、人情

茶艺的人情化，不仅在于比情比德，更重要的是，茶艺孕育的温良人情一直作为审美的重要领域。茶艺将日常生活的艺术化，凸显了日常生活的规矩礼节和温良情怀，起到了对生活的示范，使之更贴近人情，分享情感之美。分享美味，茶艺的审美对象是茶汤，茶汤的美味呈现，是由茶艺师的情感投入、非一日之功而成就；分享美景，是茶艺师的情感认同和生活趣味的艺术表达；分享尊重，推己及人，给予人彼此间的理解和礼仪，

心诚所致。茶艺分享的人情化，也丰富地存在于生活的各种茶礼茶俗之中，象征美好和快乐的人情感。茶艺以茶汤为观照，提供了以茶观心的修养道场，茶汤赋予了人格化特性。人情感，一方面要求茶艺师用心沏好茶，以茶汤来体会茶艺师的用心和精益求精；另一方面用茶汤来养成茶艺师的气质，在每天沏茶的过程中，以茶汤内观自己，获得圆满的心灵，达成以天下为情怀的人情感。茶艺师的用心是"茶之心、人之情"，它表现为四个方面：茶气涵养、心技一体、气韵生动、一期一会。

（一）茶气涵养

心之所托为气，气是人性历练的表达，茶人练就的是茶气。茶气，不显露的默契与幽默，不显露的智慧。默契来源于一致的心性，彼此的暗相契合。幽默是一种智慧，正如林语堂道："凡善于幽默的人，其谐趣必愈幽隐；而善于鉴赏幽默的人，其欣赏尤在于内心静默的理会，大有不可与外人道之滋味。与粗鄙的笑话不同，幽默愈幽愈默而愈妙。"不显露体现了敬畏感。"茶气以行"，茶气并非玄之又玄，它要求茶艺师在生活中实践、在茶事中养成，能从一口质朴的茶碗印有爪痕中会心，在庭院中洒些水，迎客的心情轻薄地氤氲开来，把挫折当做幽默，愉快地接受，永远把目标设定在眼前的更远一步等，在获得活泼生命的同时，成就茶人不显露的默契与幽默。没有茶气的人是对发生在人生中亦庄亦谐的趣事无动于衷的人，也把逃避社会沉溺于毫不克制的唯美主义者，称为茶气过盛的人[①]，"过犹不及"。茶气与孟子所谓的"吾养吾浩然之气"是一致的，只不过它选择了一个小之又小的路径与窗口，希冀从人生力所能及的活动中体验圣人般的感悟，以浪漫主义情怀造就生活的完美，充盈丰富的生命。

（二）心技一体

心技一体是说茶艺师必须把自己的思想与技法完全融合起来，知行合一。茶艺师要想沏好一壶茶，必须先正心诚意，先学习仁义礼智信，只有

① [日]冈仓天心：《说茶》，百花文艺出版社，2003，第5页。

端正心智，才能有技术的发挥。一个好茶师必须有一颗温良的茶心，会沏茶，会品茶、鉴茶，才能精益求精真正地沏出好茶。

茶艺师“心技一体”的表达，遵循合理、合情、合艺三个原则。所谓合理，也即遵循科学性，了解各类茶叶、器具的特性，掌握沏茶的基本技术要求，以科学的沏泡方式，使茶叶的品质能充分表现出来。合情，也即实用性，就是依实际情况和实际需求沏出好茶，并非任何场所都能获得完美的茶、水、器、火、境的准备，或者并非所有人都趋于同一个口味，一个优秀的茶艺师应该充分运用现有条件、需求和专业技能，尽可能地完成一杯共同分享的好茶。合艺，即达到艺术性的标准，好的技法不仅沏泡一杯接近完美的茶汤，还要体现技法的优美，这个优美包括了选择合适而美好的器具、环境，还包括茶艺师气韵生动的表现。

（三）气韵生动

气韵生动是茶艺技法炉火纯青的表现。茶技的艺术性进步经历三个步骤：一是熟能生巧，通过反复训练，把沏茶的程序动作了然于心，一气呵成，自然手法流畅、灵巧；二是以巧合韵，灵巧的手法可以达到顾盼流连、抑扬顿挫，追求节奏感、律动感，在茶席中用茶艺师的技法演奏出美轮美奂的旋律；三是气韵生动，因为挚爱，一切技巧、法则的运用带给茶艺辉光熠熠的效果，虽然还是技法，但人们看到的是茶艺师散落在茶席中内在神气和韵味，一种鲜活的生命之洋溢的状态，茶技成为了艺术。气韵生动是茶艺师技法锻造的最高追求。

品茶是茶艺师因为爱茶、欣赏茶、珍惜生活而练习出“特别的感觉”，这种感觉与茶叶审评技术有关，更关联到了生活的意境和品味，以人文入茶境。会品茶是茶艺师提高自己技能的必要内容，茶艺师的品茶要学会兼听而不执著，理解他人的态度和角度，丰富自己的人生阅历，才能达到气韵生动。

（四）一期一会

一期一会指人的一生仅有的一次相会，当珍惜珍重，强调如何有意义地度过此时此刻这一瞬间。该词作为茶道用语来源于日本，井伊直弼在其

著书《茶汤一会集》中，多次使用“一期一会”这个词来阐述茶道心：“茶会也可为‘一期一会’之缘也。即便主客多次相会也罢，但也许再无相会之时，为此作为主人应尽心招待客人而不可有半点马虎，而作为客人也要理会主人之心意，并应将主人的一片心意铭记于心中，因此主客皆应以诚相待。此乃为‘一期一会’也。”[①]“一期一会”提醒人们要珍惜人生不能重复的每个瞬间，并为人生中可能仅有的一次相会，付出全部的心力。茶艺是一种聚会，它可以是一个人与茶的聚会，更是一群人以饮茶为借由的聚会，来表达相互的关爱和共同志趣。

二、礼仪

一个人的仪表、仪态，是其修养、文明程度的表现。古人认为，举止庄重，进退有礼，执事谨敬，文质彬彬，诚于中而形于外，代表了一个人的尊严与修养，仪容仪态是一个人美好心灵的自然流露。姿态是身体呈现的样子，姿态的外在表现与心灵的态度基本是一致的，当我们尊敬某人时，会不自觉地收紧松散的身体，露出渴望而敬畏的姿态；当厌恶某事时，总会鄙夷又匆匆地抽身而退。身体姿态和行为是传达我们心灵态度的一个重要渠道，它是人类彼此之间传达信息的起源，有时它比口头语言的作用更为深刻、亲切、简洁、富有想象力。姿态的理解有共通性，跟语言一样，它可以通过学习来实现内心表白的外显，加深人们的印象。茶艺“讷于言而敏于行”，茶艺师基本通过姿态来传达茶艺的精神，姿态的学习和训练显得尤其重要。茶艺师要拥有优雅俊朗的姿态，除了不断提高自身修养外，还需要在外显的行为表达上进行训练，主要有正、坐、立、跪、行、鞠躬礼等几种基本姿势练起。

（一）端正

端正是茶艺师姿态的入门训练，正如所云“站如松，坐如钟”，站着要

① 张建立：《日本茶道浅析》，日本学刊，2004年第5期。

像松树那样挺拔，坐着要像座钟那样端正，茶艺师随时随地保持端正的姿态，不仅有益于身体健康，也表达了“吾养吾浩然之气”的理想追求。

端正有坐、站、行过程中的姿态，可以先练习坐的端正，然后是站和行的端正。茶艺师应在端正练习前，自觉地兼顾所处环境的端正，比如处于茶席间，应该先检查一下茶桌、茶具的清洁、完好、完备，若需要凳子，检查茶桌与凳子的距离等。

（1）端坐在凳子上，膝盖拐角成90°，腰臀拐角90°，躯干挺直，两肩呈水平状，头颈与肩垂直，保持稳定。

（2）女性双腿合拢，遇茶桌高度不够，左右小腿合并向一个方向侧斜；男性两腿可分开至肩宽。

（3）双手：四指紧合有指向力，大拇指与四指微有分，指向同一方向，手掌微弓，弧度自然。女性两手交叉放在腿上、腹前或茶桌的茶巾位置上；男性打开双肘两手插于胯骨，也可半握拳放于腿上、茶桌上，或交叉放在身后。

（4）抬头，两眼平视前方，目光和善、稳定，女性亲切，男性坚定。下巴稍敛，表情自然。

（5）气息平缓，能有意识进行控制。

在沏茶时，也要尽量保持身体的端正，两臂、肩膀、头不要因为持壶、倒茶、冲水而不自觉地抬得太高，甚至都歪了一边。沏茶时全身的肌肉与心情要放轻松，这样显现出来的沏茶动作才有一气呵成、气韵生动的感觉。

（二）坐姿

坐在椅子或凳子上，必须端坐中央，使身体重心居中，否则会因坐在边沿使椅（凳）子翻倒而失态；不能满座，一般占座位1/2或2/3位置；双腿膝盖至脚踝并拢，上身挺直，双肩放松；头上顶下颌微敛，舌抵下颚，鼻尖对肚脐；女性双手交叉或相对搭放在双腿中间，男性双手可分搭于左右两腿侧上方。全身放松，思想安定、集中，姿态自然、美观，切忌两腿分开或跷二郎腿还不停抖动、双手搓动或交叉放于胸前、弯腰弓背、低头等。如果是作为客人，也应采取上述坐姿。若坐在沙发上，由于沙发离地

较低，端坐使人不适，则女性可正坐，两腿并拢偏向一侧斜伸（坐一段时间累了可换另一侧），双手仍搭在两腿中间；男性可将双手搭在扶手或腿上，两腿可架成二郎腿但不能抖动，且双脚下垂，不能将一腿横搁在另一腿上。

（三）跪姿

席地而坐是传统的茶艺方式，对于中国人来说，特别是南方人极不习惯，因此要进行针对性训练，以免动作失误，有伤大雅。

（1）跪坐：日本人称之为“正坐”。即双膝跪于座垫上，双脚背相搭着地，臀部坐在双脚上，腰挺直，双肩放松，向下微收，舌抵上颚，双手搭放于前，女性双手交叉或相对，男性双手略分开，放腿上。

（2）盘腿坐：男性除正坐外，可以盘腿坐，将双腿向内屈伸相盘，双手分搭于两膝，其他姿势同跪坐。

（3）单腿跪蹲：右膝与着地的脚呈直角相屈，右膝盖着地，脚尖点地，其余姿势同跪坐。客人坐的桌椅较矮或跪坐、盘腿坐时，主人奉茶则用此姿势。也可视桌椅的高度，采用单腿半蹲式，即左脚向前跨一步，膝微屈，右膝屈于左脚小腿肚上。左右腿可按需换之。

（四）站姿

站姿应该双脚并拢，身体挺直，头上顶下颌微收，眼平视，双肩放松。女性双手虎口交叉，置于胸前；也可两臂自然下垂，四指合拢，拇指内收，贴于大腿侧前位。男性双脚呈外八字微分开，身体挺直，头上顶下颌微收，眼平视，双肩放松，双手交叉，置于小腹部；也可两手交叉，叠于身后；或者两臂下垂，稍紧迫，手掌微屈，手指紧贴大腿两侧。

（五）行姿

女性为显得温文尔雅，可以将双手虎口相交叉，提放于胸前，以站姿作为准备。行走时移动双腿，跨步脚印为一直线，上身不可扭动摇摆，保持平稳，双肩放松，头上顶下颌微收，两眼平视。男性以站姿为准备，行走时双臂随腿的移动可以身体两侧自由摆动，余同女性姿势。转弯的行姿有两种，一种是向右转则右脚先行，反之亦然；另一种是向右转弯，左脚侧后移向右方向、右脚移并，身体转至右向。前一种称之为圆弧转弯，表现出亲切自然的状态；后一种称之为直角转弯，日本茶道移动时用得较多，表现出十分端正、郑重的态度。若有几个人跟随转弯，必须都踩到同一点后再转。如果到达客人面前为侧身状态，需转身，正面与客人相对，跨前两步进行各种茶道动作，当要回身走时，应面对客人先退后两步，再侧身转弯，以示对客人尊敬。直角转弯时这一过程的要求尤为仔细、严格。

（六）鞠躬礼

茶道表演开始和结束，主客均要行鞠躬礼。有站式和跪式两种，根据鞠躬的弯腰程度可分为真、行、草三种。“真礼”用于主客之间，“行礼”用于客人之间，“草礼”用于说话前后。

（1）站式鞠躬：“真礼”以站姿为预备，然后将相搭的两手渐渐分开，贴着两大腿下滑，手指尖触至膝盖上沿为止，同时上半身由腰部起倾斜，头、背与腿呈近90°的弓形（切忌只低头不弯腰，或只弯腰不低头），略作停顿，表示对对方真诚的敬意，然后，慢慢直起上身，表示对对方连绵不断的敬意，同时手沿脚上提，恢复原来的站姿。鞠躬要与呼吸相配合，弯腰下倾时作吐气，身直起时作吸气，使人体背中线的督脉和脑中线的任脉进行小周天的循环。行礼时的速度要尽量与别人保持一致，以免尴尬。“行礼”要领与“真礼”同，仅双手至大腿中部即行，头、背与腿约呈120°的弓形。“草礼”只需将身体向前稍作倾斜，两手搭在大腿根部即可，头、背与腿约呈150°的弓形，余同“真礼”。

（2）坐式鞠躬：若主人是站立式，而客人是坐在椅（凳）上的，则客人用坐式答礼。“真礼”以坐姿为准备，行礼时，将两手沿大腿前移至膝盖，腰部顺势前倾，低头，但头、颈与背部呈平弧形，稍作停顿，慢慢将上身直起，恢复坐姿。“行礼”时将两手沿大腿移至中部，余同“真礼”。“草礼”只将两手搭在大腿根，略欠身即可。

（3）跪式鞠躬：“真礼”以跪坐姿为预备，背、颈部保持平直，上半身

向前倾斜，同时双手从膝上渐渐滑下，全手掌着地，两手指尖斜相对，身体倾至胸部与膝间只剩一个拳头的距离（切忌只低头不弯腰或只弯腰不低头），身体呈45° 前倾，稍作停顿，慢慢直起上身。同样行礼时动作要与呼吸相配，弯腰时吐气，直身时吸气，速度与他人保持一致。“行礼”方法与“真礼”相似，但两手仅前半掌着地（第二手指关节以上着地即可），身体约呈55° 前倾；行“草礼”时仅两手手指着地，身体约呈65° 前倾。

另外还有示意礼，茶艺表演中用得最多的是伸掌礼。伸掌姿势就是：四指并拢，虎口分开或向内，手掌略向内凹或斜直，手掌呈现更多的掌面示之于人，来表达坦诚的心情，伸于敬奉的物品旁，同时欠身点头，动作要一气呵成。

（七）奉茶礼

茶艺师端杯奉茶体现了对茶汤和对客人的尊敬，也是茶艺作品的最后呈现，这是关键的一个步骤。在日常生活中，即便是沏泡普通的一杯茶，也要体会茶艺精神和规则要求，这一点尤其体现在奉茶礼上。奉茶礼因为有茶汤呈现，第一要务是安全的完美，茶汤安全地递送给饮者，并关注品饮过程的安全；第二要务是礼节的完美，使主宾之间的情感交流与默契达到恰好的气氛。

在奉茶时有下列几项要领要注意：

（1）距离：茶盘离客人不要太近，以免有压迫感，也不要太远，否则给人不易端取之感。客人端杯时，手臂弯曲的角度小于90° 时，表示太近了，手臂必须伸直才能拿到杯子，表示太远了。

（2）高度：茶盘端得太高，客人拿取不易，端得太低，自己的身体会弯曲得太厉害，让客人能以45° 俯角看到茶杯的汤面是适当的高度。

（3）稳度：奉茶时要将奉茶盘端稳，给人很安全的感觉。客人端妥，把茶杯端离盘面后才可移动盘子。容易发生的错误是：客人才端到杯子就急着要离开，这时若遇到客人尚未拿稳，或想再调整一下手势，容易打翻杯子；另一个现象是走到客人面前，客人刚要伸手取杯，茶艺师突然鞠躬行礼，并说“请喝茶”，连带茶盘也跟着往下降，害得客人拿不到杯子。

（4）位置：要考虑客人拿杯子的方便性，一般人惯用右手，如果从客人的正前方奉茶，要注意放在客人右手边；如果从客人的侧面奉茶，从客人左侧奉茶，客人比较容易用右手拿取杯子；若杯子不是客人自取，而是奉茶者放置的，则在客人的右侧进行。如果知道他是惯用左手的，则反之。持茶盅水壶给客人加茶添水，在侧面进行，一般从客人的右侧，右手持壶盅添加；若需要取出客人的杯子添加，则左手持壶盅、右手取杯添加较妥。若用左手，手臂容易穿过客人的面前，或是太靠近客的身体。

（5）饮者：客人要注意到有人前来斟茶而给予关注，对方斟完茶要行礼表示谢意，还要留意自己的杯子要放在易续茶的位置。

（6）礼节：奉茶时，走向客人先行礼，再前进半步奉茶，起身时先退后半步，再行礼或说“请喝茶”。奉茶时应该留意将头发束紧，不多说话，妆饰合理等礼节，还要注意奉茶时身体会不曾妨碍到旁边的客人。

第三节　习茶必要之：规则学问

茶艺规则的约定由唐朝陆羽《茶经》提出，“一之源、二之具、三之造、四之器、五之煮、六之饮、七之事、八之出、九之略、十之图”，把茶艺涉及的自然科学、工具器具、制茶、煮茶、饮茶的程序、社会风貌、茶事典故、审美趣味、治国理想等范围和规律一览无余地展现出来，毫无疑问地成为“世间相学事新茶”规则典范。规则在历代茶人的茶艺活动中都各有侧重的追求。唐代为克服九难，即造、别、器、火、水、炙、末、煮、饮，而作为规则要解决的问题对象。宋代提出“三点”与“三不点”的规则，“三点”为新茶、甘泉、洁器为一，天气好为一，风流儒雅、气味相投的佳客为一；反之，是为“三不点”。明代在对饮茶环境的规则要求上，有“十三宜”与“七禁忌”的提法，“十三宜”为一无事、二佳客、三独坐、四咏诗、五挥翰、六徜徉、七睡起、八宿醒、九清供、十精舍、十一会心、十二鉴赏、十三文僮；“七禁忌”为一不如法、二恶具、三主客不韵、四冠裳苛礼、五荤肴杂味、六忙冗、七壁间案头多恶趣。日本茶道集大成者千利休提出了“四规七则”，四规指“和、敬、清、寂”，表达了茶道的精神。

“七则”指的是“提前备好茶，提前放好炭，茶室应冬暖夏凉，室内插花保持自然美，遵守时间，备好雨具，时刻把客人放在心上”等具体要求，“七则”中重点是茶艺师和客人之间的关系，描述了人境、心境、艺境、环境对茶会举行的关键作用。

现代中国茶艺文化的多元化，随着茶文化的不断推进与普及，茶艺规则逐渐从一般生活方式中抽离出来，积极地寻求独立而显著的行为特征，成为具有共同文化信仰的群体能沟通的信息法则。规则是一门学问，规则的明晰便于厘清复杂的信息，获得直观简洁的学习路径，提炼茶艺的行为体系，使茶艺以约定的方式得到分享。这里主要归纳了从技术角度的“尽其性”规则和从行为与时空轴线的“合五式”规则两大部分。

一、“尽其性”的技术规则

“尽其性”从儒家思想的“尽人之性、尽物之性”语中来，是诚意的表现，在茶艺的规则中被列为首要的条例。陆羽讲到“天育万物，皆有至妙”，他写《茶经》就是将茶的至妙竭尽所能地给予展现和利用。赵佶认为“至治之世，岂惟人得以尽其材，而草木之灵者，亦得以尽其用矣”，也同样体现出“物尽其用、人尽其才”的思想。在茶艺的规则中，“尽其性”是体现物之性、人之性，并从中表达对自然、对人伦的仁爱与敬畏。“尽其性”也是科学、明智的思想在茶艺中的体现，分为四个部分，一是沏茶技术要领，二是主泡器的重要性，三是器具选配原则，四是以人文入茶境。

（一）沏茶技术要领

日常生活中对于不同茶类的沏泡方法并没有明显的界限，甚至是可以相互通用的。茶艺仪式化后，敬重自然、敬重规律的意识突出了对规则的遵守，这个规则的第一要素就是茶艺师必须充分发挥自然物性的作用。自然物性本身的差异性，会表现出人们对各种茶的追求的不同，如普洱茶、乌龙茶讲究酽和香，绿茶讲究清香，红茶讲究浓鲜，西湖龙井讲究色、香、味、形等。为了发挥各种茶的固有特色，掌握不同的沏茶方法和技术要领，成为茶艺师的必修功课。茶叶冲泡是否得法，在很大程度上，决定着是抑制还是促进茶叶品质的发挥。沏茶技术要领包括了茶与水的用量比、开汤时间的长短、开汤温度的掌握、冲泡次数多少四个方面。

1.茶水比

呈现一杯接近完善的茶汤，首先是掌握好茶叶用量，茶叶用量与加入的水量直接相关，因此，沏茶技术中的一个关键术语：茶水比。茶水比即在多少水量的情况下放置多少茶叶。由于茶叶加工的差异，茶水比与不同茶类有关，与沏茶使用的主泡器功能利用有关。喝茶毕竟是生活中的一件关联个人心情的事，因此茶叶量的选择也与不同的人、环境有关。

不同类型的茶叶沏泡使用的茶水比不一样。一般情况下，红茶、绿茶、黄茶、花茶之类，每克茶叶加入50~60毫升水为好，大约茶水比1 ∶ 60。通常，一只普通的200毫升茶杯，放入3~4克茶叶就可以了，以经验地观察，大致将茶叶铺满杯底，茶叶外形松散的，略有厚度，紧结的薄一些。沏泡时，先冲上1/4~1/3杯沸水，少顷，再冲至七八成满。因为中国人习惯上认为，“酒满敬人，茶满欺人”。用小壶、盖碗沏茶，亦可参照上述茶水比例。倘用乌龙茶、普洱茶沏茶，同样的壶或杯，用茶量就应高出大宗红、绿茶一倍以上，用一只普通茶杯沏普洱茶或乌龙茶就需6~10克，大约茶水比1 ∶ 30。特别是沏泡乌龙茶，人们喜好用大约在4人壶容量的“孟臣罐”作主泡器来沏泡乌龙茶，用容量似半个胡桃的“若琛瓯”为品饮器，茶叶开汤后满壶呈现出叶张舒展时的竞相争艳、熙熙囔囔，沏茶沸水一直保持热情，若琛瓯有恰好的浓度、温度和容量，如此品茶，口鼻生香，润喉生津，给人以一种美的享受。兄弟民族喝的是经过紧压后的砖茶，其主要作用是补充营养，帮助消化，因此，茶汤浓度很高，量也很大，煎煮砖茶时，通常50克左右捣碎的砖茶，加水1.5升左右，煨在壶内煎煮，这样随时可以根据需要调制成酥油茶或奶茶。

另外，用茶量的多少，还要因人而异、因环境而异。如果饮茶人是老茶客，嗜茶者，抑或是体力劳动者，一般可以适当加大用茶量，沏上一杯浓香的茶汤。如果饮茶者是茶叶敏感者，年轻人，或少喝茶的人，可以适当少放一些茶叶，沏上一杯清香醇和的茶汤。一般说，晚上及空腹时不宜喝浓茶。如果不知道饮茶者的爱好，而又初次相识，不便动问，那么，不妨按前述的一般要求，沏上一杯浓淡适中的茶汤。陆羽说茶的根本滋味是"啜苦咽甘"，一杯茶沏泡品饮应有略"苦"的滋味，若作为主泡器的茶杯中只漂浮着两三朵小叶，这就不是我们所谓的沏茶，茶叶仅作调色而已。

2. 开汤时间

茶叶开汤后有效物质就逐渐浸出，开汤到品饮之间的时间长短，表明了对茶叶内含有效成分利用的多少，是品饮时感知茶汤滋味的又一重要环节。据研究测定，茶叶经沸水沏泡，首先从茶叶中浸提出来的是维生素、氨基酸、咖啡因等，一般开汤后3分钟时，上述物质在茶汤中已有较高的含量。由于这些物质的存在，使茶汤喝起来有鲜爽醇和之感，但不足的是缺少茶汤应有的刺激味。以后，随着开汤时间的延长，茶叶中的茶多酚类物质陆续被浸出，当开汤至5分钟时，茶汤中的多酚类物质已相当高了。这时的茶汤，喝起来鲜爽味减弱，苦涩味等相对增加。因此，要品赏到一杯既有鲜爽之感，又有醇厚之味的茶，对大宗红、绿茶来说，开汤后3~4分钟时饮用，就能获得最佳的味感。

茶叶中各种物质在沸水中浸出的快慢，还与茶叶的老嫩和加工方式有关。一般说来，细嫩的茶叶比粗老的茶叶，茶汁容易浸出，开汤时间宜短些；反之，则要长些。松散型的茶叶比爆压型的茶叶，茶汁容易浸出，开汤时间宜短些；反之，则要长些。碎末型的茶叶与完整形的茶叶相比，茶汁容易浸出，开汤时间宜短些；反之，则要长些。所以，与大宗茶相比，高级细嫩名茶，不但用茶量可适当减少，还应掌握主泡器形小、水量少、开汤时间短、开汤后不加盖等方法来沏茶。对于注重香气的茶叶，诸如乌龙茶、各种花茶，沏茶时，为了不使花香散失，不但需要加盖，而且开汤时间不宜长，通常2~3分钟就可以了。至于紧压茶，如各种砖茶，不重香气，只求滋味，所以一般采用煎煮方法烹茶，甚至采用长时间炖茶的方式，以适应随时取饮的习惯。至于红茶中的红碎茶，多用来调制奶茶，绿茶中的颗粒绿茶，多用来制成袋泡茶。红碎茶、袋泡茶在加工过程中经充分揉捻切细，一经沸水沏泡，茶汁几尽，因此，开汤时间宜短，而且一般只能沏泡一次。白茶沏泡时，要求沸水的温度在70℃左右，一般4~5分钟后，浮在水面的茶叶才开始徐徐下沉。这时，品茶者应以欣赏为主，观茶形，察沉浮，从不同的茶姿美色中使自己的身心得到愉悦。一般到10分钟后，方可品饮茶汤。否则，不但失去了艺术的享受，而且饮起来淡而无味。这是因为白茶加工时未经揉捻，细胞未曾破碎，所以茶汁很难浸出，以致开汤时间须相对延长。

3. 开汤温度

沏茶过程中有了合适的茶水比，明确了茶叶开汤后品饮的最佳时间外，还要掌握适宜的开汤温度。当沏茶方式为水加热后冲点开汤，要掌握的是水的温度，当沏茶方式为煎煮法，开汤温度就关系到火候和候汤的过程。开汤温度的高低，与茶叶种类及制茶原料密切相关：较粗老原料加工而成的茶叶，宜用沸水直接开汤；用细嫩原料加工而成的茶叶，宜用降温以后的沸水开汤；有些茶则直接通过火的加热来呈现茶汤。

砖茶，大部分是用粗老原料加工而成的，打碎以后即使用100℃的沸水沏泡，也很难将茶汁浸泡出来，所以，喝砖茶时，须先将打碎的砖茶放入容器，加入一定数量的水，再经煎煮，饮用的滋味更好。

乌龙茶，因采用新梢快要成熟时的茶叶加工，可采用95℃的沸水直接沏。一些比较讲究喝乌龙茶的茶客，会嫌温度偏低，为此，常常将茶具烫热后再开汤。

大宗红茶、绿茶和花茶，采制时原料适中，可用烧沸不久的90℃左右的水沏泡。

细嫩的名优茶，如洞庭碧螺春、西湖龙井、南京雨花茶、君山银针等，均采摘细嫩新梢，如果用沸腾的开水沏茶，会使茶叶沏熟变色，茶叶中高含量的维生素C等对人体有益的营养成分遭到破坏，从而使名茶的清香和鲜爽味降低，叶底泛黄，这样名茶也就不成其为名茶了。所以，沏泡细嫩名优茶时，一般将沸水温度降至70~85℃时来开汤，是较为适宜的。同时结合不同的沏泡方式，来达到开汤需要的温度，比如碧螺春用上投法、先水

后茶，西湖龙井用中投法、先水后茶再水，获得茶汤色、香、味、形的最佳效果。开汤温度的控制，可使茶汤清澈明亮，香气纯而不钝，滋味鲜而不熟，叶底明而不暗，饮之可口，视之动情，使人获得精神和物质上的享受。

4.冲泡次数

除了用茶量，不同类型及外形的茶叶开汤后各种物质浸出程度有较大的差异性，饮者会感觉到茶汤滋味、香气的变化，这就是茶叶冲泡的次数要求。据试验测定，绿茶、黄茶、花茶、低发酵乌龙、工夫红茶等类型茶，第一次冲泡后其茶汤中的水浸出物大约可占茶叶可溶物的55%左右，第二次一般为30%左右，第三次一般为10%，第四次只有1%~3%。从主要营养成分而言，茶叶中的维生素C和氨基酸，经第一次开汤后，已有80%左右被浸出；第二次冲泡，95%以上被浸出。其他一些主要的药效成分，诸如茶多酚、咖啡因等，也都是第一次浸出量最大，经3次冲泡后，已几乎全量浸出。

从茶叶的香气、滋味而言，一般是头道茶香味鲜爽，二道茶浓而不鲜，三道茶香尽味淡，四道茶缺少滋味，至于五道、六道，则近似于白开水了。因此，无论从营养成分、药效作用及香气而言，这些茶类，以2~3次冲泡为限，细嫩名优绿茶冲泡2次滋味香气就寡淡了。发酵度较高的乌龙茶、黑茶类可连续冲泡5~6次，白茶只能冲泡2次。各种袋泡茶和红碎茶，由于这类茶中的内含成分很容易被沸水浸出，一般都是冲泡1次就将茶渣弃去。日常生活中，若以杯为兼用器沏泡高级名优绿茶、红茶时，在饮杯中剩1/3茶汤时，就应及时续水，这样能保持一杯茶喝上5~6次。有报道说，一日饮10克茶，或者新沏泡茶三回，对健康有益，但一日用茶的总量还是要看饮者的个体差异。

（二）中心的主泡器

主泡器是茶叶开汤转变为茶汤的容器，它承载了茶艺物质变化的核心环节，有“形而上者为之道、形而下者为之器”的说法，小而化之，在茶汤成为文化和审美对象的同时，主泡器也成为承载茶汤思想的具体形式。

因此，主泡器是茶艺客观对象的中心器物。唐代陆羽煎茶是在鍑中完成的开汤，主泡器是鍑；宋代赵佶在巨瓯中完成了点茶，主泡器是巨瓯、碗；现代绿茶在透明玻璃杯中开汤，玻璃杯即是主泡器；乌龙茶用紫砂小壶为主泡器；花茶选用盖碗作主泡器。总结起来，主泡器有鍑、碗、杯、壶、盖碗五类。

鍑、碗、杯、壶、盖碗等器物能成为主泡器的类型，与它们的结构特征有关，主要体现在器具的口和盖的设计上，口的进一步延展，分出了专用于出口“流”。一般来说，主泡器的口越大，意味着茶艺在其中的展示度越大、心的容纳度也越大；口的设计越复杂，茶艺流程的规定性就越显著，器具的专用性越强烈；盖的加入，实现了茶艺的隐约之美，并通过发挥主泡器的功能，促进茶汤滋味及香味的形成。以下对主泡器逐一进行分析。

1. 鍑

鍑起源于陆羽在《茶经》中的发明，作为煎茶的专用茶具区别于日常生活之锅。鍑，广口、无盖、无流、可加热，其材质有金属、陶石等制成。陆羽在“鍑”中提到：“方其耳，以令正也。广其缘，以务远也。长其脐，以守中也。”可以看出虽描述的是鍑的外形，实质上表达了自己的心志。广口的鍑，完成了候汤、调盐、下末、开汤、育华、均沫、分茶等环节，各种要着都在众目视之的一口鍑中完成，主泡器的简单要求了技术的更加娴熟。现代用鍑来煎茶的也有见，但极少，主要是茶叶加工方式及器具生产都发生了变化，人们拥有了更多的选择。由于鍑无流，为了取汤，鍑常与杓合在一起使用。

2. 碗

以碗点茶最风行的是在宋代，有在大碗（巨瓯）中开汤点茶后再分茶，也有直接小碗点茶兼做饮杯。宋代点茶的主要趣味还在于碗面上的沫饽与茶汤形成的画面欣赏，谓之“水丹青”。碗，广口、无盖、不加热，材质多样，形貌丰富。碗在日常生活中常作食用的器具，以碗作主泡器，暗示了碗有兼用主泡器和品饮器的特点，并且沿袭直接吃茶的习惯。事实也是如

此，现代人们用碗作主泡器，基本上是在末茶法的范围，末茶法是连汤带茶粉一起食用的。连茶一起食用，在碗的主泡器中，由于不加热造成的动力的不足，用以搅和茶粉与水的茶筅就成为茶碗主泡器最忠诚的搭档。

3. 杯

杯在现代茶艺中使用得最为广泛，无盖、不加热，常见有玻璃杯、瓷杯等。作为主泡器的杯，一般仅供一人使用，兼作了饮杯。既作主泡器、又兼品饮器，杯的多重功能兼备，简化了茶艺的程序，使茶艺的仪式感会略淡些，因此茶艺师的气质要求就相对高一些。现代茶艺用透明的玻璃杯作主泡器较多，能充分展示茶叶的色、香、味、形，因此，茶艺流程的设计也要时刻顾及到“尽其性”的原则。

4. 壶

明清以来，以小壶来沏茶的方式得到普遍的应用。壶，有盖、一口、一流、带把，以材质分有紫砂壶、瓷壶、玻璃壶、金属壶等。壶是所有主泡器中功能细分最全的，壶口入、壶嘴出，因此其规则也越明确，结构的完备增加了沏茶的中间环节，使以壶为主泡器的茶艺更有韵致。不同材质的壶呈现出不同的气质，紫砂壶古意盎然，玻璃壶在现代茶艺中也发挥明朗的特色。

5. 盖碗

盖碗由杯身、杯托、杯盖三部分组成，又称“三才杯”。盖碗比之碗，多了一个盖，它们的作用就发生了变化。加盖后能保持开汤后的温度，促进茶叶品质的发挥；盖碗主泡器之盖还常用于蕴香，显示了茶汤香气的特点；用盖来滤汤、撇叶等，增加茶艺过程的节奏感等。盖碗的结构还常用来比喻“天地人”的关系，深得茶人喜爱。

以主泡器的确定来作为茶艺实现的主线，具有合理性。茶艺师一旦明确了主泡器的类型，也即同时构思出茶艺的全部流程，比较其优劣而完善中间环节。人们饮茶因首先接触到的是茶叶，可能会在思维上对茶叶先设定对象，茶艺师的任务则是将这个对象问题转化为适用主泡器的提出及选择，来实现茶艺的过程。突出主泡器的中心地位，还体现在茶艺的具体形式上。茶艺师在布置茶席时，主泡器是空间的原点，以其为中心来确立横轴、纵轴、竖轴。茶艺师也是原点，这就意味着茶艺师之心与主泡器之心的合一性，眼观鼻、鼻观心、心观器。当主泡器是单一时，茶艺师与主泡器一一对应；多个主泡器，茶艺师便须心容万象、兼顾其中。

（三）器具选配原则

"尽其性"除了茶叶的性能发挥，还要发挥器具的功能利用。茶席之中的器具是否都有它的作用，不同材料的器具特性是否明辨并扬长避短，器具各个功能在茶艺中是否发挥得较为完美，是否有进一步改善的空间等，这些是茶艺师专业能力在工具中的体现。

根据一定的主题和需求，将茶具组织在一起，从器物呈现层面实际上已经形成了对茶艺规则的解释。因此，器具的选配也是茶艺规定性的一种体现。茶具选配，在日常生活之中人们关注它的使用性能比较多；在积累了一定经验后，茶具的艺术性、制作的精细与否，也成为人们选择的另一个重要标准。当茶艺师来选配茶具，就会注重茶具在实用、文化、艺术等方面的平衡，并更加追求茶具选配后呈现出的艺术价值。茶具选配有以下四个方面的原则：

1.因茶制宜：按照茶叶的性能特点合理选配茶具

"壶添品茗情趣，茶增壶艺价值"，茶艺师不仅要会选择好茶，还要会选配好茶具，好茶好壶，犹似红花绿叶，相映生辉。

一般说，饮用花茶，为有利于香气的保持，可用壶沏茶，然后斟入瓷杯饮用，或用盖碗兼作主泡器和品饮器。饮用大宗红茶和绿茶，注重茶的韵味，可选用壶沏茶。饮用乌龙茶则重在"啜"，宜用紫砂壶沏茶、胡桃杯品饮。饮用红碎茶与工夫红茶，可用瓷壶或紫砂壶来沏茶，然后将茶汤注入白瓷杯中饮用。如果是品饮西湖龙井、洞庭碧螺春、君山银针、黄山毛峰等细嫩名茶，用玻璃杯直接沏泡最为理想，也可选用白色瓷杯沏泡饮用。

沏泡细嫩名优绿茶，茶杯均宜小不宜大：大则水量多，热量大，会将茶叶泡熟，使茶叶色泽失却绿翠；其次会使芽叶软化，不能在汤中林立，失去姿态；第三会使茶香减弱，甚至产生“熟汤味”。此外，沏泡红茶、绿茶、黄茶、白茶，使用盖碗，也是可取的。

在我国民间，还有“老茶壶沏，嫩茶杯冲”之说。这是因为较粗老的老叶用壶沏泡，一方面可保持热量，有利于茶叶中的水浸出物溶解于茶汤，提高茶汤中的可利用部分；另一方面考虑到较粗老茶叶缺乏观赏价值，用来敬客，有失礼之嫌。而细嫩的茶叶，用杯沏泡，一目了然，同时可收到物质享受和精神欣赏之美。

2. 因地制宜：兼顾地域的饮茶习俗来合地气的选配茶具

中国地域辽阔，各地的饮茶习俗不同，故对茶具的要求也不一样。长江以北一带，大多喜爱选用有盖瓷杯沏泡花茶，以保持花香，或者用大瓷壶沏茶，尔后将茶汤倾入饮杯饮用。在长江三角洲、沪杭宁和华北京津等地一些大中城市，人们爱好品细嫩名优茶，既要闻其香、啜其味，还要观其色、赏其形，因此，喜欢用玻璃杯或白瓷杯沏茶。在江、浙一带的许多地区，饮茶注重茶叶的滋味和香气的，就选用紫砂茶具或有盖瓷杯来沏茶也很多见。福建及广东潮州、汕头一带，习惯于用小杯啜乌龙茶，故选用“烹茶四宝”，小杯啜乌龙，与其说是解渴，还不如说是闻香玩味。四川人饮茶特别钟情盖茶碗，喝茶时，左手托茶托，不会烫手，右手拿茶碗盖，用以拨去浮在汤面的茶叶，加上盖，能够保香，去掉盖，又可观姿察色，选用这种茶具饮茶，颇有清代遗风。至于我国边疆少数民族地区，至今多习惯于用碗喝茶，古风犹存。

3. 因人制宜：从饮者的生活特点合情地选配茶具

不同的人因为生活方式和文化背景的不同，会在茶具的选用上带上自己的喜好和趣味。在陕西扶风法门寺地宫出土的茶具表明，唐代皇宫贵族选用金银茶具、秘色瓷茶具和琉璃茶具饮茶；而陆羽在《茶经》中记述的同时代的民间饮茶却用瓷碗。清代的慈禧太后对茶具更加挑剔，她喜用白玉作杯、黄金作托的茶杯饮茶。而历代的文人墨客，都特别强调茶具的“雅”。清代江苏溧阳知县陈曼生，爱茶尚壶。他工诗文，擅书画、篆刻，于是去宜兴与制壶高手杨彭年合作制壶，由陈曼生设计，杨彭年制作，再由陈曼生镌刻书画，作品人称“曼生壶”，为鉴赏家所珍藏。现代人饮茶时，对茶具的要求虽然没那么多严格，但也根据各自的饮茶习惯，结合自己对茶艺的体会，选择喜欢的茶具。

另外，职业有别，年龄不一，性别不同，对茶具的要求也不一样。如老年人讲求茶的韵味，要求茶叶香高、味浓，重在物质享受，因此，多用茶壶沏茶；年轻人以茶会友，要求茶叶香清味醇，重于精神品赏，因此，多用茶杯沏茶。男人习惯于用体量较大而素净的壶或杯斟茶；女人爱用小巧精致的壶或杯冲茶。脑力劳动者崇尚雅致的壶或杯细品缓啜；体力劳动者选用大杯或大碗，符合生活的习惯。

4.因用制宜：根据茶具本身的功能利用合目的地选配茶具

在选用茶具时，尽管人们的爱好多种多样，但以下三个方面却是都需要加以考虑的：一是要有实用性；二是要有欣赏价值；三是有利于茶性的发挥。不同质地的茶具，这三方面的性能是不一样的。瓷茶具，一般说来保温、传热适中，能较好地保持茶叶的色、香、味、形之美，而且洁白卫生，不污染茶汤。如果加上图文装饰，又含艺术欣赏价值。紫砂茶具，用它沏茶，既无熟汤味，又可保持茶的真香。加之保温性能好，即使在盛夏酷暑，茶汤也不易变质发馊。但紫砂茶具色泽多数深暗，用它沏茶，不论是红茶、绿茶、乌龙茶，还是黄茶、白茶和黑茶，对茶叶汤色均不能起衬托作用，对外形美观的茶叶，也难以观姿察色，这是其美中不足之处。玻璃茶具，透明度高，用它沏泡高级细嫩名茶，茶姿汤色历历在目，可增加饮茶情趣，但它传热快，不透气，茶香容易散失，所以，用玻璃杯沏花茶，不是很适合。

在一套茶艺所需的茶具较多的情况下，可依照主泡器、品饮器、辅具、铺陈的次序来选择搭配，茶具的组合还要色彩搭配和谐，材质光泽合韵，器型纹饰相映成趣。另外，茶艺师如何布置这些器具，达到结构合理美观、

沏茶过程流畅，更是一门技术和素养。

（四）以人文入茶境

“尽其性”还体现出茶艺师及饮茶者之间的关系，以及他们对于茶艺的态度。茶艺在约定人与人之间关系的行为规则中，以“清、和、简、趣”的精神来实现“尽其性”的目标。相比茶叶审评对茶汤的严格评判，以人文入茶境，它更多体现出仪式与敬畏，体现出茶人彼此之间的仁爱、怜悯与完善。以人文入茶境是指茶人们在茶艺活动中应有的人文素养，并得以具体的行为表达，分为入境、欣看、悠闻、细品、回味五个环节的要求。

1. 入境

（1）入时境。不管是主人还是客人，从准备茶事活动时便开始进入茶艺的主题。主人要为此茶事活动的各个细节作详尽的考虑和预备；客人要屏弃杂事专心一致地赴会，考虑茶会的需要准备必要的物品和礼仪。

（2）入场境。进入会场，仔细领悟茶会的布置、陈设等的意味，全心感受茶会气氛，非闲情逸致不能浸染。主人也有公诸同好之心，无微不至。

（3）入艺境。茶艺开始，茶、水、器、火、境一一呈现，茶艺师技艺娴熟、抑扬顿挫，欣赏者心驰神往、酣畅淋漓，主客之间同起同落，心有灵犀，默契和谐。

当主宾双方到了这一步，茶艺的目的已基本实现，即便茶汤虽未呈现，茶境已是酣然。

2. 欣看

欣欣然中，茶艺师已奉上了茶汤，主人恭敬，客人礼让，接过茶汤，有三看：一看茶叶，如名优绿茶，在碧绿的茶汤里徐徐伸展，亭亭玉立，翩翩起舞，婀娜多姿，令人赏心悦目；二看茶汤，晶莹澄清，绿则嫩绿，红则红艳，乌龙有金黄；三看茶器，茶杯握于手，对主人精心准备的器皿也要仔细欣赏。看时应有欢欣、赏识的态度，这是接受主人殷勤的心情。

3. 悠闻

看过茶汤，还不能马上品尝，先闻香。闻香时，茶汤不能离鼻子太近，太近有“嗅”的感觉，似乎不雅。随着茶烟，头轻轻摇晃，深深吸气，抬起头，一腔畅快愉悦的表情，实在是美妙之极。可反复一次或茶友间相互交流彼此体会。

乌龙茶还有专门的闻香杯，两手搓动杯子，同上方法闻香。也有闻杯盖香、杯底香的，方法一样同上。不同茶的香味是不一样的，绿茶，清香、嫩香、兰花香；乌龙茶，清花香、甜花香、火香；红茶，苹果香、玫瑰香、干果香……细细辨认，沁人心脾，令人陶醉。

4. 细品

趁着闻香的热情，开始品茶的滋味。“品”字三“口”，因而品茶也分三口：

第一口：是“啜”，让茶汤有更多的时间留在舌前，或者说把感觉的重点放在前舌，这时的感觉最为敏锐，茶水比、时间、温度等的掌握是否把茶性完全发挥，有经验的茶人能马上鉴别出茶艺师的工夫。

第二口：是“咀”，饱吸一口，让茶汤在口腔充盈、停留、打转，充分感受茶汤的整体美味，这一口是评价茶叶本身的，茶味是清鲜、浓醇、鲜爽、鲜浓、醇厚、醇爽、甜纯……这时脱口而出的是：“好茶！”

第三口：是“咽”，陆羽说“啜苦咽甘”是好茶的特征，1 200多年流传下来，依旧是真理。在第三口时，小杯应一饮而尽。不能饮尽的好好饮上一口，缓缓咽下，趁着茶汤的温度，“徐徐体贴之”，过喉时的爽滑，太和之气的弥沦于齿颊，真可叹为福分。

清人梁章钜在《归田琐记》中说：“至茶品之四等，一曰香，花香小种之类皆有之，今之品茶者以此为无上妙谛矣。不知等而上之则曰清。香而不清，犹凡品也。再等而上之则曰甘，香而不甘，则苦茗也。再等而上之则曰活，甘而不活，亦不过好茶而已。活之一字，须从舌本辨之，微乎微矣。”看来，一般怡情悦性之人有此四等品茶之工夫尽可了：香则香郁，清

则清鲜，甘则甘醇，活则爽活。如能辨之赏之，已是同道高人了。

5. 回味

茶已饮尽，回味有三：一是茶味的回味。舌根回味甘甜，满口生津；齿颊回味甘醇，留香尽日；喉底回味甘爽，气脉畅通。"吃不得也，唯觉两腋习习清风生！"二是茶艺的回味。回想茶艺的起始终了，精彩纷呈，张弛有度，浑然一体。三是茶事的回味。主客恋恋不舍，尽离别之礼，共叙今日之情，感怀不已，希冀他日重逢。

周作人谈《喝茶》中说，茶道是"在不完全的现实世界中享受一点美与和谐，在刹那间体会永久"，至此，才是一个圆满的茶会和完美的茶艺。

二、"合五式"的行为规则

与"尽其性"较为客观科学的技术要求不同，茶艺"合五式"规则是从依据茶艺流程分解的行为要素，展示了茶艺特殊表现形式与一般规律的比较框架。它以五要素分解：一是位置，二是动作，三是顺序，四是姿势，五是线路。位置和线路是空间的概念，顺序以时间为轴，动作和姿势是茶艺师在时间和空间下的行为。在一个成熟的茶艺社会，会出现不同的流派，茶艺流派的区分大部分在"合五式"的规则上作了不同的选择，借助这些不同选择来诠释各自流派的不同理念。

（一）位置

位置包括了茶具摆放的位置，茶席茶境的相互位置，茶艺师的位置，主客双方的位置等。茶器具在茶艺中是具有象征性意义和功能的，各个茶具就在其中有了不同的地位，分为高位、中位、低位。

高位的茶具，一般有二类情况：一是茶（干茶），它是茶艺的主角，寄托了茶人们的情感和理想，因此，茶储、茶荷都是上位的，但茶荷在完成其功能后要放于低位。二是象征性茶具，茶勺是被茶人们认为十分珍惜的物品，历代茶人都用手仔细地握过茶勺，敬仰茶勺如敬仰历代茶人，因此它具有象征性意义而列高位，与它相邻的茶匙组用具都列入高位；其他象征性物品如帛纱、点香、纪念物等都是高位。

中位的茶具，一般为煮水、沏茶用的器具，如茶盘、茶壶、茶杯、盖置、风炉等，中位茶具若在一个平面上，也有位置的规定，如以茶盘为中心，一般煮水器的位置在茶盘外的右前方（右手原则），即水壶的横轴线前不能超过茶盘的上缘、后不能低过茶盘的横轴等。

低位的茶具，是指在茶艺中起着盛放弃水、残渣、清洁用等物品，如水盂、滓盂、茶巾等，前面提到茶荷在开始的时候地位是高的，当茶荷中只剩下多余或挑拣过的叶茶时，它就降低到低位了；水盂一般在茶盘外的左后方，即水盂的横轴线在茶盘横轴线以下；茶盘下边缘一般距离茶桌边缘有一块叠好的茶巾位置，茶巾可以放在这个位置上，也可以放在茶盘内紧贴茶盘的下边缘。

不同的流派对茶具摆放的位置是有不同观点的：一种流派认为，高位一般在茶席的前1/3处，低位则是靠近身体的后1/3处，中位在茶席的中间。也就是说高位的茶具再往后靠，其中心线不能低过中位茶具的中心线；低位的茶具再往前挪，也不能超越中位的中心线。这样的茶席看起来中规中矩、恭敬有礼。另一种流派人为，应突出茶艺师的动作，将高位的茶具放置在右上侧或左上侧的位置，茶席显得主体突出、自由流畅。也有流派，从考虑茶具取用的方便和不同主题的体现，不排斥这两种放置，随机应变，这样会要求茶艺师必须及时调整自己的节奏。

茶具在茶席中的呈现，不仅以单个平面分域，还以立面或多个平面的分域和组合，如具列架的使用、造景的茶席、多平面的设计等，这时位置的确立也会随之复杂起来。

除了将茶席以横轴来划分区域外，还有按纵轴的对称切分。初学者开始接触时会是“具象”的对称，称为“绝对对称”，一般的绝对对称不太容易获得深度的审美肯定；然后慢慢学会“势”的对称，浓淡轻重、相映成趣，走向“相对对称”审美设计；再后来就不拘一格了，“相对对称”和“绝对对称”都有绝妙、谐趣的审美意象，它要求茶艺师以具备的审美素养来设计布局。茶艺师也是对称的内容，因此要求茶艺师保持端正、平稳、

和谐的姿态位置。

（二）动作

动作是指执行每一步骤、每一器具拿持的动作要领，重点是手的动作。茶艺动作的基本原则是：第一，归位，每一件物品和器具都有它们特定的位置，严格做到各就其位，并能一步到位；第二，规范，每一动作都要符合要求，要表达准确，仔细谨慎地完成各项程序；第三，恭敬，对茶汤、茶具要恭敬，对客人要恭敬，对自己的情感也要细腻而恭敬地表达出来。

茶艺师在操作时的动作也有要求，具体表现为：①手型舒展守中，与心、气呼应，具有节奏感；②在握持或持续性握持任何一件茶具时，手势平稳有掌控，不颤抖；③茶具接触平面时轻巧无声，举轻若重、举重若轻；④遇到突发的情况比如烫手等，有短时间的忍耐力，不惊慌失措，镇静处理；⑤手的动作指向明确，不在线路中间犹豫，眼到、心到、手到，凝神聚力；⑥手的动作不破坏身体的姿势等。茶艺师要达到这样的动作要求，需要不断的训练，培养对自己的把控力和忍耐力，认真体验生活与劳动的核心，才能实现。

手的动作表现是不同流派较为显著的特征。比如握持茶具时手指的形状，是兰花指、还是并指，体现了活泼清新与端庄典雅的两种不同风格。还有一个重要的区别：是右手为主，还是左右手并举，是目前最典型的流派区分点。一些流派认为，左手持水壶、右手持茶壶能使人体均衡，称之为“左右手法则”；而相对的另一流派认为，左右手如同阴阳，各有功能，必是以右手为主、左手辅助，右手动、左手静，右手进、左手从，如是才是均衡，称之为“右手法则”。“右手法则”和“左右手法则”不仅涉及了手的动作习惯性问题，还直接影响到茶具的布置。茶具都有正面或朝向的标志，以“右手法则”，茶席中的所有器具，比如壶嘴、盅流等出水口应是朝茶艺师的左向，壶把、杯把等执手部位应是向沏茶人的右手；“左右手法则”的流派一般将水壶置左手方向，主泡器在右手向。因为“右手法则”“左右手法则”的不同，茶具正面方位的设计和制作也有不同，比如“左右手法则”流派使用的水壶，左手向呈现正面的图案，若右手法则流派的茶艺师选错壶，图案就相反了。对于茶艺师来说，开始学习时应确定下一个方向、一种方法，等到具有一定的学养和技能熟练，可以尝试不同的流派方式。

本书茶艺均为并指的右手原则，即沏茶时以右手为主、左手从之，沏茶器具方向均朝左，四指紧并、含掌，虎口持握有力。

（三）顺序

顺序是指茶艺进行的步骤和前后顺序，它是以时间为轴线的描述。茶艺的基本顺序是：洁具、备具、出具、列具、（行礼）、赏鉴、熁具、置茶、沏泡、（行礼）、奉茶、品茶、续杯、收具、（行礼）。

不同的茶类、不同主泡器、不同的沏泡技术，具体步骤的规定是有较大差异的，比如，出具、列具，器具不同，出列的方式也不相同，一般情况下，先出主泡器、品饮器、高位的茶具，再按茶具地位从高到低的顺序出具，水盂、茶巾等低位出具尽量含蓄；列具时，相同地位的茶具按主次或器型的高矮为先后顺序。熁具，绿茶一般为温杯，乌龙茶则称之烫壶烫杯。沏泡时注水、斟茶的方向一般按从左到右（或来回）顺序，奉茶时依据稳定性原则，取拿品饮器奉行的是从右到左的顺序。

茶艺流程中的置茶环节，也有三种顺序方式，一是上投法，在主泡器中先放置适温、适量的水，再投放茶叶，适用于特别细嫩、不耐高温、渗透性好的茶，比如碧螺春；二是中投法，先用一部分较高温度的水与茶叶交融，再以较低的水温沏泡开汤，这种两阶段法基本适用目前名优绿茶，第一阶段能让茶叶内物质结构短时间内发生变化，又称之为“浸润”，第二阶段保持茶叶有效成分的缓慢浸出，保持茶叶的“三绿”特性；三是下投法，先放置茶叶，再一次性加适量、适温的水，这类茶一般喜好较高的水温，比如红茶、乌龙茶、普洱茶、较酽的绿茶等，有些黑茶（普洱茶）还采用煮饮的方式，要求有更高的水温来发挥茶叶的特性。

有差别的顺序和操作规定是区别不同流派的重要特征，茶艺师在学习茶叶沏泡时，经常会因为这种差异性的冲突而不知所措，一个优秀的茶艺师应该在兼容并蓄的学习态度下，以“尽其性”的规则为首要原则，慢慢

地明确自己遵循的顺序与方式。

（四）姿势

姿势是指茶艺师坐、站、行、礼的身体姿势与仪态。茶艺从本质上讲是一套礼法的展示，因此茶艺师的每一个姿势都关系到礼仪的要求，关系到“清、和、简、趣”精神的具体展现。

礼仪有多种表达方式，敬礼的方式，有现代较为熟悉的鞠躬礼，也有沿承古代的拱手、作揖礼等，古代女子还有万福礼，行礼时双手手指相扣，放至左腰侧，弯腿屈身以示敬意。时代不同，人们对礼仪的感受也会有不同，比如年轻女性道万福礼，看上去明眸羞花，中老年人行此礼就有不合时宜之感。礼仪要与人的真实情感和恭敬态度紧密结合起来。中国地缘广阔，千里不同风、百里不同俗，不同地域、人群对礼仪的表达和传播方式是有差异的，在面对复杂、陌生的环境，或者对某个礼仪方式不能完全融入其中时，茶艺师不用刻意或惶恐来说服自己，只要茶艺师有着一颗挚爱、真诚、正直的心，所有的礼仪表达都会是不出左右的。

茶艺的姿势大致能决定茶艺的风格：活泼的、端庄的、安静的、清新的、谐趣的，茶艺师对自己身体姿势的选择和控制，可以作不同的表现风格。但是，有一点是共同的，在茶艺师的手接触到茶具、茶席的那一瞬间始，所有的气息、情感、精神都要依附在器具上，目光缓和、气息平稳、肩臂松弛、心技一体。这时的身体姿态要顺势而动，不可过于突兀，比如常犯的错误是，茶艺师提腕注水，会不自觉地低头或歪头看水注的情况，表现出茶艺师对自己动作自信心不足，并且破坏了整体的韵律。

（五）线路

线路主要指茶艺师在沏茶时的器具及身体移动的路线、距离与方向。茶艺线路分为茶艺师用手的动作完成茶具线路的移动，以及用脚的行走完成身体线路的移动这两个方面，线路是茶艺师活动的范围，能较强地体现茶艺的视觉感、感染力和韵律，是茶艺空间的表达。

日本茶道在线路规定上是非常明确的，这与他们视茶道为榻榻米上的艺术有关，榻榻米的包边和缝纫线成为丈量的标尺。中国茶艺的线路规定没有十分精细的距离计算，但会有一些约定。茶艺的整体活动是一个造型艺术，茶人在茶艺活动中的线路，犹如设计师设计器具的线条图形构成。茶圣陆羽在茶艺专用器具“镀”的设计中，以器具的图形、点线面的构成中提出“正令、务远、守中”设计理念，大致意思是“不越矩、延展、中正”，这三点也成为茶艺师沏茶线路规定上的原则性要求。

不越矩，是指茶艺师的活动范围及行走线路中规中矩，符合生活常识和茶艺法则；延展，是指茶艺师在不越矩的基础上活动线路尽量地延伸、舒展，对茶席、舞台、场所有整体感和控制力；中正，是指茶艺师无论身处怎样的场所，尽量保持端正、守中的活动方位和方式。具体来说，比如茶艺师在移动茶具时集中注意力，使其或经过一个中心点、一个平面，或沿着一条折线，就会形成茶席空间规定性的移动线路；茶艺师在端盘、奉茶、行礼时，也会依据“不越矩、延展、中正”的原则确定行走线路，主客间有明确默契的距离位置和方向，来表现大方、合韵的空间感。

“合五式”从“位置、动作、顺序、姿势、线路”五个方面描述了茶艺活动的基本规范，不同的学派、流派在“合五式”的框架下会制订更加细致的规定，来突显各自的特征。

第四节　习茶必要之：志远豁达

人文的价值，它的任务不是增加关于实际的积极的知识，而是提高人的精神境界。茶艺文化最根本的任务，并非关注是否能分辨茶叶的种类，或者会冲泡几道茶，而是通过这个仪式的日常化，能给予人们关于心灵、精神、意义、情趣等内容的启发。

茶艺文化是人们以饮茶为契机对日常生活形式的凝固，也是历史的积淀和延续。茶艺的哲学，即是通过对饮茶生活文化的透视和把握，进而以此为基点和视野，对人类的自身生存及其生存的世界做出一种集中在茶艺文化范畴的哲学观念，其关注的重心指向人的现实生存，借助日常生活饮茶活动，力求给人提供智慧和现实关怀。茶艺文化扎根于中国传统文化

哲学构建的“天人合一”“正德厚生”“孔颜之乐”“天地境界”的生命情怀之中。

一、天人合一

天人关系问题是中国传统哲学的基本问题，邵雍曾说：“学不际天人，不足以为之学。”(《观物外篇》) 他认为做学问不达到穷究天人关系的程度，就算不得有真才实学。从天人关系到中国人的日常生活理解，冯友兰先生的观点是一针见血的。按照冯友兰的观点，哲学在中国文化中的地位，历来被看为可以和宗教在其他文化中的地位相比拟。在中国，哲学是每一个受过教育的人都关切的领域，“四书五经”讲的都是关于中国人的哲学思想，中国人的生活渗透了儒家思想，也包括道学、禅学等。这些思想在中国人的日常生活中虽然如同宗教般的地位，却并非如宗教在人生之外设立目标，中国人对待儒家、伦理等思想，渗透在日常生活的全部，是在人生之中进行的反思，中国人将哲学生活化了。比伦理道德更高的价值，可以称之为超伦理道德的价值。人不满足于现实世界而追求超越现实世界，这是人类内心深处的一种渴望，在这一点上，中国人和其他民族的人并无二致。中国人关切哲学，他们在哲学里找到了超越现实世界的那个存在，也在哲学里表达和欣赏那个超越伦理道德的价值，在哲学化的日常生活中，他们体验了这些超越伦理道德的价值“天人合一”。人在日常生活中经过哲学直接达到的更高的价值，比经由宗教达到的更高价值，内容更纯，因为其中不掺杂想象和迷信。这是合乎中国哲学传统的，人不需要宗教化，但人必须哲学化。当人哲学化了，他也就得到了如同宗教的最高福分：超伦理道德的价值①。

“天人合一”将宇宙、社会、人生三者浑然一体，也就必然地超越任何一个具体的社会或具体的人，它成为超然的标准和不言而喻的合理性。而这种合理性或标准又构入每一个具体人的生存状态，它便必然地形成每一

① 冯友兰：《中国哲学简史》，新世界出版社，2004年版。

个具体人的伦理关怀——对于超越伦理价值的现实关怀。“天人合一”是指天道与人道相通，按照孟子的说法则是：“尽其心者，知其性也；知其性，则知天矣。”（《孟子·尽心上》）意思是只要向人的内心世界用功探索，就可以体验到作为价值本体之天，进入“下上与天地同流”的理想的人生境界。因此，哲人们在现世的生活中将本没有思想情感的“天”（自然）人情化，同时又将本不具形象的思想情感形象化，既移情于物，又移物于情，情物合一，构成中国审美化的生活方式。

“天人合一”的哲学观对于茶艺的影响是根本性的。茶人们将茶、水、器、火、境等自然界的客体人情化，将人生情感理想通过饮茶方式形象化，在茶艺的过程中来构建情物合一。茶艺以“心技一体”“物我两忘”的理念来强化整体性，把自己的心灵整体地投入到茶汤形成的过程中，进而对心灵整体性投入的对象进行整体性的体验，最后在“天人合一”的境界中找到归宿，茶人们或会于泉石之间，或处于松竹之下，栖神物外，感受着超越现实时空束缚而同于“天”“道”的自由，感受与“天”“道”同一，与“天”“道”共在，有限的生命在茶艺的方式中直接融入自然、社会的本体至极，实现精神的升华。通过日常生活的一碗茶汤而获得心灵的慰藉，这就是中国人哲学化的生活方式。“天人合一”的哲学思想贯穿在茶艺的始终，也是茶艺文化的哲学核心。

二、正德厚生

追求“天人合一”，个人与宇宙合而为一的目的，按中国哲学说，就是实现了做人的最高成就：成圣。儒家认为，圣人是自觉承担“天民”职责的平凡之人，他们不以处理日常事务为苦，相反地正是在这些世俗事务之中陶冶性情，培养自己获得圣人的品格，内心如同君王一般的胸怀和气度。儒家是“游方之内”的，显得比道家入世；道家是“游方之外”的，显得比儒家出世，这两种思想看来相反，其实却正相反相成，使中国人在入世和出世之间，得以较好地取得平衡。“不离日用常行内，直到天地未画前。”这是中国哲学努力的方向，因此，中国哲学既是理想主义的，又是现实主义的；既讲求实际，又不浮浅。[①]

“正德厚生”源自《尚书·大禹谟》中“正德、利用、厚生、惟和”，正德：尽人之性，以正人德，尽物之性，以正物德；厚生：殷民阜财，使人民生活富足充裕。圣人不仅从理论上更要在行动中实现经世济国的价值，南宋朱熹再传弟子真德秀说：“圣人之道，有体有用。本之一身者，体也；达之天下者，用也。……盖其所谓格物、致知、诚意、正心、修身者，体也；其所谓齐家、治国、平天下者，用也。人主之学，必以此为据依，然后体用之全以默识矣”。(《真文忠公全书》卷首）不能实现其用的，意味着未能知人之性、物之性，也即未能尽心、知天，中国哲学的使命便还未完成。“经世济国”“达成兼济天下、穷着独善其身”讲的都是成圣之人在用的方面要做的事情。

中国哲学既重视道德的修养、更重视对现实社会的应用和促进，是茶艺文化重要的方法论。中国茶艺注重在日常生活中培养内省、慎独、正心诚意、精益求精、致中和的涵养工夫，恪守仁、义、礼、智、信的道德规范。茶艺还积极与现实生活融合在一起，作为产茶大国和茶文化的发源地，中国茶艺应该承担世界性的社会责任，以茶艺的方式为人们获得更多的自由和幸福，服务于更为广泛的需求，在世界文化的范围内实现其应有的价值和理想。茶人视已如“天民”，有利济群生，兼善天下之志，这是中国哲学对茶艺的召唤。中国茶艺关注“厚生”之用，在文化从精英阶层转向大众阶层共享的时代，获得了更大范围的社会认同，赋予中国茶艺独特的、具有活泼生命力的魅力。

三、孔颜之乐

中国人过着哲学化的生活，不仅是在人生中不断地反思来寻求哲学的知识，更是要在日常生活中培养这样的品德，这个品德的核心是“乐生”。儒家重此岸幸福而非彼岸幸福，重社会幸福甚于个人幸福。为此，它的乐

---

① 冯友兰：《中国哲学简史》，新世界出版社，2004年版。

生是“心之乐”远重于“身之乐”，“独乐”不如“共乐”，它还讲“乐其治”与“乐其意”，总要使黎民不饥不寒，著衣帛食肉。君子力行仁恕，通过修身使德性内充，并扩大至于人性的淬炼和人格的修养，做到君子的“不忧不惧”和“孔颜乐处”。对于“不仁者”在它看来绝难“久处约”“长处乐”，故有《左传》所谓的“有德则乐，乐则能久”。朱熹《语类》讲“于万物为一，无所窒碍，胸中泰然，岂有不乐”，将乐生的精神内涵发扬周彻。①以后王阳明《答南明汪子问》称“乐是心之本体”，王艮《乐学歌》称“人心本是乐，自将私欲缚”，要人发挥良知，由扬公去私而获致人们内心中的怡乐之性，以天人观养成坦荡的君子胸怀，乐观豁达，获得人的长久。

中国哲学里道家和儒家都注意到，无论在自然和人生的领域里，任何事物发展到极端，就有一种趋向，朝反方向的另一极端移动。这个理论对中华民族有巨大的影响，帮助中华民族在漫长的历史中克服了无数的困难。中国人深信这个理论，因此经常提醒自己要“居安思危”，另一方面，即使处于极端困难之中也不失望。这个理论不仅对儒家和道家都主张“执两用中”的中庸之道提供了主要论据，还养成了中国人乐观心态，对待挫折的坦然、追求简单生活而怡情乐生、观世界万物之妙的达观等。

孔颜之乐出自《论语》，孔子曾对他的弟子说，“饭疏食饮水，曲肱而枕之，乐亦在其中矣。不义而富且贵，于我如浮云。”表明了孔子对于那种违背道义取得财富和尊位的鄙视，而在简单的生活中享受身心的快乐。他的得意门生颜回，也继承着这种精神操守，所以孔子有语“一箪食，一瓢饮，在陋巷。人不堪其忧，回也不改其乐。贤哉，回也”！称赞颜回“安贫乐道”的精神和境界，在简单的生活中坚持自己做人的道理，并且快乐享受这样的生活。孔颜之乐形成了中国人对待生活的主要态度，孔颜之乐是与天地万物同体，感受到天地自然的直接、自然、活泼、洒落、自由的性情；其乐与“理”合一，达到“从心所欲不逾矩”；其乐与事功合一，存在于“博施济众”的事业之中，不可离事而言“乐”，是忧乐合一之乐；其

① 汪涌豪：《养志与乐生：中国人的幸福观》，文汇报，2011年4月25日。

乐在于"性""情"合一，每个人心中有自然、自有之乐，追求"心"原本具有状态，按照自己内在的本心（本性）去做，来获得孔颜之乐。

孔颜之乐是茶艺习茶悟道而致获的人生追求，是以茶诚意而修身，修身而达和乐，茶艺成为陶冶情感的方法。通过茶艺的教育培育的和乐情感，它有喜有怒，情顺万物，在茶艺生活中体会"日日是好日"的情怀；心如明镜，不为物所移，廓然大公，在习茶的过程中能常常见到自然的本性而获得快乐；对应自然，一无智巧，对外物无求无待，茶人认同"直心是道场"的处事方法；不为物役，不改其乐，茶艺是日常生活的内容，茶性敛、俭、简，如同箪食瓢饮般的生活，茶人们也能坚持自我而享受快乐。

林语堂曾说"只要有一壶茶，中国人到哪儿都是快乐的"，这种快乐承延了中国几千年的文化，而茶成为了观照的对象。"不离日用常行内，直到天地未画前。"在日常生活中提高自己的修养，认真地做沏茶这件事，在茶汤的形成过程中，在茶室以外的生活过程中，知天地之妙、尽济众之心，以茶观照自己内心的智慧和快乐。

四、天地境界

人的各种行动带来了人生的各种意义，这些意义的总体构成了人生境界。不同的人们可能做同样的事情，但是他们对这些事情的认识和自我意识不同，因此这些事情对他们来说，意义也不同。冯友兰先生把各种生命活动范围归结为四等，由低到高分别为：一本天然的"自然境界"，讲求实际利害的"功利境界"，"正其义，不谋其利"的"道德境界"，和超越世俗、自同于大全的"天地境界"。"天地境界"的人，知道在社会整体之上，还有一个大全的整体，他认识到自己是宇宙的一分子，肩负"天民"的责任，他能自觉的行为有意义的事，这种理解和自觉使他的精神超越了道德的价值，追求"成圣"。圣人并不需要为当圣人而做什么特别的事情。圣人所做的事无非就是寻常人所做的事；但他对所做的事有高度的理解，这些事对他有一种不同的意义。圣人在完全自觉的状态中做事，他们既在世界里生活，又不属于我们认识的世界，他们超越了人世间道德的价值。

茶艺是一种生活方式，每天沏一杯茶，是它最平常的也是最显著的表现，沏一杯茶的过程，是有形的，原本它只为解渴，逐渐地我们延伸了它的过程，使它成为一种仪式，一种为了让我们全神贯注投入的仪式，全神贯注，就渐渐地与日常琐事拉开了距离，我们可以有距离去观察审视，也以审美态度趣意盎然地品尝它，饮茶的生活方式从有形走向无形。以“味无味之味”方式，即使在沏一杯有形的茶，也可以遁化在无形的精神领域之中。

与其他艺术家一样，茶艺也是个体化的劳动，茶艺师独自做沏茶这件事，茶艺师在沏茶中日复一日地培养了独自的能力。“自然物向能够静观自己的人呈现出一幅亲切的面容，从这个面容中人可以认出自己，而自己并不形成这个面容的存在”[①]，自然物的茶汤提供了人们心灵观照的途径。在独自的过程中，练习慎独而内观，在独处无人注意时，也要谨慎不苟地做好每一个细节，抵御浮夸和聒噪，透过对自身的洞察来获得真实的自我，获得宁静的智慧。茶艺是热爱日常生活的一种仪式，它的独自性是为了有默契的能力来成为生活的有为者，茶艺师、茶伴、茶人、饮者、观众，以一种不被察觉的相互约定和心灵相通，在茶艺的生活中获得愉快，在日常生活中偷得一杯茶之闲而享受。这种默契是愉快的，它是幽默的替代，如果将茶艺看做是游戏，这就是一场既有趣又意味深长的游戏，茶艺师以独自的默契能力获得智慧，不仅自己参与游戏，还与大众默契配合共同迎接这游戏的盛典。

茶艺追求“日日是好日”的生活观。老子说：“常无欲以观其妙。常有欲以观其徼。”常从“无”中去观察领悟“道”的奥妙；常从“有”中去观察体会“道”的端倪，无与有这两者，来源相同而名称相异，都可以称之为玄妙、深远。日常生活之中最难平息的就是有和无了，茶艺“味无味之味”，反复咀嚼有味与无味之间，最后得出了：“原来是同出一味！”都是茶的味道。有味、无味的评价是人的意志，茶艺的人生不系于人而系于物，它更关心的是如何获得味的行为过程。放下有味、无味，便是“做”这件

---

① [法]杜夫海纳：《审美经验现象学》，韩树站译，文化艺术出版社，1992年版，第588页。

事情了，茶艺必须有日行一茶的行为，若无茶、水、器、火、境的实践形式，妄谈茶艺。有了全神贯注投入沏茶的过程，在过程中执守慎独与内观，才有可能去体会“味无味之味”的情怀。每日能沏一杯茶，正如我们日复一日过着的生活，以审美的态度、独自的默契去迎接它，如同迎接每一日的盛典，终究，茶是有味的，日日是好日。

天地境界不独在圣人之间，实际上它就在每一个平凡人的内心之中，在一个真实而平凡的生活之中。“为了成为一个真正的人，有时你不得不成为一个英雄。在许多情境中，成为英雄并不意味着成为‘超人’，而仅仅只是守住一条人之为人的伦理底线而已。”[①]再伟大的情怀，从茶艺的生活看来，都在沏一杯茶之中了。茶艺有“天人合一、正德厚生、孔颜之乐”的理想，这些理想的实现，并不需要有单独的、可能存在的人生期盼，它就在一杯茶汤之中，在日常生活中实践“天民”的行为。茶艺需要清洁整齐，犹如生活的洁净与秩序；茶艺的礼节规范，犹如生活的敬老爱幼；茶艺的简素嬉乐，犹如生活的豁达态度。过一种简单的生活，在简单中才可以审视自己真实的需求，不会因为空想而制造躁乱的现实，不会因为缺陷而不懂得想象的乐趣。简单有助于慎独而内观的修为，有助于培养与天地同乐的情怀。“知其不可而为之”，这一句悲壮的口号，在茶艺看来，它如同抱着孩童的性情，以不为生存的、丰富的力量去实践它、享受它，因为这是“天民”的责任。天地境界是一个真实的生活，是一个有为而又有趣的生存方式，“不离日用常行内，直到先天未画前”，这便是茶艺生活的追求。

生命是有限的、自由是无限的，以有限的生命追求无限的自由，在我们沏的一杯杯茶之中愉快地实践者，一代代地接替，传递了更多的自由。人，诗意地栖居在日常生活的审美仪式之中。

---

① 徐岱：《超越平庸：论美学的人文诉求》，《杭州师范大学学报》（社会科学版）2012年第4期。

第四章
流程五汤法："杯碗壶锼，烹沏有序"

"茶艺为什么要有程式？为了把诚意沏入茶汤里。茶除了好喝，还有浓浓的人情味。"

茶艺的仪式化赋予人一种可以辨别的身份和属于这一群体或集体的特殊精神风貌与气质，这种区别来源于仪式化过程中不断强化的规定性行为特征，即茶艺师日日习之的茶艺程式或流程。茶艺流程是以时间轴进行的茶艺行为描述，强调以简洁鲜明的表达来吸引更多人进入该文化的范畴。以对象化的"器"为中心，上文已归纳了锼、碗、壶、盖碗、杯五类主泡器。中国当代主泡器以杯、壶、盖碗三类最为常用，因此，本文茶艺流程与方法的论述，主要是直杯沏茶法、盖碗沏茶法、小壶沏茶法三个体系。碗、锼及其他茶具使用，有些存在于历史（在历史的章节里详细论述）、有些体系不成熟、有些为家日用，但都不啻为一种饮茶方式，故合在第四节概述。

茶艺的设计和实施，须按以下三个方面来思考和行动：一是研究主泡器性能、特点和人文感受，最大限度地发挥主泡器潜能以实现茶汤质量和茶艺风格；二是了解茶叶特性，选择合理的沏泡技术来全面表现茶叶优势；三是综合以上两个方面的研究，选择、设计能让茶叶和主泡器两者的特征都得以较好发挥的茶艺程序，茶艺师以发挥巧夺天工、气韵生动的技术能

力，去伪存真，使好喝的茶汤更加美味，使品饮者进入茶艺的审美境象，获得饮茶的艺术享受。

第一节　直杯法：“杯”主泡器

现代茶艺中以“杯”作主泡器最为常见，其中的代表之一便是玻璃杯。玻璃可塑性大，配合精湛的手工技术，可以设计制造出各种形态茶具，能满足不同茶艺风格的要求。以下主要叙述以玻璃杯为主泡器的直杯沏茶法。

一、主泡器特征与适用

玻璃是一种透明、强度硬度高、不透气的硅酸盐类物料。玻璃与茶接触不产生化学反应，也不对茶渗入任何新成分，所以用玻璃茶具泡茶能保存茶的原有成分也能保持茶的本味，是比较普及的现代茶具。

玻璃杯主泡器的界定：无盖，容量为150~300毫升，玻璃直杯既是主泡器，又是饮杯。按照茶艺选择主泡器的规则，分析玻璃杯作为主泡器的主要特点是否符合所冲泡茶品的需求，并在通过扬长避短的手法来设计茶艺流程。玻璃杯有以下几个主要特点：

特点一：透明，可视度、观赏性强。

鉴于主泡器这一特征，一般选用色、形均美的茶品，能在玻璃杯中充分展示。比如龙井茶，一芽一叶立于杯中，恍若兰花优雅舒展，翩翩起舞；比如针形茶，根根翠芽，亭亭玉立；比如花草茶，姹紫嫣红，争奇斗艳。

特点二：敞口，散热快，不会闷伤茶汤。

这一特征有利于沏泡芽叶较嫩的茶品，并且可以充分欣赏它清雅的香气和滋味。比如西湖龙井茶“甘香如兰，幽而不冽，啜之淡然，似乎无味。饮过之后，觉有一种太和之气，弥沦齿颊之间，此无味之味，乃至味也”（清·许次纾）；比如极为细嫩的碧螺春，需用上投法来沏泡，非敞口玻璃杯无法体会它的精妙。

特点三：简洁，方便，完整呈现茶的品质。

作为兼用品饮器，玻璃杯可以在茶艺程序中同时完成沏茶与品茶两个功能。它以方便这一突出特点广泛应用在生活之中，茶艺程序设计相应也比较简洁。玻璃杯沏泡茶叶时对形状到滋味的呈现皆不做任何掩饰，这也是茶艺师青睐于它的原因之一。

特点四：美观，可塑性大。

玻璃器皿加工工艺成熟，工艺多变，形式多样，给茶具组合和茶艺内容带来了丰富性和趣味性，尤其是针对花草茶茶艺，选择玻璃茶具极富优势。现代茶艺宣传茶叶文化、茶叶品牌内涵，往往是通过茶具的创新性设计和利用来表现的，而玻璃茶具无论是在色彩、图案还是器形、结构、大小变化等方面都有较灵活的适应性。

特点五：直白、硬朗、通透而略有苍白感。

这是玻璃杯作为主泡器的缺点。单口、无盖使其的主要功能过于集中，功能性开发的成熟度略显欠缺。茶艺程序操作易发生单一性重复，茶艺风格较难把握。

特点六：浮叶给啜饮带来困难。

这是玻璃杯主泡器同时作为兼用品饮器的最大缺陷。无盖结构使叶茶开汤后难以撇去浮在汤面上的叶子，给品饮带来困难。尤其是对于不常饮茶的地域，品饮者是把浮叶和汤一起吃下去，还是不雅地吐出叶子，是一个不小的问题。

在茶艺流程设计中要扬长避短，以玻璃杯作主泡器时的首要任务是解决两个主要缺点。而展现茶艺韵致则主要依靠茶艺师对茶艺的整体把握，茶艺师要把日常生活中使用的茶具和饮用方法作为一门艺术展示给众人，在沏茶过程中尤其需要突出茶艺师自身的气质、气韵和营造的气氛，以这样的氛围和场景来感染、感动和感化人们。

以玻璃杯作为主泡器时还有一点需要关注：由于沏茶和品茶都在玻璃杯中完成，品茶时叶底往往还漂浮在汤面上。解决这一问题，有两个方案，其一是注重茶叶的选用，一般来说干燥且内质厚实的茶比较容易下沉，并在水的作用下形成悬浮状态，在茶汤中呈翩翩舞动之态。即便下沉，轻轻晃动后，叶底还能在杯中摇曳，极为柔曼。这样的茶是符合用玻璃杯沏茶的优质茶品。其二则是针对有叶底浮于汤面的茶，由于不能等过了品饮的最佳时间，便需要以品茶的心情来化解难题了。在饮茶时我们可以作这样的联想：轻轻吹起汤面，“吹皱了一池春水”；或“心为茶荈剧”，吹嘘对茶汤。在这样美妙的景象之前，即便再有浮叶也不会为难，反倒颇有几分情趣。

因此，适合玻璃杯沏法的茶，有了以下基本轮廓：①色、香、味、形兼具的茶品，其中“形”要求干茶和叶底皆具美感；②十分细嫩的茶品；③在色、形上尤为出色的茶品。

龙井茶首推玻璃杯沏茶法；碧螺春用玻璃杯上投法沏泡最佳；花草茶舒展在玻璃杯中，其形色得天独厚，但其所用的玻璃杯与绿茶有所不同。以此三者作为典型代表，可类推至其他相似茶品使用直杯沏茶法，接下来将简单介绍它们的沏泡程序。

二、龙井茶直杯沏茶法

龙井，既是茶品名，又是茶种名、茶加工法、地名、井名、寺名，谓之“六名合一”。“龙井茶、虎跑水”被誉为杭州双绝。

（一）龙井茶的品质特征

龙井茶以“色绿、香郁、味醇、形美”四绝著称。其品质超群，茶形扁平、光滑、挺直，形如碗钉，色泽绿中显黄嫩，如同新春嫩柳。汤色清澈碧亮，香馥如兰，滋味鲜醇甘爽，回韵悠长。龙井茶产地主要分布在浙江西湖产区、钱塘产区、越州产区，其中更以杭州西湖群山之中的“西湖龙井”为精品。西湖龙井在历史上有狮、龙、云、虎四个品类之分，新中国成立后因有狮子山、龙井、云栖、虎跑、梅家坞等产地而以“狮、龙、云、虎、梅”名之，其中以狮峰龙井为冠。狮峰龙井色绿显黄，呈糙米色，芳香幽细，香气高锐持久，滋味鲜醇。随着名优茶工程的推广，生产和品牌管理能力的提升，基础好的茶按特级、高级的工艺采摘制作，龙井茶成为了

一个更为广泛的称呼。“西湖龙井”这一名称从广义而言是区域公用品牌，狭义上来说是指龙井茶中的名优茶，品质略差的多称为龙井优质茶或大众茶。

龙井茶的采摘技术相当考究。通常以清明前采制的龙井茶为上品，称明前茶，谷雨前采制的品质尚好，称雨前茶。龙井茶的采摘十分强调细嫩和完整：只采一个嫩芽的称“莲心”；采一芽一叶，叶似旗，芽似枪，称“旗枪”；采一芽二叶初展的，叶形卷如雀舌，称“雀舌”。通常制造1千克特级龙井茶，需要采摘7万~8万个细嫩芽叶，其采摘标准是完整的一芽一叶，芽长于叶，芽叶全长约1.5厘米。

龙井茶的炒制分青锅、回潮、辉锅三道工序：青锅，即杀青和初步造型的过程，历时约12~15分钟；回潮，起锅后薄摊，摊凉后筛分，摊凉回潮时间约为40~60分钟；辉锅，即进一步整形和炒干，需炒制20~25分钟，炒至茸毛脱落，扁平光直，茶香透出，折之即断，即可起锅。手工龙井茶的制作全凭双手在一口光滑的特制铁锅中不断变换手法翻炒而成。炒制的手法有抖、搭、搨、捺、甩、抓、推、扣、压、磨“十大手法”，制茶师傅需要根据鲜叶大小、老嫩程度和锅中茶坯的成型程度，不断变换手法，才能炒出色、香、味、形俱佳的龙井茶。目前随着现代科技的进步，运用机器制作也越来越普遍。

（二）沏茶法技术要领

1.气韵与礼仪

直杯沏茶法的器具简洁，因此对茶艺师的技能要求更高，要以内敛而高超技术展现出茶艺的气韵生动，从而品味龙井茶茶艺“无味之味乃至味”的风尚。气韵生动一方面是基本程序的训练，熟能生巧，巧生气韵；另一方面是茶艺师人文素养的积淀，有美的意识与体会。

气韵生动的第一步是礼仪实践，这一点在龙井茶茶艺中来体现是极为恰当的。龙井茶直杯沏茶法中，围绕“淡雅”的核心要求，非特殊原因，不点香，不插香味重的花，素手净面，茶艺的其他要素如风格、色彩、茶点等也需和谐一致。在茶艺“归位、规范、恭敬”的动作要求中，认真体

会“茶之心、人之情”的礼仪表达，是对简洁雅致的龙井茶直杯沏茶法的最好诠释。

2.凤凰三点头

在龙井茶直杯沏茶法中，核心的技术训练是“凤凰三点头”。这一基本技术是每位习茶者首先要掌握的，“凤凰三点头”综合了气息的吐纳、茶具的把握、水流的控制、身形的端正等茶艺基本要求，因此，经常作为判断茶艺师基本素质的重要依据。

“凤凰三点头”是高冲水用语。茶叶浸润后，将提梁壶（或执壶）里的水，有节奏地三起三落，注入茶杯，从而完成沏茶过程的技术。其动作要领为：

（1）以提梁壶为例，握壶的手法有：直握法，手心向下，食指点梁；立握法，虎口向上，大拇指节有力；提握法，梁置于掌心，手掌向上。建议女性用直握法，男性用立握法。

（2）提起壶后，壶的中轴线与肩膀齐平。

（3）手腕与手肘相互配合，完成三上三落，头与肩膀始终端正、平稳、自然。

（4）冲点过程中，水注不可间歇，不可落在杯外，收断水干脆利落，无滴沥。

（5）一般要求水注高度在七寸以上，所谓“七寸注水不泛花”。

（6）注水完成后，杯中水的高度在七八成。若干杯同时冲点时，水的高度须相等。

（7）注水过程中注意控制气息。气蕴胸腔，冲点前深深换一口气，呼吸吐纳随冲点起落，直至冲点结束后缓缓放松。

“凤凰三点头”在直杯沏茶法中有多重意义：一是宜水温，高冲水，降低了开水的温度，能满足龙井茶适宜的水温条件。二是宜浸润，三上三落，使入杯的水注冲力发生变化，有利于茶叶的翻腾浸润。三是宜礼仪，三叩首是民俗礼节。四是宜艺美，动作美观大气，富有韵律美，变化的水声还能引发人们美的联想。

（三）基本程序

（1）备具：汤瓶，水盂，茶盘内分置茶储、茶荷、茶匙组、玻璃杯、茶巾。

（2）出具：以右手在前的出场线路为例。双手端茶盘组合，左手手掌托住茶盘，右手扶茶盘边侧，茶盘底位在胸前位置。90° 转身，正对茶桌中心，距离茶桌边沿1~2拳位置，举高茶盘不超过眉头以示敬意，稍顿，缓缓放下，茶盘前边的1/3至茶桌上稳定后，两手轻轻推进，茶盘边沿与桌沿之间留一块茶巾的位置。返回取汤瓶和水盂，右手持汤瓶，汤瓶位置在腹前，左手取水盂，水盂位置在身侧，左手垂直而下。同上走到桌前，汤瓶前推以作示意，水盂直接放下。

（3）列具：茶储、茶荷、茶匙组一一移出茶盘，列上位；玻璃杯成列置茶盘内，汤瓶与茶盘齐，皆居中位；茶巾、水盂列下位。居于上位的茶具根据器形从高到低列出，一般顺序是先茶匙组、再茶储、后茶荷，茶荷居两者之间。列具完成后，行中礼，表示准备工作完成，开始沏泡。

（4）赏茶：右手取茶储，左手接，右手将盖取下放在汤瓶正后方，左手端持茶储于胸前。右手在匙组中取出茶匙，立于茶储正前，稍顿并端视，表示景仰。茶匙侧拿转化为取茶势，同时左手茶储与茶匙呈水平倾斜，拨茶入茶荷，拨入量等于或大于用茶量。茶叶拨完后，以先茶匙后茶储的顺序，各回其位。右手取茶荷，左手托，赏茶后归于原位。

（5）温杯：提起汤瓶，用回旋法注入玻璃杯1/3的水量，从左向右、从高向低注完全部用杯。右手五指握杯身，离杯口1/3以下，左手食指和拇指持杯身下沿，其余手指托杯底，倾斜杯身，使水在杯口以下回转一圈半，随后将水倾倒入水盂，女性用双手，男性用单手。从左向右、从高向低逐一取杯、温杯。

（6）置茶：同赏茶动作，用茶匙从茶荷拨茶入玻璃杯，注意控制投茶量。如遇茶梗、黄叶等则留于茶荷，茶叶量有余也留在茶荷里，完成后右手接过茶荷放于汤瓶正后方。

（7）浸润：提起汤瓶，用回旋法依次在玻璃杯中注入1/4的水量，注水

完成后汤瓶归于原位。逐一取杯，水平轻摇，此时也可闻浸润香。

（8）高冲：提起汤瓶，用“凤凰三点头”的手法依次冲点，注水至七八分满，各玻璃杯水量一致。汤瓶归于原位，行礼。

（9）奉茶：若茶杯之间距离较远，重心面积大，可将茶杯稍稍收拢。将茶巾置入茶盘底边，两手从边侧握住茶盘轻轻向后移，至1/3茶盘边沿在茶桌外，左手托住，继续移出至左手能完全托起，右手扶茶盘，走向品茗者。先行鞠躬礼，前行半步，右手按从右而左、从下而上的顺序端起茶杯，端放于品茗者面前，再后退半步，行手势礼：“请品茶！”一般来说，端茶不行礼，行礼不端茶，按步骤依次完成。若品茶者在茶桌前，可直接在茶盘上取杯奉茶。

（10）品茶：奉完所有的茶后，各位茶友之间相互示意，开始品茶，按一看、二闻、三品步骤，品尝第一口茶汤后，露出满意而欣赏的神情向茶艺师行礼示意，茶艺师回礼。

（11）续水：一般在茶水1/3杯时需续水，注水用凤凰小点头手法，以此示礼。

（12）收具：先收茶桌上的茶具。按器形从低到高的次序，收茶荷、茶储、茶匙组放于茶盘左前，收汤瓶放于茶盘右端，用茶巾拭擦茶桌有痕迹处，右手持茶巾与左手捧起水盂，放在茶盘左下方。按照奉茶取茶盘的方法移出茶盘，撤场。若水盂过大而无法放入茶盘时，可分两次撤场，先撤下茶盘，再返回取回水盂与茶巾。依据具体情况，在茶艺结束后，用茶盘收回品茶者的茶杯。茶艺结束，向茶友行礼，表示感谢。

（四）欣赏要领

茶艺是由茶艺师和品茶者共同完成的艺术。因为玻璃杯作为主泡器有着透明、全角度展示的特征，当龙井茶以及其他类茶品使用这一沏茶法时，能带给人较高品质的欣赏空间，其欣赏主要由三个部分组成：

（1）欣赏干茶。观看茶叶形态，或条、或扁、或螺、或针，欣赏其制作工艺；端详茶叶色泽，或碧绿、或黄绿、或多毫；细嗅茶中香气，或奶油香、或板栗香、或锅炒香，领略茶地域性的天然风韵。

（2）欣赏茶舞。玻璃杯沏泡绿茶，可以观察茶在汤中缓慢舒展、摇曳、变化过程。在高冲水后，茶叶有的徐徐下沉、有的直线下沉、有的辗转徘徊；干茶吸收水分后，逐渐展开芽叶，显出芽叶本色，芽似枪剑叶如旗；水汽夹着茶香缕缕上升，如云蒸霞蔚，趁热轻嗅，有心旷神怡之感；观察茶汤颜色，或黄绿碧清、或乳白微绿、或淡绿微黄，隔杯对着阳光欣赏，还可看到汤中有细细茸毫沉浮游动，微亮透光。

（3）欣赏茶汤。待茶汤凉至适口，小口啜饮茶汤，并让茶汤与舌头味蕾充分接触，缓慢吞咽，舌鼻并用，细细领略茶的风韵，嫩茶嫩香，沁人心脾，此谓一回茶，着重品尝茶的头开鲜味与茶香。饮至杯中茶汤尚余三分之一水量时，再续水，谓之二回茶，此时茶汤正浓，饮后齿颊留香，喉间回甘，余韵无穷。饮至三回，茶味虽淡，回味仍绵长不已。

三、碧螺春直杯沏茶法

碧螺春茶是我国的名茶珍品，产于江苏吴县太湖洞庭山，又称洞庭碧螺春，它以“形美、色艳、香浓、味醇”四绝闻名中外。

（一）碧螺春茶的品质特征

碧螺春的品质特点是：条索纤细，卷曲成螺，满身披毫，银白隐翠，香气浓郁，滋味鲜醇甘厚，汤色碧绿清澈，叶底嫩绿明亮，有“一嫩（芽叶）三鲜（色、香、味）”之称。当地茶农对碧螺春的描述为：“铜丝条，螺旋形，浑身毛，花香果味，鲜爽生津。”碧螺春产区是我国著名的茶、果间作区，茶树、果树枝桠相连，根脉相通，水土保持良好，生态环境优越，为碧螺春花香果味的形成奠定了基础。

碧螺春采摘有三大特点：一是摘得早，二是采得嫩，三是拣得净。通常一芽一叶初展即采，芽长1.6~2.0厘米，炒制500克高级碧螺春大约需要7万颗芽头，由于其芽叶细嫩，氨基酸和茶多酚的含量极为丰富。碧螺春炒制的主要工序为：杀青、揉捻、搓团显毫、烘干，连续操作，起锅即成。

（二）基本程序

碧螺春茶艺与龙井茶茶艺程序基本一致，但碧螺春要求水温更低，在70~80℃，茶艺中常用上投法沏泡。

上投法沏泡碧螺春，程序与龙井茶茶艺相同，要注意的是在温杯后，汤瓶先注水至玻璃杯七分满，再从茶荷中取碧螺春茶适量拨入玻璃杯中。

碧螺春极富观赏性。碧螺春茶投入杯中后，飘摇落底，产生“白云翻滚，雪花飞舞”的景象，清香袭人。茶在杯中，观其形，可欣赏到“雪浪喷珠”“春染杯底”“绿满晶宫”的三种奇观。品其味，一饮色淡、幽香、鲜雅；二饮翠绿、芬芳、味醇；三饮碧清、香郁、回甘，其贵如珍，不可多得。

四、花草茶直杯沏茶法

花草茶（Herb Tea）是指将植物之根、茎、叶、花或皮等部分加以煎煮或沏泡，并产生芳香味道的草本饮料。生活中的花草产品可谓琳琅满目，基本分为单品花草茶和复方花草茶，顾名思义，前者是用一种植物来沏泡，后者则是由多种植物构成的产品。

（一）花草茶的品饮功能

饮用花草茶主要是为了满足消费者的两大功能需求：

其一是花草茶的功效，花草茶作为天然饮品，含有丰富维生素，而且不含咖啡因与人造色素。除解渴之外，不同的花草茶还具有不同的功效如美容、舒缓压力、镇静神经等。针对花草茶的功效研究最早来源于明朝李时珍的《本草纲目》，其内容以药草为主，包含了1 898种药物。现代营养学家也认为，常喝花草茶，可调节神经，促进新陈代谢，提高机体免疫力，其中有些花草可有效地淡化脸上的斑点，抑制脸上的暗疮，延缓皮肤衰老。在花草茶中，果茶因含有丰富的维生素而口感清新怡神，老少皆宜，对于增强活力、抵抗力和预防疾病具有一定作用。根据不同配比，花草茶还可以同时兼顾提神醒脑、美体瘦身、保健养生等多种功效，这也是复方花草茶的优势。复合花草的配伍也不能过于复杂，其配料控制在3~4种为最佳，选用常作为饮用的植物较为稳妥，最好在中医师的指导下进行，尤其是身有疾患的品饮者要多关注花草茶的成分，更为慎重地选择花草茶。

第二个功效是花草茶亲近自然，有着纯朴气息的文化寄寓。曹丕在《与钟繇九日送菊书》云“辅体延年，莫斯（指菊）之贵。谨奉一束，以助彭祖之术”，服食菊花是六朝风气；唐代诗人白居易也曾赞誉菊花茶“耐寒惟有东篱菊，金粟初开晓更清”“酒能祛百虑，菊解制颓龄”。菊花作为中国文人隐逸高洁的象征，在诗篇之中往往寓意高远，故以菊花入茶不仅有强身的功效，还喻义饮用之人志趣高洁、操守清廉。茉莉花向来被称为“人间第一香”，在中国的花草茶中，茉莉花茶素有“可闻春天的气味”的美誉，宋代诗人许景迂曾写《茉莉花》：“自是天上冰雪种，占尽人间富贵香。不烦鼻观偷馥郁，解使心俱清凉。”叶廷圭亦作诗句“露华选出通身白，沉水熏成换骨香”“虽无艳态惊群目，幸有清香压九秋”，赞誉茉莉花茶馥郁芬芳的香味。在文化的浸染之下，大众对花草的接受度有增无减。同时，花草茶颜色鲜亮、造型丰富，用玫瑰、桂花、菊花、薰衣草、金银花等花草来泡茶，既能调配出自己心仪的口味，还能看着色彩缤纷的花朵在水中沉沉浮浮，别有一番情趣。花草茶美丽的姿态也是受到许多时尚人士喜爱的因素之一。

（二）花草茶的沏泡程序

花草茶的沏泡方法与龙井茶相似，在200毫升的玻璃杯中置一茶匙（约3克）花草茶，注入90~100 ℃的热水，两至三分钟后即可饮用。也可根据口味的不同加入适量蜜糖或冰糖等。花草茶的汤色多轻透淡雅，盛在透明的玻璃杯中显得更为澄亮，花草舒展，水汽氤氲，热香袅袅，格外引人遐思。

冲泡花草茶选用的主泡器要突显其浮潜伸舒、鲜活如生的视觉享受，因此常选用玻璃杯，其中大口径短壁杯及西式高脚杯尤佳，可以给花草提供充分舒展的空间，表现出花草茶浪漫、时尚、热情的趣味。

花草茶茶艺的主要风格特征是浪漫、美丽。因此，冲泡某一款花草茶时，茶艺师首先要了解该茶的材料特征，如植物的色彩，根、茎、叶、果、花的形状及叶底表现，植物开汤的滋味等，从色、香、味、形综合考虑后来选择主泡器、品饮器及其他器具，进一步发挥花草茶的优势。玻璃杯透明纯净、造型丰富、风格多样，是作为花草茶茶艺主泡器的首选，依据同样的特征分析，适合作为花草茶主泡器的还有玻璃壶、玻璃盖碗及白瓷广口壶。

其他茶类如白茶、黄茶等，也有用直杯沏茶法来冲泡的。如白茶中的白毫银针就十分适宜用玻璃杯沏茶法沏泡，选用70℃水温的水，注水后的茶芽起初浮于水面，在汤水的浸润下，茶芽逐渐舒展开，吸收了水分后徐徐沉入杯底，此时茶芽条条挺立，娇绿可爱，摇曳生姿，玻璃杯沏茶法可以说是欣赏得最为真切，十分钟后，开始慢慢品饮茶汤。

古语“食不正则不食”，茶也如此，色美、形美的茶品均可采用玻璃杯沏茶法茶艺，但形、色欠佳的茶品则不适宜选用玻璃杯沏泡；有的干茶形美而叶底欠美，同样不适宜玻璃杯沏茶法。可以用玻璃杯沏茶法冲泡的茶品一般都娇嫩、幽香，为了真切地欣赏到它们的自然神韵，周边要杜绝其他香郁的花品、香品、饰品等，才能不妨碍茶品展示和发挥自然品质。

以杯为主泡器，其材料除玻璃杯之外，使用较广泛的还有瓷杯。由于玻璃杯不保温，以及全程透明致使茶品的选用要求极高，所以在玻璃杯的选择之外，茶艺师们还爱好使用大口径短壁的精致瓷杯，它在一定程度上弥补了用玻璃杯沏茶的一些不足。瓷杯保温性比玻璃杯强，使一些茶叶的鲜爽滋味和嫩香持久性得到增强；杯内侧纯白、广口壁短、瓷品的精致等特性满足了一些茶品的欣赏要求；欣赏角度从玻璃杯的全方位转换成由上而下的视角，更易满足饮茶者个人的欣赏，使茶艺有了另一番情趣。用瓷杯沏泡毛峰茶、条形茶、花草茶等，都是不错的尝试。

第二节 撮泡法、轻酾茶法：“盖碗”主泡器

盖碗是一种上有盖、下有托、中有碗的茶具，又称“三才碗”，盖为

天、托为地、碗为人，暗含天地人和之意。饮茶历来离不开对器皿的要求，唐代碗形的饮茶专用盏逐渐普及，随之又发明了盏托；至宋代，盏托使用已相当普及，多为漆制品；明代后又在盏上加盖，才形成了一盏、一盖、一碟式的三合一茶盏——盖碗。盖碗的杯托，相传为唐四川节度使崔宁之女所造。传说唐代宗宝应年间，成都府尹崔宁爱好饮茶，他的女儿也有同好，且极为聪颖。由于茶汤煎煮完即倒入茶盏，端起来喝茶时易烫手，品饮时极为不便，崔小姐想出一个办法：用一小碟垫托在盏下，喝茶时端小碟即可。但新的问题又来了，每当盏托凑近嘴边时，杯子会滑动甚至倾倒。崔小姐又想一法，把蜡烤软，在碟中做成一个茶盏底大小的略高圆环，用以固定茶盏。这样饮茶时，茶盏既不烫手，也不会倾倒。后来漆工把这个圆环做成了漆制品，与小碟成为一体，称为“盏托”。这种一盏一托式的茶盏，既实用，又增添了装饰效果，给人以庄重之感，遂世代流传至今。

盖碗自明清以来流行于世，其碗身呈喇叭口，浅底、圈足；盖径一般小于碗口径，扣于碗口，也有少数盖径大于碗口，俗称“天盖地”式。胎质多为瓷胎和紫砂陶胎，常见有青花、粉彩、珐琅彩及其他单色釉等品种。盖碗也有玻璃、竹木、石玉、金属等材料制成的，现代名优茶追求外形美观，使玻璃材质的盖碗在当下流行起来。盖碗具有天地人和的寓意，表现出中国传统的宇宙观，因而得到了饮茶人的喜爱。鲁迅先生在《喝茶》一文中曾这样写道：“喝好茶，是要用盖碗的。于是用盖碗。果然，泡了之后，色清而味甘，微香而小苦，确是好茶叶。”旧时茶馆老板招待贵客、清雅的客人，为表尊重，也往往选择用盖碗沏茶。

一、主泡器特征及适用

盖碗在现代茶艺中主要有三种用途：一是盖碗同时作主泡器和品饮器；二是盖碗只用作主泡器，类似于小壶分茶；三是盖碗只用作品饮器，沿袭其古时的茶盏用途。本节主要讲述盖碗前两种用途。第一种盖碗沏茶法，称之为撮泡法；第二种盖碗沏茶法，称之为轻酾茶法，日常也称干泡法。

（一）盖碗作主泡器的特征

以盖碗作主泡器，其“三位一体”的结构有五大功能优势：一是盖碗杯身上大下小，注水方便，添水时茶叶翻滚，易于沏出茶汁，茶叶也易沉于底。二是盖碗杯盖隆起，盖沿小于杯口，不易滑跌；杯盖可用来遮挡浮茶，饮茶时不必完全揭盖，只需半张半合，茶叶既不入口，茶汤又可徐徐沁出，不使浮叶沾唇，避免了壶堵杯吐之烦；杯盖还增强了盖碗的保温性，有利于凝聚茶香，发挥茶性。三是盖碗有杯托不会烫手，只需端着杯托就可稳定重心；杯托有凹心，如若注水过多或偶有倾斜，凹心可将溢水收容，可避免溢水打湿衣服。因而在客来敬茶的礼仪上，以盖碗茶奉客更有敬意。四是盖碗使用瓷质、玻璃材料等。烧制温度高，致密性强，不串味，不吸味，使用、清洗、保养都十分方便。五是盖碗的杯盖有调节茶汤浓度的作用，若要茶汤浓些，可用杯盖在水面刮动，整碗茶水便上下翻转，轻刮则淡，重刮则浓，使茶汤滋味更为符合自己的口味，也是一种常用的方法。

（二）盖碗主泡器适宜的茶

根据以上特征，用盖碗作主泡器时，在茶叶选择上就有了一定方向。

（1）适宜高香茶。盖碗杯盖有凝聚茶香的作用，因此，盖碗用来沏泡花茶是极为适宜的。

（2）适宜中嫩绿茶。细嫩绿茶要求水温较低，故适宜用玻璃杯沏泡，而中嫩绿茶要求的水温比细嫩绿茶要高，所以用瓷质盖碗沏泡能在一定程度上保持水温，更有利于茶性发挥。

（3）适宜单芽茶。单芽茶加工制作的主要目的更侧重于赏形，沏泡温度过高会破坏芽茶的叶绿素，但芽茶不经揉捻，温度太低又使芽茶内含物质难以沏出，因此沏泡时要保持更长时间的温度，而盖碗符合这样的需要。用玻璃质盖碗还可以满足单芽茶的赏形要求，其杯身短，使针形茶在杯中的姿态更丰满、茂密。

（4）适宜味、香兼备的茶。这一类的茶需要让盖碗发挥小壶功能，相较盖碗与紫砂小壶做主泡器的不同：前者沏茶如镜子，茶叶的香气滋味毫无保留地完整呈现；后者如调音台，滤去一些香气滋味，使口味更趋完美。有些饮者更欣赏茶叶原本的风格品味，因此以盖碗作主泡器的小壶沏茶法也很受欢迎，尤其是用来沏泡乌龙茶。但盖碗（瓷质）传热比紫砂壶快，也没有“把”的利用，使用难度比紫砂壶大些。

（5）适宜仪式化的茶礼。从直筒杯到盖碗，因为增加了盖和托，使主泡器的角色呈现显得更为稳重一些，又不像壶的个性显著而难以驾驭。所以，盖碗沏茶法常用于具有一定仪式感的民俗茶生活部分，传达既隆重又普适的情感寄托。

盖碗主泡器介于杯和壶之间，兼用性更强，在茶艺表达上也有自己的独特之处。龙井茶沏泡可以选用玻璃杯主泡器，也可以选择盖碗主泡器，两者审美与感受是不一样的：龙井茶沏于盖碗（瓷质）中，杯如玉，茶如翡翠，白与绿相得益彰，更显幽雅；而玻璃杯的无色，会使茶汤被周围的散光和其他深色物体干扰，竟不如盖碗的品茶效果。盖碗杯自成小世界，杯底到杯沿的圆弧曲线将光线收拢，聚焦到杯底，可以让欣赏者集中注意力赏茶。而欣赏直杯沏茶法茶艺的难度较高，它要求茶人有较高的素养，有着“无味之味、乃至味也”的思想境界；而盖碗更易让人感到精致灵秀，用盖碗为主泡器的茶艺亦会带上了如此的意味。

二、花茶盖碗沏茶法：撮泡法

花茶是由茶叶和香花拼和窨制后，茶叶吸收花香而制成的香茶，亦称“熏花茶”。窨制花茶的茶坯一般选用绿茶中的烘青，也有少量的炒青和部分细嫩绿茶，红茶和乌龙茶也有窨制花茶的，但数量不多。花茶的名称有按香花取的，如茉莉花茶、桂花茶、玫瑰花茶；有把花名和茶名联在一起称呼的，如茉莉烘青、珠兰大方、玫瑰红茶、茉莉水仙等。花茶种类繁多，各具特色，但总品质均要求香气鲜灵浓郁，滋味浓醇鲜爽，汤色明亮。

（一）花茶的品质特征

花茶融茶味之美、鲜花之香于一体，茶味为茶汤之本，花香为茶汤之魂。茶味与花香的巧妙融合，可以构成茶汤适口、香气芬芳的独特韵味，两者相得益彰。品饮花茶，先看茶坯质地，好茶才有适口的茶味，再窨入一定花量，佐以精湛的加工技术，才能有馥郁的香气。花茶的香气如何，主要看以下三个方面：一是香气的鲜灵度：即香气的新鲜灵活程度，与陈闷不爽相对立；二是香气的浓度：即香气的浓厚深浅程度，与淡薄浮浅相对立，一般三次窨花后，茶叶才能较为充分地吸收花香，产生浓厚耐久的香气；三是香气的纯度：即香气纯正不杂、与茶味融合协调的程度，与杂味、怪气、香气闷浊相对立。

一般来说，花茶干茶中是没有香花花干的，有时为“锦上添花”会加入窨制的花干，这类人为加入的花干没有香气，因此不能依据花茶中存在的花干多少来判断花茶的香气和质量高低。后加入的花干色泽白净、明亮，为质优的表现，黄褐深暗则表示花干质差。

（二）基本程序与规则

选择沏泡花茶的主泡器时，主要考虑其是否能凝香聚香，不致无效散失。有些花茶茶坯非常细嫩，其本身便具有欣赏价值，因而对主泡器还有显示茶坯特质美的要求。所以，花茶沏泡一般选用瓷质盖碗，特高级名花茶要用玻璃盖碗沏泡。接下来，我们介绍瓷质或玻璃盖碗沏泡高档花茶的程序与规则，主要有12个步骤：

（1）备具：原玻璃杯位置放置盖碗，盖碗杯盖反置于杯口，其余步骤同龙井茶玻璃杯沏茶法。

（2）出具：同龙井茶直杯沏茶法。

（3）列具：在整理茶盘内盖碗时，要遵循“五则”的基本原则。比如，要仔细考虑盖碗杯盖可能搁置的位置，为其留有余地，并符合审美要求。其余同龙井茶玻璃杯沏茶法。

（4）赏茶：若是所冲泡的茶品为高档细嫩茶或茶坯，具有赏干茶的价值，则应有此程序；若干茶的审美特征不明显，也可省略。

（5）温杯：提起汤瓶，用回旋法沿杯盖注水两圈，从左向右注完各盖碗后，汤瓶归于原位，从茶匙组中取出茶针，放正位后用茶针压盖碗翻盖，左手拇指、中指、食指提盖钮，逐一翻正杯盖。茶针用毕，以茶巾拭擦茶针湿处，茶巾位置应双层一侧朝茶艺师，擦拭茶针时略掀起叠层即可。正位后茶针放回茶匙组。右手的拇指、食指、中指拈紧杯托一侧取盖碗，正位，左手虎口张开拇指与食指握住杯身，无名指与中指托住杯托，左手接稳后，右手三指换位拈紧杯盖盖钮，手腕转动两圈半，使水充分温盏。平移至水盂上方，右手杯盖在下略有上仰，左手杯身、托在上，与沏茶师肩膀垂直倾斜，水从杯口流出激拂杯盖流向水盂，犹如水在山涧传响。还原，左手换右手三指拈住杯托放置在原来位置，逐一完成各个盖碗的温杯。

补：若出具时盖碗之盖无反置，则略去翻盖等动作，直接注水入杯，左手握盖碗杯身底慢慢旋转温盏后，弃水。若行此法，后浸润时法同此。

（6）置茶：同龙井茶直杯沏茶法。盖碗的容量比玻璃杯略小，需依据所冲泡茶类的茶水比决定投放的茶量。

（7）浸润：提起汤瓶，用回旋法依次注入盖碗杯1/4的水量，逐一盖上杯盖。用右手三指取杯，左手三指接杯，右手换捏杯盖钮，手腕水平轻摇两圈半，停在正位，此时也可闻浸润香。放回原位，掀开杯盖。逐一完成各盖碗的浸润。

（8）高冲：提起汤瓶，用“凤凰三点头”的手法依次冲点，至盖杯的七八分满，各盖碗水平一致。也可用“高山流水”法冲点，即提起汤瓶拉高至离杯口七寸左右，注水至盖杯的七八分满后收水。逐一盖上杯盖，以防香气散失。

（9）奉茶：同龙井茶玻璃杯沏茶法。

（10）品茶：奉完所有的茶后，各位茶友之间相互示意，开始品茶。盖碗花茶是先闻后看再品：一手拈托，一手揭开杯盖一侧，闻汤中氤氲上升的香气，充分感受香气，此称为“鼻品”；半开立起杯盖，观察茶叶、花干在汤中上下飘舞、沉浮、徐徐展开，渗出茶汁汤色的过程，此称为“目品”；右手拿杯盖轻轻拨开杯中浮面茶叶、花干，不使饮入口，小口啜品茶汤。茶汤在口中稍事停留，以口吸气、鼻呼气相配合的动作，使其在舌面上往返流动一两次，充分与味蕾接触，品尝茶味和汤中香气后再咽下，如是一两次，综合欣赏花茶特有的茶味、香韵，此称为“口品”。民间亦有

"一口为喝，三口为品"之说，细细品啜，才能尝尽花茶真味。

（11）续水：在茶水1/3杯时需续水。

（12）收具：同龙井茶玻璃杯沏茶法。

三、铁观音茶盖碗沏茶法：轻酾茶法

铁观音茶，属于半发酵乌龙茶类，产于福建省泉州市安溪县，是目前我国乌龙茶闽南、闽北、广东、台湾四大重要产区之一的典型代表。其发明于1725—1735年，历史悠久，产量多，品质好，闻名海内外。铁观音独具"观音韵"，其品质特征为：茶条卷曲，肥壮圆结，沉重匀整，色泽砂绿，整体形状似"蜻蜓头、螺旋体、青蛙腿"。冲泡后汤色金黄浓艳，有馥郁的天然兰花香，滋味醇厚甘鲜，回甘悠长。其茶香尤高且持久，素以"七泡有余香"著称。

铁观音茶选料为成熟新梢的2~3叶，俗称"开面采"，即叶片已全部展开，形成驻芽时采摘。鲜叶力求新鲜完整，进行凉青、晒青和摇青（做青）等工序直至自然花香释放，香气浓郁时进行炒青、揉捻和包揉，使茶叶蜷缩成颗粒后用文火焙干。制成毛茶后，再经筛分、风选、拣剔、匀堆、包装制成商品茶。

（一）铁观音茶与盖碗的特征

铁观音茶基本可分为两大类型。闽南传统型铁观音茶，其品质特征是：外形紧结重实，色泽乌褐油润，香气较清高，滋味醇厚甘甜，汤色金黄清澈，叶底金黄明亮。随着消费者对清香型乌龙茶的偏好，铁观音茶的加工结合了台式乌龙茶制法，形成了清香型铁观音，它的品质特征是：外形圆结重实，色泽翠绿油润，香气清高持久，汤色淡黄清澈，滋味清醇鲜爽，叶底淡黄软亮。目前市场上铁观音以清香型为主，由于发酵程度比传统铁观音要低，滋味和汤色方面更强调清香、清醇和清澈。

盖碗作为主泡器发挥"壶"的作用，在铁观音茶艺中被广泛使用，其优点有：可直接观察茶汤，易于掌握浓度；可以直接观察泡开后的叶底；

出水快、去渣清洗等较壶更为便捷。盖碗冲泡乌龙茶便于观色闻香，所以茶艺师大多偏爱盖碗壶泡法。盖碗作主泡器，搭配盅、杯成为另一形式的茶器组合。

（二）基本程序与规则

盖碗为瓷器，不吸味，不添味，其呈现的茶汤滋味、香气更真实，由此得到不少茶人的偏爱。盖碗初用时较难掌握，冲点时温度高易烫手，碗中茶汤倒之不尽会使茶汤显老。因此茶艺师首先要熟练运用盖碗，在此基础上再进行盖碗壶沏法的学习与练习。铁观音茶艺的基本程序如下：

（1）烫杯——白鹤沐浴。首先是候汤，水温以“一沸水”（即刚滚开水）为宜。水烧开时，把盖碗、茶杯烫淋一遍，满足卫生和提高茶具温度的要求。乌龙茶沏茶水温以95~100℃为宜。

（2）投茶——乌龙入宫。先赏干茶，随后把乌龙茶投入盖碗。用茶量视盖碗容量决定，乌龙茶的茶水比为1 ∶ 30，即盖碗容量为150毫升时，投茶量为5克左右。同时也需要依据饮茶者的口味而灵活变通，适当调整投茶量。

（3）冲茶——悬壶高冲。提起汤瓶，自高处沿盖碗壁冲入，令碗中茶叶充分旋转，促使茶叶露香。

（4）刮沫——春风拂面。用杯盖轻轻刮去浮在杯面的泡沫，使茶汤洁净。传统习惯中有洗茶程序，但清香型乌龙茶的干茶相对松散，也可不洗茶，感受头道茶的清香鲜爽。

（5）出汤——玉液回公。加盖后浸泡1~2分钟，杯盖略侧留出出汤口，用拇、中两指紧夹盖碗两侧，食指压住碗盖，把盖碗中的茶汤倒进公道杯中，使茶汤浓淡均匀。乌龙茶浸泡时间掌握极为关键，时间过短，色香味难以浸出；时间过长，会产生苦涩味。而决定浸泡时间的因素较多，茶叶老嫩、紧松、含水量以及气温等都会有所影响，需要习茶者多加练习才能掌握自如。第一道浸泡时间最短，之后几道茶需慢慢增加浸泡的时间，若沏泡时控制浸泡时间得当，冲泡7道仍可以使第7道茶汤浓度与第1道基本保持一致。

（6）点茶——普洒甘露。将公道杯中的茶汤均匀斟入并列的小茶杯。

斟茶时应低行，以免散香失味。奉茶，供嘉宾品鉴。

（7）品茶——品啜音韵。茶水斟入杯后，应趁热细吸，以免影响色香味。啜饮前可观赏茶汤的色泽并闻杯盖上的留香，后品其味，边啜边赏，饮量虽少但能齿颊留香，喉底回甘，神清气爽，心旷神怡。

第二道茶的浸泡时间需比第一道茶略长。若客人有变换，或饮杯是交叉使用的，则须用开水烫杯。接下去冲第三道、第四道，沏茶品饮程序基本一致，浸泡的时间逐道加长。一般三道后香气特征会逐渐减弱，但优质铁观音，冲泡七八遍仍有余香。

据翁辉东《潮州茶经·工夫茶》及陈香白《工夫茶与潮州朱泥壶》中叙述："盖瓯，形如仰钟，上有瓯盖，下有茶垫。盖瓯本为宦家供客自斟之器，因有出水快、去渣易之优点，潮人也乐意采用，尤其是遇到客多稍忙的场合，往往用它代茶壶。但因盖瓯口阔，不能留香，故属权宜用之，不视为常规。即便如此，其纳茶之法，仍与壶同，不能马虎从事。"由此可见，盖碗的普适性较强，也适合其他品类乌龙茶的沏泡，如潮州工夫茶等。同样，铁观音也可用紫砂壶等主泡器沏泡。

四、盖碗沏茶法的普遍性

盖碗不似小壶般注重保养，需配置一系列茶具，喝一口茶，极费"工夫"；也不似直筒杯过于简单，一览无余，作为待客之礼略显单薄，故介于两者之间的盖碗更为受到青睐。盖碗在生活中适用面较广，可充当主泡器，也可兼用品饮杯，在具有仪式感的民俗茶艺中也被广泛使用。

盖碗可以适应多种茶品的沏泡：瓷质盖碗可兼用主泡器和品饮器，常用来沏泡花茶、红茶及中嫩绿茶；注重外形的单芽茶宜用玻璃材质的盖碗，发挥其观赏的功能来实现茶艺过程；盖碗可兼具小壶沏茶法的功能，适宜沏泡乌龙茶、红茶、普洱等需要汤叶分离品饮的茶类，对茶品个性不加任何掩饰。且其密度高，不易吸味串味，更换茶品时以沸水冲洗仍可继续使用，不用担心残留有上一道茶的香气滋味，具有更高的实用性而受到茶人偏爱。

（一）单芽茶的玻璃盖碗沏茶法

单芽茶或针形茶选料较嫩，一般采初萌壮芽或一芽一叶初展。其揉捻程度不如带叶茶，故沏泡时芽叶与水接触面小，浸润较慢，赏茶与饮茶的最佳时间较难分割。选用玻璃盖碗沏泡单芽茶，其茶性发挥会优于玻璃杯沏泡法：一是盖碗主泡器加盖有保温作用，有利于单芽茶浸润；二则盖碗杯身相对较短，茶汤温度均匀，叶底不易倒伏；三则玻璃盖碗透视性好，能全面欣赏单芽茶独特姿态，从汤面下沉的叶底与杯底直立的叶底极易相连，便会有如森林般葱郁又缠绵袅娜的场景，观赏性更强。

单芽茶玻璃盖碗沏茶法的程序与花茶盖碗沏茶法基本相同，其中要注意的一点是：盖碗杯盖在品茶开始后要适时打开，以免茶汤出现焖熟味。玻璃盖碗沏茶法更强调欣赏茶的形、色，因而茶艺师在冲泡时需有空灵内秀的气韵。

（二）成都盖碗茶

盖碗茶是成都市的“正宗川味”特产。清晨早起清肺润喉一碗茶，酒后饭余除腻消食一碗茶，劳心劳力解乏提神一碗茶，亲朋好友聚会聊天一碗茶，邻里纠纷消释前嫌一碗茶，已经是成都人不可或缺的生活习惯。

成都的盖碗茶，从茶具配置到服务格调都极为讲究。沏茶器皿需铜茶壶、锡杯托、景德镇瓷碗配成一套，其泡成的茶色香味形兼具，饮后口角噙香，而且还可观赏到一招冲泡绝技。但凡是在成都的盖碗茶茶馆中，堂倌边唱喏边流星般转走，右手握长嘴铜茶壶，左手卡住锡托垫和白瓷碗，左手一扬，“哗”的一声，一串茶垫脱手飞出，茶垫刚停稳，“咔咔咔”，碗碗放入茶垫，再捡起茶壶，蜻蜓点水般注满一圈茶碗，碗碗鲜水掺得冒尖，却无半点溅出碗外。这种冲泡盖碗茶的绝招，往往使人叹为观止，成为一种美的艺术享受。

（三）宁夏八宝盖碗茶

在宁夏回族群众中，八宝盖碗茶是男女老幼普遍饮用的。盖碗，又称

“三泡台”。炎炎夏日之时喝一碗盖碗茶，比吃西瓜还要解渴。待到了冬天，回族群众早晨起来，围坐于火炉旁，烤上几片馍馍或吃点馓子，也总是少不了“刮”几盅盖碗茶。回族人把饮茶作为最佳的待客之礼，在走亲访友、订婚时还喜欢送茶礼。

回族的盖碗茶属调饮茶，以茶叶作茶基，另加配料。茶叶种类需根据不同的季节选用，夏天以茉莉花为主，冬天以陕青茶为主，也有用“碧螺春”“毛峰”“毛尖”“龙井”等茶作茶基的。再选配不同的配料，如清热泻火可用冰糖窝窝茶，胃寒可用红糖砖茶，消食可用白糖清茶等。通常饮用的有“八宝茶”，即除茶外，还放白糖、红糖、大枣、核桃仁、桂圆肉、芝麻、葡萄干、枸杞等，起保健之用。还有饮用“三香茶”（茶叶、冰糖、桂圆肉）；“白四品”（陕青茶、白糖、柿饼、大枣）等，品目繁多。回族泡盖碗茶需先用沸水烫碗，然后放入茶叶和各种配料，再冲入开水，加盖后浸泡2~3分钟即可饮用。

第三节　釃茶法、瀹茶法：“壶”主泡器

小壶，有把、有嘴、深腹、敛口，多为圆形，也有方形、椭圆等形制，是一种供泡茶和斟茶用的器皿。小壶是茶具的重要组成部分，有单作主泡器的，也有直接用壶独自酌饮的，可兼用主泡器和品饮器。小壶由壶盖、壶身、壶底、圈足四个部分组成，壶盖有孔、钮、座、盖等细部，壶身有口、延（唇墙）、嘴、流、腹、肩、把（柄、扳）等细部。泡茶时，根据饮茶人数多少来选择茶壶的大小，因此也有称为二人壶、四人壶、六人壶的，即指茶壶大小。制作茶壶的材料很多，有紫砂陶、瓷、金属、玻璃、竹木以及新材料等。

以壶为主泡器的茶艺基本分为两种：一种是瀹茶法，即茶壶开汤分饮。有用小壶，也用茶娘壶，可即时分尽茶汤，也可使叶底浸渍在汤中，随饮随斟。瀹茶法的品饮器通常使用较大的杯子，茶汤浓度须稍淡些。瀹茶法在生活中较为常见，用作茶艺时也有良好表现，如质地硬朗的瓷壶、玻璃壶，常用来沏泡绿茶、红茶等清香、清醇的茶品；银壶优雅、国际化程度

高，常用来沏泡红茶及他国风味的茶品；铜壶耐火，宜煮茶之用，是民俗茶艺中常出现的主角等。

另一种是酾茶法，小壶小杯，是乌龙茶产区极为盛行的沏茶品饮方法，具有“热、急、匀、尽”的特征和手法：“热”是指茶艺全过程中要求保持高温，水沸、器烫、茶酽、香聚、人暖，唯恐凉淡；“急”强调过程节点的精确控制，快而不乱，紧凑而有节奏地完成沏茶过程；“匀”要求斟茶时各个饮杯均匀承茶，由于小壶作主泡器，出汤过程中茶叶内含物质仍在浸出，致使前段较淡、后段较浓，斟茶时通常用来回匀茶的方法来平衡各杯的茶汤浓淡，俗称“关公巡城”，体现茶人平等尊重原则；“尽”即斟茶后不让汤水留在壶中，茶艺师须滴尽壶内最后一滴茶汤，俗称“韩信点兵”，茶叶中的单宁溶解于水会产生涩感，保持涩感适口的方法之一是控制茶叶接触水的时间，而酾茶法“尽”的特征正是沏出好茶的关键要素。酾茶法其与瀹茶法之间最大的区别是“急”，酾茶法非“急”不可，“急”能保持茶汤的品质，沏茶品饮都在一个节奏中完成，而瀹茶法则可急可缓，随饮随斟。

从茶壶主泡器的质地分类看，目前使用较多的是紫砂陶壶，紫砂壶不仅能较好发挥主泡器的功能，还可用以收藏，深得茶人喜爱。以下先重点讲述紫砂小壶沏茶的酾茶法，再介绍红茶、绿茶、普洱茶等较常使用的瀹茶法。

一、主泡器特征及适用

紫砂是陶土的一个种类，主产地为宜兴。紫砂陶土制成的紫砂壶，无论是黄、红、棕、黑、绿以及本色，在其表面皆隐含着若有似无的紫光，显现出质朴高雅之感；紫砂成品即便泥料练得极为细腻，仍有柔和的颗粒感，故称之为“紫砂”。紫砂壶质地坚细，色泽沉静，清明古雅，制品外部不施釉，尽显自然平和之态。

紫砂材质具有独特的双气孔结构，透气性良好，茶水置于紫砂壶内可数日不馊。它还有吐纳的特性，所以茶人要将养壶作为日常之事。

（一）壶的特点和优势

（1）壶的功能设计较为成熟，区分了口盖、流嘴、把体的各项功能。茶壶除了材质外，壶的把、盖、底、形等部位的形制特征也有较大差异。除了壶的造型、色彩、材质外，壶把的设计是最具有典型性的，形制多样：侧把壶，壶把成耳状，在壶嘴对面，是小壶沏茶法茶艺中最为常见和常用的；握把壶，又称横把壶，壶把如握柄，与壶身成直角，握把小壶的使用可以突出茶艺内敛含蓄的风格；无把壶，无握把，壶的颈肩作为手持握的部位；提梁壶，壶把在壶盖上方成虹状，因开盖注水不便，小壶提梁不多见，即使有见提系的，也是中壶为多，主要沏泡红茶、普洱等茶品；飞天壶，壶把在壶身一侧上方、呈彩带飞舞，这类壶艺术特征强烈，对茶席的整体要求较高，反而不常见于茶艺之中。

（2）紫砂壶材质结构特殊，能更好地发挥茶性。紫砂壶透气性良好，壶口和盖严合，可以使茶汤在紫砂壶中保留较长时间而不变味；紫砂壶耐高温，传热性低，不易烫手，适宜于需高温沏泡的茶品；紫砂壶独有的气孔结构，可以使茶味更圆润醇厚等。紫砂壶沏茶既不夺茶真香，又无熟汤气，能较长时间保持茶叶的色、香、味，给乌龙茶及其他酽茶的茶艺提供了条件。

（3）紫砂壶酾茶法在福建、广东、台湾等乌龙茶产区被广泛使用，是当地人饮茶的基本工具和流程，有着深厚的地方基础，茶艺形式较为完备，称之为“工夫茶”。闽南、潮州一带喜爱用朱泥小壶，大红泥材质，胎体细薄，色泽鲜丽娇嫩，造型简朴，雅致脱俗，巧而不纤。制作工艺讲究协调平衡，泡茶时小壶平稳于茶池水平面上，又称水平壶。清中期俞蛟的《梦庵杂著·潮嘉风月记》中曾写道：“工夫茶，烹治之法，本诸陆羽茶经，而器具更为精致。……壶出宜兴者最佳，圆体扁腹，努嘴曲柄，大者可受半升许（约450毫升）。壶、盘与杯，旧而佳者，贵如拱璧，寻常舟中不易得也。”朱泥壶器具精巧，泡茶时壶身色泽会更为鲜红，极富情趣。所谓“嫩茶杯泡，老茶壶泡”，紫砂小壶尤其适合于冲泡茶汤滋味浓醇、茶香馥郁的茶品，易于发挥茶性，由此受到茶人们的喜爱。

（二）小壶的利用

紫砂壶贵于“小、浅、齐、老”，容量为200毫升（4人壶）的小壶使用较多，“三山齐”的小壶有利于茶艺师握壶时把持平衡。在沏茶过程中茶艺师如何握壶也是有讲究的，以侧把壶为例，基本握法是：茶艺师用中指（无名指辅之）和大拇指形成对夹垂直贴握把侧，食指抵住盖钮或盖身，手腕使力控制壶的重心和运壶方向。

茶艺师如果握持小壶不当，会给茶艺过程带来困扰，主要有以下几个常见问题：

（1）手指勾绕壶把。中指勾住壶把后，再利用食指抵住壶盖的活动空间小，食指指肉容易烫伤，手腕也用不上力量。但对于容量大的执壶，一般都使用四指勾绕、拇指夹握的方法，可以更好地平衡水壶。

（2）中指贴近壶体。初学者指力不够，在中指与拇指对夹贴握时希望找到另一个平衡点来分解重力，即壶体。但小壶沏茶法的水温很高，极易将贴近壶体的指肉部分烫伤。

（3）食指摁住壶孔。有些小壶会将出气孔安置在盖钮顶，而初学者在用食指抵住壶盖时，往往选择不甚烫手的盖钮部位，因此也盖住了壶孔，使壶处于一个完全密封的状态，壶内的汤水就倒不出来了。所以在冲泡时，茶艺师切记要避开壶孔的部分。

茶艺师在沏茶前要熟悉壶的结构，如容量要满足饮者均有茶的基本要求，但也不能一味增大壶的容量，有些茶只有用小壶来沏才有好滋味，因此在必要情况下可以备两三把壶，同时沏泡。壶的流嘴决定了出水的速度和形状；流与壶体对接部分是否有网孔；壶盖下沿是否有足够宽度防止运壶过程中盖的掉落等，都是需要茶艺师仔细观察和了解的。茶艺师在沏茶时，需要充分考虑和善于利用小壶的材质、加工工艺的不同特性来选择相宜的茶叶，从而更好地凸显茶品风味，例如茶壶壶音较高的适宜冲泡高香茶，可选择的便有清香型乌龙及红茶、绿茶等；壶音稍低者则宜选择重滋味的茶品，如岩茶、单丛及重发酵重焙火的乌龙茶。

二、酾茶法：乌龙茶

（一）乌龙茶的品质特征

乌龙茶品质特点显著：有绿茶之清香，兼红茶之醇厚。主要有四大产区类型：闽北乌龙、闽南乌龙、广东乌龙和台湾乌龙，不同产区的制法及产品各具特色，其中最大的区别在于发酵率的高低。按传统生产方法区分：闽北乌龙茶发酵率为70%~80%；广东乌龙茶发酵率为50%；台湾乌龙茶发酵率为20%~30%；闽南乌龙制法差异较大，大致为30%~60%。

闽北乌龙的代表是武夷岩茶，福建乌龙茶中的极品。所谓"岩岩有茶，非岩不茶。"岩茶品质独特，风格明显，有"岩骨花香"之美誉。徐赍更是赞武夷岩茶"臻山川精英秀气所钟，品具岩骨花香之胜"。其茶条壮结、匀整，色泽青褐润亮呈"宝光"，叶面呈蛙皮状沙粒白点，俗称"蛤蟆背"；香气馥郁，胜似兰花，"锐则浓长，清则幽远"；茶汤橙红鲜亮，澄澈透亮；滋味浓醇清活，浓饮而不见苦涩；叶底呈三分红七分绿，有"绿叶镶红边"之称；生津回甘，回韵有力持久。武夷岩茶之下的品类繁多，目前以大红袍为首，肉桂、水仙为两大当家花旦，还有四大名丛分别是白鸡冠、铁罗汉、水金龟、半天腰。

闽南乌龙的代表是安溪铁观音，具有独特的"音韵"，有"美如观音重如铁"之称。其茶条卷曲紧结重实，呈青蒂绿腹蜻蜓头状，色泽砂绿鲜润，红点明，叶表带白霜；香气馥郁持久，有"七沏有余香"之誉；汤色金黄，浓艳清澈；茶汤醇厚甘鲜，入口回甘带蜜味；叶底肥厚明亮，具绸面光泽。

广东乌龙的代表是凤凰单丛，是潮州产地的极品乌龙茶，有独特的"山韵"。凤凰水仙按成品品质可依次分为凤凰单丛、凤凰浪菜和凤凰水仙三个品级，凤凰单丛有"形美、色翠、香郁、味甘"之美誉。凤凰单丛茶以香气胜，香型多，差异大，目前黄栀香、蜜兰香、芝兰香三种香型为当家花旦，还另有桂花香、玉兰香、杨梅香等十数种香型，主香突出，花香兼备。凤凰单丛茶条索紧结重实，色泽黄褐呈蟮鱼皮色，油润有光；具有独特之天然花香；汤色黄亮清澈，沿碗壁显金黄色彩圈；有独特的山韵蜜味，口感醇爽，回甘力强；耐冲泡，饮毕闻杯，余香留底。

台湾乌龙茶种类繁多，按加工方式的区别可分为四大类：条形包种茶、半球形包种茶、台湾乌龙和白毫乌龙。条形包种茶以文山包种为代表，发酵程度为10%~20%，外形自然卷曲呈条索状，色泽深绿，具有清新花香。半球形包种茶的代表有冻顶乌龙、高山乌龙等，发酵程度为30%~40%，外形卷曲呈半球形，色泽墨绿油润，汤色黄绿，有花香略带焦糖香，滋味甘醇浓厚。台湾乌龙又称台湾铁观音，制法与福建铁观音相似，发酵度在50%左右，代表茶品有木栅铁观音、石门铁观音、金萱等。白毫乌龙指发酵程度较重的青茶类，达70%左右，干茶外形大都自然弯曲或半球形，东方美人、香槟乌龙等都是代表茶品。其中包种茶是台湾特产，也是台湾的主要茶类，其产量占台湾青茶的80%，自19世纪70年代开始生产一直兴盛不衰。所以，我们一般所称的台湾乌龙茶大都是包种茶。

现当代，在一些非乌龙茶产区也开始研制乌龙茶的加工工艺（如绿改乌）及乌龙茶树的种植，也取得了一些效果，使乌龙茶的产地特征和茶叶加工技术更为多样化和丰富化。

乌龙茶的沏法因地区差异和茶具不尽相同，沏泡方法也有所区别。就地区分类，有台湾工夫茶茶艺、福建工夫茶茶艺和潮州工夫茶茶艺；就紫砂壶为主茶具的沏法来说，有壶盅双杯法、壶盅单杯法和壶杯沏茶法之分。而乌龙茶茶艺称为“工夫茶”也有不同说法，一是乌龙茶的制作工序复杂，制茶时颇费工夫；二是乌龙茶须细啜慢饮，沏泡时颇费工夫；三是乌龙茶冲泡最讲究，要有“真工夫”才能沏出高水平茶汤。从形式上而言，人们有时也把学会沏乌龙茶，算作是基本掌握茶艺。

（二）“烹茶四宝”酾茶法

“烹茶四宝”法流行于闽南、广东潮汕地区等地，“四宝”是乌龙茶沏泡的核心工具：潮汕风炉（生火器具）、玉书碨（煮水壶）、孟臣罐（沏茶小壶）和若深瓯（品茗小杯）。后来在此基础上逐渐发展，有火炉、木炭、风扇，到茶洗、茶壶、茶杯、冲罐等大大小小10余种茶具，在福建、广东等地逐渐演变为仪式感强烈的沏茶饮茶方式，又称“传统工夫茶”法。

“烹茶四宝”酾茶法，所用茶叶一般为乌龙茶一类，因此工夫茶的成型应在茶叶的半发酵制作方式形成之后。庄任在《乌龙茶的发展历史与品饮艺术》①一文中，根据清康熙五十六（1717）年王草堂的《茶说》、释超全的《武夷茶歌》和阮旻的《安溪茶歌》，推断乌龙茶创始于17世纪中后期（明代中后期），适于乌龙茶的工夫茶品饮方式也随之兴起，首先现于武夷，再及闽南、潮州。工夫茶艺在广东福建流传过程中，与当地的精致习性结合，喜用小壶、小杯；与重商崇商的习性结合，使沏茶品茗成为商业过程中的重要部分和纽带，从而使工夫茶艺的中心和程式逐渐固定下来。

“烹茶四宝”的四件核心器具从功能而言，由火具、水具、主泡器、品饮器四个部分组成：潮汕风炉，火炉子，一只缩小的粗陶炭炉，专作加热之用；玉书碨，水注子，一把缩小的瓦陶壶，高柄长嘴，架在风炉之上，专作烧水之用，也有称“砂铫”；孟臣罐，主泡器，一把比普通茶壶略小的紫砂壶，专作沏茶之用，“孟臣罐”为惠孟臣作品，惠孟臣为江苏宜兴人，清朝制壶名家；若琛瓯，品饮器，只有半个乒乓球大小的杯子，通常3~5只不等，专供饮茶之用，“若琛瓯”为若琛作品，若琛为清初江西景德镇制杯名家。这四件器具齐备，就可以开始沏泡品饮一杯好茶了。

“烹茶四宝”酾茶法因为器具简洁，所以对“工夫”的要求更高。随着人们生活水平提高，追求生活精致化，饮茶器具的功能分化更显成熟，人们对茶具和饮茶程序提出了越来越细致的要求，从而形成了目前的基本沏泡流程，成为当地的生活方式。下面就来分析“烹茶四宝”酾茶法的主要流程：

（1）选茶：根据各人的口味，选好合适的乌龙茶。烹茶四宝法一般要求选择香味俱全、茶浓味酽的茶品。

（2）备席：备好一套专门用于沏泡的茶具。除烹茶四宝外，还应有茶盘（或茶海）、茶匙组、茶荷（或茶储）、杯垫、茶盅、茶巾等基本配具，所有器具在冲泡前都应该是洁净的。对主泡器小壶的选择在茶席中最为重要，在选择上有四字诀标准：小、浅、齐、老，即要求沏茶壶“宜小

① 庄任：《乌龙茶的发展历史与品饮艺术》，农业考古，1992年第4期。

不宜大，宜浅不宜深”，要求小壶制作工艺有“三山齐”；相对应在茶杯选择上也有四字诀：小、浅、薄、白，“小”可一啜而尽，“浅”能水不留底，“薄”胎如纸易起香，“白”壁如玉以衬汤色。

（3）熁盏：也称烫淋，古时有生火、掏火、煽炉、候水、淋杯等，现代的“潮汕风炉”基本用电炉代替，故可省略古人之步骤。等候砂铫（玉书煨、水壶）中的水声飕飕如松风鸣响后，声音逐渐变小成“鱼眼水”，即将砂铫提起，淋壶淋杯（也称烫壶烫杯），加热沏茶所用的器具。然后将砂铫置炉上，进入了沏茶的“计时”程序。与直杯沏茶法不同，酾茶法对节奏控制和时间点把握要求极高，酾茶法“急”字诀的起点就是“鱼眼水”的形成，此后的动作要求一气呵成，故称之为“计时”程序。

（4）置茶：又称纳茶，传统置茶法是打开茶储，将茶叶倒在一张白纸上，粗细分开，将最粗的放在壶底和滴嘴处，细末放在中层，再将粗叶压于上方。因为细末浸出快，滋味浓，量多会使茶味发苦，同时也会堵塞壶嘴，影响出汤流畅，而粗细分别以层次叠好就可以使茶色均匀，茶味发挥循序渐进。相较于旧时，现代工艺发展，小壶的壶体与流交界处制作更佳，茶叶加工业也更为精细，所以不少茶人也直接用茶则量茶入壶。置茶量按乌龙茶的茶水比要求来定，从茶壶的容量来看，半球形或球形的干茶每泡茶放置壶容量的1/3左右，条形及松散型的干茶每泡茶放置壶容量的2/3左右。开汤后叶底展开大概占小壶的八九分满，视饮者口味的浓淡偏好可适量增减茶量。

（5）冲茶：揭开茶壶盖，将滚汤沿壶口壶边冲入。切忌直冲壶心，否则谓之冲破“茶胆”，会使茶味苦涩。冲点时提壶要高，即所谓的“高冲低斟”，高冲可以使开水有力地冲击茶叶，使茶香味更快挥发。

（6）醒茶：冲茶时，冲入的沸水要满出茶壶，溢出壶口，使茶叶浮起，然后用壶盖轻轻刮去茶汤表面的浮沫，称之为“刮沫”。也有第一次冲茶后，立即将水倒去，俗称“醒茶”或“洗茶”，其主要作用是把茶叶表面的尘污洗去。这些手法的目的都是为了唤醒干茶，使茶之真味得以散发，从而实现茶叶的完美滋味和香气。刮沫后立即盖好壶盖，再以开水淋壶，淋

壶有三个作用：一是使热气内外夹攻，迫使茶香迅速挥发；二是小停片刻，等候壶身水分全干，即“茶热焕发”；三是冲去壶外茶沫，保持壶身洁净，出汤时不滴沥。如有洗茶的过程，可以把洗茶的茶汤用以淋杯，有助于茶香沁杯。

（7）酾茶：又称斟茶，待壶中之水静置1分钟左右（又称候汤，候汤时间视具体情况而定），随后中、拇指紧夹壶的把手，食指轻压壶盖，开始斟茶。斟茶时遵从“高冲低斟”的要求，手法要低，以防香味散失、泡沫四起，这是对客人不尊敬。同时也要牢记酾茶的四字口诀“热、急、匀、尽”，斟茶要把握节奏，不可过慢，以免茶汤温度和香气散失。

（8）品茶：一般用右手食指和拇指夹住茶杯杯沿，中指抵住杯底。先看汤色，再闻其香，尔后啜饮，饮毕还可闻杯底香，充分感受这一道茶的魅力。如此品茶，不但满口生香，而且韵味十足，可以真切地体悟乌龙茶品饮的妙处。

冲点第二道茶时，醒茶步骤略去。乌龙茶酾茶法中壶小而用茶量大，加之乌龙茶本身亦耐沏泡，一般而言可沏泡3~4次，优质乌龙茶也有能沏泡6~7次的，冲泡得当可以使每道茶汤滋味基本一致，有“七泡有余香”之美称。所以茶艺师需要通过均衡控制每一泡茶的候汤时间来使茶汤滋味完美呈现，这也是对茶艺师技能的考验。①

（三）“壶盅双杯”酾茶法

“壶盅双杯”酾茶法兴起于台湾，多用于沏泡乌龙茶。壶盅双杯，指主泡壶、公道盅、品茗杯、闻香杯。“壶盅双杯”酾茶法增加了闻香杯和匀杯（公道盅），使茶艺程序发生了变化，表现出饮茶功能的合理分解，过程规则显著突出，艺术观赏性加强，颇受茶人们的推崇。

闻香杯和匀杯在“壶盅双杯”茶艺中有着重要作用。闻香杯与品茗杯成套，容量与品茗杯同，杯身瘦而高，杯口较品茗杯小，闻香杯只用于闻香，不能品饮。传统工夫茶法要求充分感受茶香，一是闻茶汤香气，二是

---

① 黄柏梓：《中国凤凰茶》，凤凰茶叶专业协会2003年编印，第143页。

闻啜饮汤尽后的杯底香。而闻香杯将乌龙茶“香”的特征发挥得淋漓尽致，使其成为沏茶法中的重要组成部分，设计专用茶具来强调这一特征，是茶艺成熟度的表现。匀杯又称公道盅，其容量与主壶相同或略大，风格、材质可以从壶或品茗杯，也有茶人用玻璃盅来展示茶汤颜色。烹茶四宝酾茶法中的四字诀“热、急、匀、尽”中“匀”的实现，主要借助“关公巡城”“韩信点兵”的手法，需依赖于充分的经验。而匀杯的功能是将茶汤全部注入后再进行分茶，从茶具设计上避免了分茶不匀的情况，是茶具发展的一大进步。

壶盅双杯酾茶法的流程与烹茶四宝酾茶法基本相同，从环节上看也基本是“选茶、备席、熁盏、置茶、冲茶、醒茶、斟茶、品茶”等环节，但由于主茶具的不同，程序上会略有差别。在冲泡时为增添沏茶的文化趣味，可以用一些描述性、拟人化词语来比喻茶艺过程，也不失为讲解壶盅双杯法流程的好方法。

（1）静候佳音：这一环节要完成选茶、备席、备具、候水等内容，确定茶叶、茶具、用水、用火、场所并洁净所有器具后，茶艺师进行以下操作：①端出烧水器，置于茶桌右侧中位偏前，加上水后开始烧水。在候水期间，准备其他茶具的出场与布置。②主泡器小壶、盅、品茗杯和闻香杯置于双层茶盘上。壶与盅一水平，壶右盅左，流朝左，品茗杯置于中水平线，闻香杯于前水平线。双手均端双层茶盘边沿，置于茶桌纵轴上，横里边靠近桌沿。③奉茶盘置茶储、茶荷、匙组、杯托、茶巾、茶滤。奉茶盘端出后放至茶桌左侧，取出茶储、茶匙组置奉茶盘的前方，茶巾置于烧水器的后方，茶滤置茶盅的左侧，杯托一一排列于奉茶盘内。④双手同时将原倒扣于茶盘的品茗杯和闻香杯翻起，先翻品茗杯，再翻闻香杯。由于闻香杯较品茗杯高些，还有些形制口大底小，难以平衡，故后翻闻香杯不易碰倒。⑤赏茶，聆听“鱼眼水”初沸声音的变化，等候“计时程序”来临。

（2）鸿雁传信：水初沸后，用热水冲淋茶盘上的壶、盅、杯，提高泡茶器具的温度，将茶席预热。相比传统酾茶法，要增加对公道盅和闻香杯的淋烫。

烫壶淋杯：左手打开壶盖，右手提汤瓶（砂铫），注水满小壶2/3量后汤瓶复位，同时左手将壶盖盖上。右手拇指、中指握住壶把，食指抵近钮基（注意避开气孔），手腕转动两圈，然后提起小壶，手腕与手臂呈90°，注水入茶盅。提起茶盅手腕转动两圈后，以行水法注入闻香杯。

飞鱼扶摇：双手手掌向上，从外向内分别握起闻香杯，反掌注水入品茗杯并将闻香杯口置于品茗杯中，借腕力在品茗杯中转动闻香杯一周，垂直向上拎起闻香杯，归于原位。动作快速有节奏。

狮子滚球：双手从外向内相向握起品茗杯，各自注水入相邻的品茗杯，此时食指拇指握杯身、中指或无名指抵住杯底或杯足，前者作动力、后者以下方的品茗杯作支撑，将指间的品茗杯滚动起来（即狮子滚球），然后垂直提起品茗杯，手背相对倾倒品茗杯1~2秒，复位。最后第二个品茗杯单手进行狮子滚球的动作，最后一杯可直接将杯中水倒入茶盘。

（3）叶嘉入宫：即置茶，壶盅双杯法多用茶则置茶。叶嘉出自北宋大文人苏轼以拟人化手法为茶叶撰写的人物传记《叶嘉传》，实指茶叶。

（4）高山流水：即冲茶，同烹茶四宝法。

（5）晨露初醒：即醒茶，有两种方法：其一是高冲水注满小壶溢出片刻来醒茶，将溢出的水沫轻轻刮去的手法称为“春风拂面”；其二是右手冲水、左手握盖，加满水后立即将壶内茶汤全部倾倒在公道盅，公道盅醒茶茶汤分别注入闻香杯和品茗杯进行“飞鱼扶摇”这一步，可略去“狮子滚球”这一步，而后直接用茶夹倒尽杯中水。后者使用较多，处理闻香杯和品茗杯的过程也可在候汤间隙完成。

（6）茶热焕发：又称孟臣浴淋。醒茶后进入了头道茶汤沏泡，为提高壶温，在沸水高冲入壶、盖上壶盖后，往往再用沸水浇淋主壶，在内外热气的作用下，壶面会逐渐蒸干。

（7）玉壶出汤：即斟茶，包括从主壶到公道盅、再到闻香杯、后到品茗杯的过程。

凡尘三叩：出汤时左手取茶滤置于公道盅上，右手执主壶垂直立起，在较低位将茶汤注入茶盅，为了滴尽最后一滴茶汤，用力将主壶上下运动

三个来回，直至无茶汤滴出再复位。

金风玉露：将茶盅里的茶汤一一斟入闻香杯，斟茶时要以“稳、准、收”为原则，尽量避免有滴沥的情况。随后将品茗杯倒扣于闻香杯上，手掌向上，右手食指、中指夹握闻香杯，拇指扣品茗杯底，正位后手掌翻转，左手接品茗杯身，右手扶持，置杯托一侧。逐一实施之，可谓是“金风玉露一相逢，便胜却人间无数”。乌龙茶三道以后香气渐淡，茶汤便可直接分斟在品茗杯中。

敬奉佳茗：茶艺师留自留一杯鉴品，而后端起奉茶盘，以恭敬之礼仪将茶汤奉送给嘉宾。要注意在杯托一侧的品茗——闻香套杯需置于嘉宾右侧。

（8）茶香三味：即品香、品茶、品艺。闻香杯使乌龙茶香气特色的诠释有了专门的载体，是茶艺“四规”中“物尽其用”的体现。茶艺师需回归原位，展示茶汤品饮方法，与饮者共同品饮这一杯茶汤。

红袖添香：左手扶品茗杯，右手拇指、食指、中指握闻香杯，轻轻转动并向上提起。将闻香杯握在两手中央凑近鼻尖，轻轻搓动，嗅闻从杯口溢出的茶香，之后将闻香杯置于杯托左侧。

三龙护鼎：右手拇指、食指握杯身，中指托杯底，端起品茗杯。观赏汤色，然后虎口向内，分三口啜饮：第一口注意力在唇口回旋，品其鲜爽；第二口注意力在口腔充盈，品其滋味；第三口注意力在喉底静候，品其回甘。

叙茶收席：续水斟茶，共叙情谊，主客皆礼，回味不尽，有始有终，恭敬收席。

三、瀹茶法：红茶、普洱茶

瀹茶法有两种类型：一种是浸渍开汤，指茶叶开汤浸泡在壶中，与酾茶法不同，它不急于立即“尽汤”，更接近于玻璃杯主泡器的品饮习惯，喝至一半时添些水；另一种是烹煮开汤，在茶、水、火的共同作用下开汤，开汤后持续保持火力，使茶汤滋味完美呈现。

红茶瀹茶法多用浸渍开汤，普洱茶、花草茶等更适宜用烹煮开汤的方式。瀹茶法的主泡器材质丰富，玻璃、瓷质、金属、陶土等都可选用，器形花色也不拘一格，可以配合不同的茶艺主题。

（一）红茶瀹茶法

红茶是世界上饮用最多的茶类，这与它的品质特点相关。根据工艺的不同，可分为工夫红茶、小种红茶和红碎茶三类。工夫红茶和小种红茶多为条形红茶，一般可沏泡2~3次；红碎茶通常只沏泡一次。一般来说，红茶有以下三种饮用方式：按花色品种分，工夫红茶和小种红茶干茶外形较整齐，沏泡程序讲究，多为工夫饮法；红碎茶浸出快，多做袋泡茶，一般为快速饮法。按调味方式分，红茶以纯品开汤称为清饮法，多用工夫饮法冲泡；红茶兼容性较好，与果品、饮品混合调制，称为调饮法。按茶汤浸出方式，有常规的沏泡法和需要用火加热的煮饮法之分。条形红茶的干茶有较高的欣赏价值，但因红茶加工是全发酵工艺，红茶叶底往往不作观赏，所以用壶泡法冲泡红茶是非常合适的。

下面对用工夫饮法来清饮红茶的瀹饮法茶艺程序进行分析：

（1）备席：红茶在世界传播范围广，茶艺表现方式差异大，有中国传统式的，也有西式或现代的。在布置茶席时需先确定主泡器风格，如传统式的主泡器一般选择紫砂壶，而现代式的可选择瓷器、金银器等，主泡器确定后，整个茶席风格就有了较为确切的定位。红茶茶汤红艳明亮，观赏性强，所以多选择白瓷或反光度好的材料为饮杯，更好展现红茶茶汤的这一特点，且红茶瀹饮法的品饮杯比酾茶法的饮杯略大。红茶瀹饮法茶具主要有：主泡壶、饮杯、茶荷、茶匙、匙枕、水注、烧水器、连托茶滤、茶巾、茶盘、水盂。若用双层茶盘，水盂可以略去；若品饮杯较小，需要配上杯托；若匀分茶汤有困难，加上公道盅，连托茶滤改为茶滤即可。选茶备水，洁净器具，列具方式同前。

（2）熁盏：水沸，即可离火。温壶温杯并淋烫茶滤，提高主茶具温度，促使茶味的焕发。若用公道盅，热水可按主泡壶、公道盅（含茶滤）、饮杯、水盂线路流动。单层茶盘内不可溢水，茶艺技法类似直杯沏茶法；若用双层茶盘，则动作可大些。

（3）置茶：赏茶后，按红茶茶水比1∶50的要求量茶入壶。与瓯茶法不同，瀹茶法注水一般为主泡器容量的八分满，若用较大的主泡器也有五分满的，所以，此方法中茶量的控制要根据水的比例而非壶的容量。

（4）高冲：用高山流水的方式注水入壶，水温以90~95℃为宜。红茶一般无醒茶或洗茶程序，若非要不可，高冲水后须立即将茶汤沥去，而后重新开汤。

（5）候汤：静候2~3分钟后，红茶滋味最佳。

（6）斟茶：右手提起茶壶、左手提茶滤，自左向右一一分茶，再从右向左均匀茶汤，尽量使每杯茶汤的浓度相同。茶滤在斟茶时可避免叶渣入杯、其托可以承接滴水，在红茶瀹饮法中作分茶之用尤为适宜。如果选择使用公道盅，则斟茶分茶更为方便。壶内茶汤可以滴尽，也可留有少许，从而提高后几道的茶汤浓度及增加沏泡次数。

（7）品茶：一看、二闻、三品。具体操作同瓯茶法的品饮。

（8）礼毕：添茶续水，共叙情谊，礼陈再三，恭敬收席。

红茶调饮法在生活中应用极为广泛，有直杯法，也有瀹茶法。英式下午茶的冲泡及饮用有明确的礼仪规范，它曾是欧洲上层社会的身份象征。而在当下，英式下午茶已然成为一种流行文化，其中红茶的沏泡也成为调饮法茶艺中的重要组成部分。沏泡英式红茶所使用的茶具独特精美，多用陶瓷做成，并绘有英国的植物与花卉，美观坚固，很有收藏价值。整套的英式茶具包括茶杯、茶壶、滤勺、广口奶精瓶、砂糖壶、茶铃、茶巾、保温棉罩、茶储、热水壶、托盘。饮用传统英式红茶还会搭配西点，在三层篮上放满三道精美的佐茶点心：最下层一般为条型三明治；第二层是英式圆形松饼搭配果酱或奶油；最上方一层则放置时节性的水果塔，食用时须由下而上按序取用。

红茶调饮法有着浓郁的浪漫主义色彩，它将红茶与果品、花品、奶制品等调和配制，对茶品色泽和滋味有着温暖、香甜等要求，讲究茶与茶食的和谐，并通过现代茶具加以诠释，深受年轻人和女性的喜爱。

（二）普洱茶瀹茶法

普洱茶是以云南省一定区域内的云南大叶种晒青毛茶为原料，经过后发酵加工成的散茶和紧压茶。普洱茶是黑茶中的典型品类，主产地有勐腊茶区、勐海茶区、普洱茶区、临沧茶区等，各区都有相应的茶品牌名号。其历史可以追溯到东汉时期，距今已有1 700多年的历史，民间素有"武侯遗种"的说法。普洱茶的工艺分为前加工和后加工，在前加工过程中，普洱茶由绿茶或黑茶经蒸压而成，其中绿茶蒸压的普洱茶，须经过后加工饮用。后加工过程主要是仓储，仓储的时间从两三年到二三十年不等，在这一过程中完成了转化（后发酵），成为产品和商品。普洱茶品类丰富，如普洱方茶、普洱沱茶、七子饼茶、藏销紧压茶、圆茶、竹筒茶、拼装散茶等，在长期的生产制作和销售过程中，其花色品种不断更新增加，形成了独特的产品体系。

普洱茶生产一般要经过杀青、揉捻、干燥、渥堆等几道工序。鲜叶经杀青、揉捻、干燥之后，成为普洱毛青，毛青韵味浓峻、锐烈而欠章理。毛茶再进行后加工，因后续工序的不同分为"熟茶"和"生茶"，经过渥堆转熟的为"熟茶"，贮放3~5年，待其味质稳净，便可售卖。"生茶"是指不经过渥堆工序，完全靠自然转化而成为熟茶，自然转熟相当缓慢，至少需要5~8年，但自然转化的生茶在完全稳熟后，陈香中仍会存有活泼生动的韵致，时间越长其内质越发显露和稳健。并由此形成了普洱茶"做新茶卖旧茶"的传统。

普洱茶分类方式多样，如依制法分类，有生茶和熟茶。依存放方式分类，有干仓普洱和湿仓普洱，前者指存放于通风、干燥及清洁的仓库，使茶叶自然发酵，大致陈化10~20年为佳；后者指放置于较潮湿的环境中，如地下室、地窖，从而加快其发酵速度，品质较差。依外形分类则品类更多，饼茶：扁平呈圆盘状，多为七子饼，每块净重375克，每七个为一筒，每筒重2 500克，现在也有为携带方便做成小七子饼的，重量不等。沱茶：形状如饭碗，每个净重100克、250克，迷你小沱茶每个净重2~5克。砖茶：长方形或正方形，便于运输，250~1 000克居多。金瓜贡茶：压制成大小不等的半瓜形，从100克到数百斤都有。千两茶：压制成大小不等的紧压条型，重量大，最小的条茶都有50千克左右，故名“千两茶”。散茶：制茶过程中未经紧压成型，散条形的普洱茶，有用整张茶叶制成的索条粗壮肥大的叶片茶，也有用芽尖部分制成细小条状的芽尖茶。

1.普洱茶瀹茶法

（1）主泡器：宜选大腹腔的壶，普洱茶浓度高，用腹大的壶可避免茶汤过浓。壶的材质基本以紫砂陶为主，也有用金属壶烹煮的，耐热程度高于紫砂壶。

（2）置茶：选茶备茶，烹煮普洱茶的置茶量与常规沏泡不同，水量需稍多，其茶水比以1∶80为宜。提前将茶砖、茶饼拨开，暴露于空气中两星期左右再沏泡，滋味更佳。

（3）瀹茶：先冲一次热水对普洱茶进行醒茶，以唤醒茶叶沉睡十余年的味道，并洗净茶叶中的杂质。醒茶速度要快，滤去茶叶表面尘埃即可。第一道茶浓淡的选择依照个人喜好来决定，茶艺师也可将第一道和第二道同时置入公道杯，茶汤浓度较易控制。普洱茶的烹煮越到后几道，甜香味越佳，这也是茶艺师偏好用烹煮瀹茶法沏泡普洱茶的原因。

（4）品饮：举杯鼻前，趁热闻香，可以感受到陈味芳香如泉涌般扑鼻而来，啜饮入口，用心品茗，始得其真韵。茶汤初入口略感苦涩，但待茶汤于喉舌间略作停留时，即可感受茶汤穿透牙缝、沁渗齿龈，并由舌根产生甘津回至舌面，此时满口芳香，唇舌生津，持久不散，令人神清气爽，称之为“回韵”。

2.品鉴普洱茶

（1）从香气辨别：普洱茶香气较特殊，熟茶渥堆后可以闻到清晰明确的熟茶味，仓储这种熟茶味会慢慢转化为熟味香。优质的普洱生茶存放多年后，在品鉴型茶或茶汤时能感受到一股“陈香”，陈香为普洱茶茶香之佳品。熟茶味、熟味和陈香是分辨优质普洱茶最直接而有效的方法。

（2）从汤色辨别：由生茶转化的普洱茶茶汤呈栗红色，较接近重焙火

乌龙茶的汤色，即便是存放了二三十年的生茶，其茶汤颜色也只比年份低的普洱茶汤略深一些。而熟茶的茶汤颜色为暗栗色，甚至接近黑色。

（3）从叶底辨别：干仓的普洱生茶叶底呈栗色至深栗色，接近台湾东方美人茶。叶条质地饱满柔韧，充满新鲜感。渥堆的普洱熟茶叶底多半呈现暗栗或黑色，叶条质地老硬干瘦，如果发酵较重，会有明显炭化，还有些较老的叶子，叶面破裂，叶脉分离。但是，有些熟茶渥堆时间不长，发酵程度不重，叶底状态也会接近生茶。反之，也有些生茶在制作程序中出现问题，譬如茶菁揉捻后无法立即干燥，延误了较长时间，叶底也会呈现深褐色，汤色也会浓而暗。所以，分清两种茶类需要积累经验，综合评判。

优质普洱茶会具有许多细腻微妙的香气物质，在香型上主要分为：兰香、枣香、荷香、樟香。滋味层次也极为丰富，常有甜、香、苦、涩、酸、水等以上数种的味道，其中甜、香为上品，苦、涩为中品，酸、水为下品，这些味道可能单独存在某一种普洱茶中，也可能同时有多种味道。普洱茶的好坏不能完全以年代来评定，需要从色、香、味、形等多方面综合考虑，饮用优质普洱茶尤其会感觉到喉头生津、回韵绵长。

第四节　多样与简约：其他主泡器的利用

主泡器的功能，简单地看，是茶叶开汤变为茶汤的容器，但茶艺流程是一个体系，主泡器的核心地位决定了“牵一发而动全身”的作用。唐代陆羽煎茶是在鍑中完成的开汤，为此要求了“二十四器缺一不可”从器具到用法的完备流程；宋代赵佶在巨瓯中完成了点茶，主泡器是巨瓯、碗，由此而实现了举国斗茶“游于艺”高超茶艺技术。主泡器用于开汤，所以，它收入茶、水，以及与火相关的温度，最后出来茶汤，这是主要功能的实现（这里先忽视主泡器本身的审美要求），因此主泡器也是茶艺各元素的汇集点。

“鍑、碗、壶、盖碗、杯”器物能成为主泡器的类型，取决于它们的结构特征。掌握这些特征，就能在选择开汤茶器时做到游刃有余了。从陆羽对他自己创造的鍑的结构描述“方其耳，以令正也。广其缘，以务远也。

长其脐，以守中也”，主要三个方面：口、腹、耳，所有主泡器结构都离不开这三个内容。口用于“流”、腹用于“容”、耳用于“取”。口的大小或分流，决定了物流的通畅或走向；腹是汤的变化所在地，有时取决于大小、有时决定于温度；耳便于取，也是人的主动行为及时对程式的控制。所以，茶艺流程的关键点从选择的主泡器上就可以得到基本明察。

一、煎茶法、煮茶法：“鍑”主泡器

“鍑”是陆羽创制的煎茶的专用茶具。在煎茶过程中，主泡器鍑需要完成候汤、调盐、下末、开汤、育华、均沫、分茶等环节。由于鍑无流，为了取汤，鍑常与杓合在一起使用。现代煮（煎）茶以锅代鍑，式样也就不限于陆羽的描述。锅，兼用，为了强调茶艺的专用，这里依旧将鍑代称现代茶艺流程中的锅，或其他相类似的主泡器。

选择鍑为主泡器，主要考虑的是为了能直火加热。鍑，广口、单口，茶汤形成过程直观，容易吸引关注度；其腹能加热，对一些需要较高温度才能体现真味的茶品十分适合；有耳，茶汤浓度适宜时方便取拿、控制。所以，老黑茶、老白茶等茶品，特别是连梗采摘的，用煮的方式来表现十分常用。还有一些是先将茶叶在鍑中煎烤、再离火加水，虽从民俗中来，但对茶品滋味的诠释也非常到位。其用到鍑的功能是一致的。以鍑为主泡器的茶艺，表明茶汤在火的直接加热下的形成，物流进出均同一口，所以它还必须有“瓢”的工具，便于茶汤完备后的分茶，因而在古文献中提到的分茶工具“瓢匏”“牺杓”都较讲究。瓢相应于饮茶之茶盏不宜过大或过小，容量过大不雅且不能取尽鍑内之汤；容量过小反复取汤，茶凉了。

选择鍑为主泡器，因为与现代日常饮茶生活有一定的距离，所以容易进行流程的改造而富有美感。但茶艺师一定要从茶品本身获得更好的滋味出发，否则就是本末倒置了。以鍑为主泡器的茶汤，茶水比要比浸泡出汤的低一些，避免煎出中药的滋味；温度控制的重点落在了对时间的把握，有些茶需要文火慢炖、有些茶活火快煎，茶汤滋味于此两种加热方式都会有不同的表现。茶艺师一旦选择以鍑为主泡器，事先一定要有反复的训练

和实验，与日常饮用方式不同，能在茶艺审美上有捷径，但在实用性的茶汤滋味呈现上难度更大，茶艺首先是实现后一个目的。这一类的茶艺风格上典雅或玄远，或有接近民俗的亲切，是现代茶艺创新探索常用到的类型。

二、点茶法、吃茶法、碗泡法："碗"主泡器

以"碗"作为主泡器的碗，与生活中盛放饭食之碗同源，故而其茶艺也带着历史记忆，碗里开汤的茶，茶汤总是以吃的方式、以吃尽为常见。唐代饮茶使用煎茶法，在镀中煎好的茶汤需用瓢分饮，"碗"用于盛放茶汤，是必不可少的品饮器，但在主流茶艺上，碗还不作为主泡器。以碗点茶之风盛行于宋代，有在大碗（巨瓯）中开汤点茶后再分茶饮用（如赵佶《大观茶论》所述），也有直接用小碗点茶，是主泡器也兼做饮杯（如蔡襄《茶录》所述）。宋代点茶的趣味还在于通过茶筅的打击，使茶与水充分融合形成沫饽，合着茶汤形成的画面谓之"水丹青"。沫饽尚白，多喜用黑釉碗盏以衬其色。宋代点茶之法详见第六章之宋代点茶法。日本茶道主流为抹茶和煎茶，其中抹茶点茶法即以碗为主泡器，是从我国宋代传入后，经日本本土化发展、精致繁衍、哲学化后的产物。

碗，广口、无盖、不加热、无耳，材质多样，形貌丰富。碗在日常生活中常作食用器具，以碗作主泡器，暗示了碗兼用主泡器和品饮器的特点，同时沿袭了直接吃茶的习惯。为便于茶汤的一饮而尽，需借助一定的工具促使茶、水在碗中融为一体，所以宋代点茶、日本抹茶道，都要用到茶筅，摔打茶汤，呈现完美。民俗中将碗当主泡器的茶艺也比较常见，如流行江浙的青豆茶，将茶和盐腌过的青豆置入碗中开汤，喝的时候边拍边饮而尽，也十分开心有趣。

日本抹茶道核心茶具就是茶碗。在日本有很多不同的流派，流派不同对茶道流程的规定就十分不同，特别在一些细节要求、行为模式及礼法规矩上。若以求真之本看也能有基本的一致性，都是反映饮茶的科学性内容，大致涉及了以下几个方面：第一，茶用具备齐，有茶碗、茶筅、茶合、茶

巾、建水、风炉、釜等。第二，行完礼法后，洁具温具，其核心意图，一是如宋代点茶要求的熁盏（加热茶碗），否则茶汤不立（茶粉与汤的融合）；二是茶筅用温水浸泡软化，有利于茶筅利用。第三，置茶，从茶合中大致舀两茶匙抹茶粉（约为1.5克）至茶碗（薄茶法），有些茶粉较粗的还要经过茶筛细匀。第四，调浆，将5毫升水加入茶碗，使用茶筅进行调浆，充分激发出抹茶香气，去除茶涩。第五，注汤，加80℃左右的60毫升温水，使用茶筅划Z字形点打茶汤；茶筅的深度以不触碰碗底为宜；至茶沫起以の字收尾，点茶结束。以上的第四步和第五步若是流派做法是予以合并的，将这同样的目的以行云流水般的技艺，内化为不露痕迹的过渡和完美呈现，并且茶筅运行的次数越少、茶沫越多、技术越高。日本茶道需要认真体验，点茶碗本身的历史和种类就非常丰富，这里仅仅只作科普化的说明。

近年来新有碗泡法的流行。大概是受到当下复古宋代巨瓯点茶分茶法的影响，国人既要满足对现在茶品的口味适宜，又要追求古人之风，而给予的尝试。碗泡法之碗的功能与之前最大的不同，碗只作为主泡器，不作品饮器的兼用，所以不用茶筅，也不用考虑如何直接喝尽碗里的茶汤。作为探索性茶艺，目前还未成熟。大致的流程如下：选用大口径茶碗、汤勺、品茗杯等用具备齐，根据不同茶品需要的水温、茶水比直接在碗里开汤，待茶汤浓度恰好时，最有趣的过程就是分汤了。用精致的汤勺细细地将汤叶分离，舀上茶汤分在品茗杯里，且不能有汤水滴沥。这个茶艺设计的主要缺陷是水温下降过快、香气扩散过快，然后再予以分茶，茶汤温度更低，在品茗环节汤温已不能很好地诠释茶品本来的滋味和香气；从茶艺精神气质上看，缺乏珍惜、怜惜的情怀，与核心价值不兼容。但若茶品选择做些改变，比如冰泡法的结合，比如调饮过程的利用等，这样的艺术情感和复古文化，来辅助茶汤滋味香气的完美呈现，是很好的选择和创新，具有较强的视觉美感。

三、简便的生活泡茶方法

茶艺源于生活、高于生活、又服务于生活，茶艺若不能被生活广泛普

及和利用，是没有生命力的。因此，我们在强调茶艺程式的严格规范的同时，也需要有更宽阔的视角和胸怀来包容各式各样的饮茶生活和习惯。这一点，中国和日本是有很大差异的。日本茶道历经几百年的不间断延续发展，堪称精致完美，但在现代日常生活里，普通人并不常喝茶，敬畏感使人们敬而远之而不能转化为日常生活的内容；中国茶艺复兴三十余年，粗放新奇，总有很多不足之处，但却达到全国人均每天一杯茶的量（2016年数据），特别是近几年发展十分迅猛，几乎每三五人群之中就会有个民间高手能对喝茶的道理、技巧、珍品等娓娓道来，年轻人也十分踊跃。中国茶文化、茶艺之路在当下走得十分坚实健康，原因是始终在回应茶艺之初心：只有被更多人利用，才会有更多人的文化团结，才会缔造更美好的社会图景，包括茶业昌盛。

茶艺要向所有人开放，因此，各种各样的饮茶方式、各地不同的茶品、各种广泛的需求、茶具的不断创新都纳入了茶艺的视线里。在日常饮茶中，泡茶技术要求的茶水比、泡茶次数等比较容易科普，被大家理解接受且根据自己的习惯选择性日用。主要解决两个关键问题：

一是茶水分离。中国人习惯喝叶茶，叶茶根据产地加工等特征有不同种类，有些叶茶可以一直浸泡在茶汤里，比如绿茶，有些时间浸泡久了滋味异常，比如乌龙，还有人就是不习惯喝茶时叶底老往嘴里跑。在原产地，当地人会依据自己的生活习惯选择合适的茶具来品茶。但在不同地域的人群，可能就会因用不惯茶具、或嫌道具程序过多等原因，而阻止对各品类茶的尝试，或尝试不成功，与好茶擦肩而过。所以，现在有很多新的茶具，主要解决茶水分离的问题。一种是飘逸杯，双层结构，上层有独立闭合空间用以开汤，时间浓度适合后，开关一按茶汤注入下层而汤叶分离，可反复使用。一种是双开口杯，一头置茶，一头饮茶，两者固态隔离，液态相通。还有一种，原叶袋泡，有的是商品茶即如此，更提倡自己来加工，购置一些适用的滤袋，把适量的茶叶放进滤袋，就可不拘泥于任何茶具对于茶叶的限制，按自己的心意来冲泡品饮。

二是开汤温度。一般茶类的开汤温度大众也是较能接受的，比如绿茶85℃等；人们还想尝试更多新的茶滋味，比如有些老茶、带些梗的茶，的确煮煮更好喝。考虑到千滚水不利于健康，这里还推荐一种好的方法，或称保温壶煲茶法：将需要煮着喝的茶置于滤袋中，可略作清洗，直接投入保温壶，用100℃的水保温浸泡，静置2~3小时后，同样能达到煮出来的味道。适宜的茶品有老白茶、龙须红茶等，投茶量根据个人口味，试验的开始可以少放些，不至于煲出中药味道。一般一次量可以煲2~3壶次。在日常生活中不断尝试茶叶的各种要素也是十分有意思的，比如绿茶适宜温度，究竟是直接用85℃的水冲泡，还是先用更高水温少量短时浸润，再中和水温开汤？普洱茶究竟适宜用小壶还是用盖碗？你更喜欢绿茶玻璃杯泡的茶汤与还是盖碗泡的滋味？这些都可以在生活中进行有趣的体会，细细鉴赏，而不要作先入为主的预设答案。

茶艺是用来生活的，在生活中施以怜惜之情，怜惜上天赐予的茶、怜惜我们每天拥有的生活，怜惜个人与世界牵连着的各种感情，那一口茶汤便是给予我们毫不吝啬的福报。

第五章

茶会呈百态："人情雅集，茶席规划"

茶会是什么？是以茶反映的人与人之间的关系。文化是否扎根，由茶会的内容与形式的广度和深度来体现，很客观。

源自元杂剧的"早晨起来七件事，柴米油盐酱醋茶"俗谚，反映了茶在民众日常生活中不可或缺的事实，一如王安石在《议茶法》文中所说："夫茶之为民用，等于米盐，不可一日以无。"茶被广泛饮用，又有文化的一致性和团结性，于是便有了以茶聚会的自然要求和形式，而这样的聚会形式必定是以情感的需要为依归的。

以茶聚会的社会交往，大致分为两类：一类是将饮茶作为人们交流信息、平息情绪的媒介，如以前的茶铺、茶馆、吃讲茶，现代的茶话会等，这些形式主要发挥饮茶解渴、提神醒脑、镇静的作用，将人们的情感围绕在茶作为饮品的基本诉求上；第二类是注重聚会的文化元素，通过以茶聚会的形式来确立社会关系及团体意识，表达参与者清高儒雅、文采风流、独立性等方面的精神需求，是大众对雅俗共赏的茶艺文化的向往。因此，此类聚会均以茶席来规划茶会的精神要素，也称雅集茶会。

第一节　茶会的意义

茶饮大行其道，视为文化，便有了以茶聚会的社会生活现象。如据汉代王褒《僮约》的记载，当时四川人已经有了完整的待客茶宴；晋杜育描绘的几个好友结伴野外采茶煎茶的品茶会；东晋陆纳以茶果待客以示廉洁的茶宴；以茶代酒的故事不鲜于耳等。唐宋饮茶的社会活动就更为频繁而鼎盛，斗茶会、禅林茶会、茶汤社等成为约定俗成的茶会活动，还出现了专门掌管茶会仪式活动的行政机构：四司六局。明清时期强调在饮茶日用中体会真味道理，除了沿袭前朝茶会生活，还向世界各国传播饮茶文化，开发种类丰富、风格俊美的饮茶器具、茶叶类型等，文化产品更加充足，商业化气氛更加浓郁，饮茶活动更加社会化。以“茶为国饮”为号召的现代饮茶生活，茶渗透在社会政治经济文化的方方面面，成为国家文化的典型代表之一。茶会的功能既反映在非正式组织的情感沟通上，也作为正式社会组织确保目标一致性的文化黏合剂。借助茶会，将私人空间与公共空间亲密而理性地连接起来，这在现代社会表现得更加突出。

茶，是人们聚集在一起的饮料、由头、话题、目的等。茶没有强迫的机制，所以人们纯粹因为情感而参加这样的聚会，尽管情感中含有复杂的成分。茶艺反映生活，茶会是茶艺融入社会生活的一个写照，茶艺的审美趣味越高，茶会的品质感越强。魏晋时期便有了大量的以茶会友的活动，并成为历代茶人标榜自身品味、培育同志意识、取得社会认可的重要手段。在以茶待客习俗的传承中，茶成为社交场上的润滑剂，营造出一个和谐的氛围，协调甚至增加社会关系。

一、茶会与茶俗

茶会，是人与人之间关系的反映。人总是生活在一定的社会空间里，在各种形式的茶会交往中，由家庭、风俗、民俗、制度等社会组织或社会风尚，来折射出茶在生活里的痕迹，反映出社会生活对饮茶的接受程度，所以，也常常从茶俗现象来看茶在群体之中产生的仪式感和人情味。

茶俗是指人们在长期共同生活中，逐渐形成的以茶为主题或以茶为媒介的风俗、礼仪、习惯，具有一定的地域性和传承性，涉及社会生活的各个层面。譬如汉族人口最多，分布地区最广，饮茶习俗也是丰富多彩，虽

然以沿袭明清时期清雅的清饮法为主要的品饮方式，但由于南北地域文化的差别，饮茶习俗仍然有各自明显的特征：中国北方盛行在茶馆一边听戏、说书，一边就着点心，喝着盖碗冲泡的茉莉花茶，或是老北京的街头巷尾、车船码头等热闹之处，一张小桌，几条板凳，畅饮几碗热腾腾的大碗茶；南方盛产茶叶，类别齐，品种多，饮茶习俗也因茶因地而异，有闽南潮汕等地的小杯细啜工夫茶，也有江浙一带的清心缓咽品绿茶，还有穿梭于茶客之间技艺双全的长嘴壶冲盖碗茶等；而在少数民族地区，茶兼具了饮品和食物的双重特性，对古代饮茶风俗的延续和传承，形成了目前多姿多彩的少数民族茶俗。中国人对饮茶所给予的人文情怀是任何国家所不及的。茶与民族文化相结合，对茶托情寓意的形式也是丰富多彩。茶在民间礼俗中发挥了以茶待客、以茶为媒、以茶祭祀等主要功能，并在不同区域、不同民族中都有涉及。

1. 客来敬茶

客来敬茶是中国人最普遍的传统礼节，无论是汉族还是少数民族，有客来访，敬奉香茶，一杯朴实无华的茶，表达了尊敬、情谊和温暖。

“宾主设礼，非茶不交”，与魏晋时期南北方人士对茶的认识有差异不同，北宋时期，客来敬茶的习俗已家喻户晓。主人也会根据客人的不同身份设不同的茶或茶礼，比如蔡襄与王安石好茶款待如此，更著名的是《红楼梦》里妙玉对贾母、宝玉等一行人，以茶待客之区分迥然。主人客来敬茶，客人则是“受茶不拜”[①]，客人应谢而饮之，若客人行拜礼反而视为非仪。

由于民族的饮茶方式和风俗习惯的差别，少数民族以茶待客之礼也有自己的独特之处。白族“三道茶”是热情好客的白族人待客的独特礼节，称为“一苦二甜三回味”。第一道茶为“清苦之茶”，这道茶的冲饮类似于“罐罐茶”；第二道茶，又叫“甜茶”或“糖茶”，茶杯内放入切成薄片的核桃仁和少许红糖，此时沏成的茶清香扑鼻，甘甜润喉，这是表明“只有吃

① 沈冬梅等：《中华茶史》，陕西师范大学出版总社，2016年9月第1版，第249页。

得了苦，才会苦尽甘来”的意思；第三道茶被称为“回味茶”，在饮杯中放入些蜂蜜、两三粒红色花椒、少许炒米花，这道茶略苦且微辣，细品又有些许甜味，酸、甜、苦、辣各味俱全，令人回味无穷，意思是说“人生先苦后甜，回味无穷”。在藏民帐中喝酥油茶，也有一定的礼节。客人进帐坐定后，主人先奉上糟粑等茶食，再按客人辈分大小和地位高低，倒上酥油茶，双手奉上。按藏族人喝茶的习俗，在喝酥油茶时，若需要继续饮用的，便不能一饮而尽，要在碗中留下少许，以此赞许主人精湛的打茶手艺，这样主人就会继续斟茶。如果客人不想再喝了，就把碗中剩下的少许茶汤轻轻地泼在地上示意，或在主人倒茶时，用右手分开五指，盖在茶碗上就表示不需要了。

2. 以茶为媒

如明代许次纾在《茶疏》所说的：“茶不移本，植必生子，古人结婚，必以茶为礼，取其不移植之意也，今人犹名其礼曰下茶。”可见取茶之坚贞和美的品性，以茶为媒，自古有之，是中华民俗文化的一种较为特殊的现象。

在汉族人的婚俗中，茶几乎渗透了婚礼的各个环节。宋时男方求婚需向女方送茶，称为“敲门”，而媒人又被唤作“提茶瓶人”，当代中国南方所谓的“三茶礼”是指从订婚到结婚的三个阶段：订婚时的“下茶礼”、结婚时的“定茶礼”、洞房时的“合茶礼”。

吃茶婚配，在民俗中甚为流行。清郑燮词“溢江江口是奴家，郎若闲时来吃茶”、宋陆游摘民歌“小娘子、叶底花，无事出来吃盏茶”、明冯梦龙小说中一女子说“从没见过好人家女子吃两家茶的”，都讲了吃茶与婚姻的关系，以茶为聘、毛脚女婿茶、新娘子茶等婚俗就更为常见。因此，茶以及茶的仪式与纯洁爱情、白头偕老的婚姻等美好愿望是同一的。

少数民族的婚俗千姿百态，与茶相关的礼俗也是生动有趣。壮族勤俭心细的姑娘们制成“糯米香茶”，每逢壮族“三月三”，以此茶赠送给对上山歌的恋人为定情信物。苗族在茶片上刻各种图案，再以白糖及桂花香精制成“花茶”，既是招待客人的传统礼品，也是青年男女恋爱中的传情之物。盛产茶叶的民族，男方提亲时大多会备上各自特色的茶叶，如不送茶

叶而送财物，就会被认为是无礼。茶在此时不仅是纯洁美好的象征，还代表了男子制茶技艺的高超。茶在婚俗中的象征意义及其所包含的文化寓意往往超出了其本身的实用功能，渗透在婚俗中的茶文化也是婚俗文化中一道别样的风景。

3.以茶祭祀

茶性高洁，又是生活中常用之物，是世人用来缅怀先祖或祭祀神灵的最佳选择，即所谓"无茶不成祭"。以茶祭祀，茶首先是作为祭品，用来沟通人与祖先、人与神灵之间的关系，以获求保佑。

以茶祭祀表达廉洁的，也有很多美传。齐武帝遗诏，要求子孙以茶果来祭奠："我灵座上慎勿以牲为祭，但设饼果、茶饮、干饭、酒脯而已。"岁时吉日，茶祭在江浙一带也十分盛行：正月初一的"元宝茶"、二月十二的"花朝茶"、四月的"清明茶"、五月的"端午茶"、八月的"中秋茶"等。用茶作为殉葬品，也是古而有之。中国人"事死如事生"的观念根深蒂固，世人希望先人的阴魂依然能享用到人间的衣食住行。湖南长沙马王堆汉墓中的一箱茶叶，以及至今湖南的丧俗中使用的茶枕都说明了这一点。丧葬仪式中茶的多种表现形式，尽管有些是迷信之说，但在民间流传至今，也是具有其象征意义及文化内涵的。

当代茶俗，茶主要是被赋予了礼仪性功能，还广泛用于社交场合及各种仪式中，人们通过各种饮食礼仪互相沟通，以求达成一种和睦互融的关系。比如广州人有"一盅两件"吃早茶的礼俗。在体面的茶楼里喝早茶，最早就是广州人为了满足交际应酬和其他礼俗往来而逐渐形成，在喝茶的同时，增加了各式精美的点心和菜肴，名茶名菜，相映成趣。吃早茶的习俗承载了广州人社交文化，成为他们生活中不可或缺的一部分。

二、茶会与仪规

饮茶的仪式在茶会中尤其突显。民俗茶会虽未有文字规矩明示，但在实际生活执行中也是一板一眼的，要符合约定俗成的规矩，否则会被训斥。

茶会仪式正规隆重的，当属佛门茶会以及与一直保持“在家禅”意识的日本茶会。以下作简要说明，以示茶会规矩的严肃性。

宋《禅苑清规》是现存可见最早的完成丛林清规，对宋元时期寺院制度的发展有着重要影响，其中备载丛林诸般茶礼茶会，是宋元以来丛林茶礼之源泉与根本。

肇始于唐代的佛门茶会，在宋代仪规更加完整，更加威仪庄严。在宋《禅苑清规》中，首先表明“院门特为茶汤，礼数殷重，受请之人不宜慢易”。其具体的仪规包括了应邀参加茶会的每一个程序步骤和行为举止。例如“赴汤会”中原文如下：“既受请已，须先赴某处，次赴某处，后赴某处。闻鼓版声及时先到，明记坐位照牌，免致仓遑错乱。如赴堂头茶汤，大众集，侍者问讯请入，随首座依位而立。住持人揖乃收袈裟，安详就座。弃鞋不得参差，收足不得令椅子作声。正身端坐不得背靠椅子，袈裟覆膝。坐具垂面前，俨然叉手朝揖主人。常以偏衫覆衣袖，及不得露腕。热即叉手在外，寒即叉手在内。仍以右大拇指压左衫袖，左第二指压右衫袖。侍者问讯烧香，所以代住持人法事，常宜恭谨待之。安详取盏橐两手当胸执之，不得放手近下，亦不得太高，若上下相看一样齐等则为大妙，当须特为之人专看。主人顾揖，人后揖上下间。吃茶不得吹茶，不得掉盏，不得呼呻作声。取放盏橐不得敲磕，如先放盏者，盘后安之，以次挨排不得错乱。右手请茶药擎之，候行遍相揖罢方吃。不得张口掷入，亦不得咬令作声。茶罢离位，安详下足。问讯讫，随大众出。特为之人须当略进前一两步问讯主人，以表谢茶之礼。行需威仪庠序，不得急行大步及拖鞋踏地作声。主人若送回，有问讯致恭而退。然后次第赴库下及诸寮茶汤，如堂头特为茶汤。”对于何时吃茶、先后的礼节、茶汤会的准备、座位安排、主客、烧香等，都有清楚细致的规定。

从茶艺仪式看，这个茶会的规矩制定主要从两个维度：

一是流程安排。大致有：请贵宾，发告知贴，敲鼓入场，就座，烧香，端盏，吃茶，放盏，离席，谢礼。

二是礼仪要求。规定得比较细，涉及要点：对茶会赴约要认真，守时；牢记事先告知的流程、座位号等；衣冠端正、行坐威仪；不露手腕，叉手

有规，坐不靠背，放好鞋子；不得有异声，如说笑声、吃茶声、置盏声、拖鞋踏地声等；行茶有礼，如烧香恭谨、持盏端正等相互作揖完毕后才饮茶、离席安详有序、推举一人代表致谢等。

《禅苑清规》各种规定突出了清众为丛林茶礼之根本的意图，虽是宗教茶礼，对茶文化的影响是十分巨大的。特别是通过佛教文化传播到海外，尤其是日本，这样的清规和茶礼，成为日本茶道发展的基础和源头。

在日本，茶会的形式主题很多，比如一年之间定期举行与季节相关的茶会，格式正统，礼节严谨：开封，开炉，岁暮，大福茶，初釜，夜咄，雪见，节分，花见，炉塞，初风炉，朝茶，纳凉，月见，名残。也有按一天里不同时辰及各种情景而设定，作为茶事标准的《茶事七则》：正午的茶事，朝茶，晓茶事，饭后茶事，迹见茶事，不时茶事，夜话茶事等。开茶会前有茶会说明书，事先写好所用道具的品名、铭文、传承、由来等的文字资料，使参加茶会的人加深对所用道具知识的认识。说明书的写法与格式各流派各异。正式茶会历时约4小时，从客人到达开始，可分为“待合”“席入”“初坐”“中立”“后座”与“退席”六个主要部分。每个部分里，都有十分详细、琐碎、严格的规定。因为有《禅苑清规》的源头，再看千利休“七则”中以茶待客要求“提前备好茶，提前放好炭，茶室应冬暖夏凉，室内插花保持自然美，遵守时间，备好雨具，时刻把客人放在心上”，也就不难理解了。

日本茶道传承以家元制约束茶道的传统规范，因此至今还保持着茶侘风骨。但批评茶道茶会形式者的言论也戳中世人要害。江户中期茶道薮内家第五代人薮内竹心曾指出，现实生活的茶道者，仅仅追求与众不同、漂亮的茶室、珍奇的器物、美味的饭菜为目的，不过是消遣娱乐的一个助兴项目，以扩大社交圈，得到风流的名声而已。表面上看是厌恶权势，实际上是通过茶道趋炎附势，攫取名利，成为立身处世之道。针对堕落的茶道，他主张茶道的纯洁性。由于客人的没有礼貌、不遵守约定，薮内决定不再召开茶会邀请客人，而写就了《茶友绝交论》[①]。

① 丁以寿：《中华茶道》，安徽教育出版社，2007年12月第1版，第221页。

三、雅集茶会的历代风度

雅集茶会是茶艺文化在人际交往及社会生活中的体现，“琴棋书画诗酒茶”和“柴米油盐酱醋茶”的兼容性，使其具有雅俗共赏的特点。但这一茶会形式从内涵到形式，都与饮茶解渴的目的完全区分开了。雅集茶会往往有明确的文化指向，有规定的仪式，有特定的人群组织，还有一些茶会兼具美感的意蕴。从历代文献中探究古人的雅集茶会类型，主要有以下几种：

（一）茶宴

据记载，魏晋时期已有多种多样的茶会形式，如品茗宴、茶果宴、分茶宴等，针对不同品味取向的茶人举办不同的聚会形式。在茶宴的过程中注重器具、茶品、流程、环境等各个因素，并具有一定的社会组织形式。茶宴为后来的茶会类型奠定了基本框架，当代许多以茶聚会的形式中，仍可以比照出类似茶宴的内容。

（二）茶汤会

文人阶层是唐代社会的主流，他们往往寄情于山水，注重审美移情作用的发挥，对茶的推崇进一步增加了品茗宴的文化内涵。唐代有许多僧人，以茶代酒，以茶悟道，以茶禅定，其中最著名的是百丈禅师，他将茶融入礼法，制定了茶汤会，并在《百丈清规》中详细记述。茶汤会的名目多样：民俗茶会，指清明、端午、中秋、春节四序茶会；列职茶会，指新旧僧人职务交接的茶会形式；大众茶会，是与施主交际的茶会。茶汤会规则明细、文质合宜、礼法周到、思想深远，具有茶艺文化经典之意味。

（三）斗茶会

主要出现在宋代，并产生了许多与斗茶相关的名词：如茗战、茶百戏、水丹青、咬盏、绣茶等。宋人从官人雅士到普通百姓，都热衷于参加斗茶

会的活动，他们追求泡茶的技艺，提高茶汤的观赏价值，在丰富社会娱乐活动之余也满足了精神上的享受，在极大程度上赋予了茶生命力。

（四）茶寮

自明代开始有了专用茶室，称为茶寮，它成为家庭居住建筑结构的一部分。茶人们在家中可以品茗聚会，欣赏彼此的风雅，这是饮茶活动正式介入日常生活的象征。据台湾吴智和教授研究[①]，明清时期还有其他三种以"茶"聚会的方式，即园庭茶会、社集茶会、山水茶会，这三种形式从本质上讲仍然是对历史的继承，但社会组织方式更为活跃和广泛，形成了具有时代格调的茶人集团。

（五）茶艺馆

清代最著名的雅集茶会有两种，一是宫廷茶宴，据史料记载，乾隆时期仅重华宫举办的"三清茶宴"即有43次，其主要内容是饮茶作诗，茶成为了一种荣誉的象征，为突出宫廷礼仪显得极为繁缛。二是茶馆，"康乾盛世"时期，清代茶馆呈现出集前代之大成的景观，不仅数量多，种类、功能与前朝相比也更为多样化。尤其是以卖茶为主的清茶馆，大多环境优美，布置雅致，茶、水优良，兼有字画、盆景点缀其间。文人、雅士及儒商多来此静心品茗，交流待客，此类茶馆常设于景色宜人之处，颇有现代茶艺馆的意味。

童启庆教授曾总结现代茶艺馆的五大功能[②]：茶艺馆是倡导茶为国饮的宣传窗口；茶艺馆是普及茶学知识的文化教室；茶艺馆是演示练习茶艺的实践场所；茶艺馆是弘扬中华茶德的极好场所；茶艺馆是国际茶文化交流的常设会场。由此可见茶艺馆不仅是人们会友休闲的场所，更能通过形象生动的技艺演示和优雅清静的环境，使茶艺这一门综合艺术对现代社会发

---

① 吴智和：《明代茶人集团的社会组织：以茶会类型为例》，明史研究第三辑，2012，第110–122页。

② 童启庆：《茶艺馆的兴起及其对社会发展的影响》，茶叶，1997年第2期，第53–57页。

展产生良好影响。

雅集茶会薪火相传，在历代各领风骚：茶宴亦雅亦俗，贯穿了以茶聚会形式的始终；茶汤会赋予了茶会更多的思想和形式规则；斗茶会发挥了茶汤本身富有无尽想象力的美感；茶寮以家庭建筑的分隔，标志饮茶正式进入日常生活，成为不可或缺的一部分；茶艺馆提供了以茶艺聚会的日常社会场所。雅集茶会的形成原因多样，从社会组织产生的因素分析，基本上为具备稳定的规则规范、给予茶人归属感和成就感、寻找到志趣相投及互相依存的角色、存在共同认同的权威四个维度，为茶人社会的交往提供了组织形式和活动类型。

第二节　有茶席的茶会

蔡荣章先生曾说："总的来说，茶席就是茶道（或茶艺）表现的场所，它具有一定程度的严肃性，必须有所规划，而不是任意一个泡茶的场所都可称作茶席。泡茶也罢、茶艺也罢、茶道也罢，任何地方都可实施，但如果只是单纯地冲泡一壶茶或是一杯茶来喝，这样的场所我们不称为'茶席'，茶席是为表现茶道之美或茶道精神而规划的一个场所。"[①]有茶席的茶会，即是有精神规划的茶会。

茶艺在现代社会兴起并推陈出新，使现代雅集茶会呈现出一派流光溢彩的风貌。其在茶艺集会中体现现代审美意识，在日常生活普及审美，使以茶聚会除了继续沿袭传统的含义外，也使茶会规则及茶席品质的雅集成为现代雅集茶会类型区分的重点。我们将主要讲述四类雅集茶会的形式。

一、无我茶会

无我茶会由台湾的蔡荣章先生在1989年创办，几十年来一直被茶人们视为最有影响力和号召力的茶会形式。无我茶会的特点是参加者都自带茶

① 蔡荣章：《茶席·茶会》，安徽教育出版社，2011年版，第5页。

叶、茶具，人人泡茶、人人敬茶、人人品茶。茶席要求简洁、便于携带，风格可以多样，茶会对饮杯有规定，倘若规定了四个，即要求将泡好的其中三杯茶奉给左边的三位茶侣。泡茶席基本上席地安置，且要求首尾相连。茶会进行前出一个简明扼要的公告，公布时间、地点、主题、杯数、泡茶几道、参与人数及其他大会说明，参与者依照公告安排自己的活动，做到有条不紊。茶会若要与市民分享，公告中会规定第几道茶是奉给观众的，并提供另外的饮杯，茶艺师离席敬奉。从茶会的规则设计上，创办人力图从中体现七大精神：抽签决定座位——无尊卑之分；依同一方向奉茶——无报偿之心；接纳、欣赏各种茶——无好恶之心；努力把茶泡好——求精进之心；无需指挥与司仪——遵守公共约定；席间不语——培养默契，体现群体律动之美；泡茶方式不拘——无流派与地域之分。

无我茶会目前已是一个十分成熟的茶会，对其进行分析，有以下几点启发：

（1）从雅集茶会的历代类型沿承看，无我茶会大致可归类于品茗宴，历代茶人一直以山水松竹旷野之处品茗聚会为趣尚，以静心沏茶、品味、寄情，来澄怀味象、广结同道人之谊，无我茶会也有与此相似的追求。无我茶会以参与者围成圈圈为形式，在一定程度上与世俗大众保持了距离。

（2）从审美意蕴看，无我茶会体现了三种美，第一，是茶席的简约之美，作为雅集，茶席需要有自己的个性，但茶会要求器具简单便携，于是在茶会中能欣赏到许多有简约之美的茶席，引领了此类风格的呈现。第二，无我茶会体现参与者的律动之美，由于茶会在静默的气氛中开展，大家牢记规则条目依次开展，在茶会进行过程中体现出一种不均齐的节奏感，呈现了恰好的律动美感。第三，无我茶会有仪式化的礼节之美，茶会的规则体现出显著的仪式感，参与者相互之间十分尊重、礼节细腻，充分表达了以茶聚会的人情之美，是茶会最有感染力的一个方面。

（3）从社会组织看，无我茶会注重文化的约定性，对参与者是否具有茶艺水平并不苛求，形式上也尽量简化，容易接纳各类志同道合的人参与，体现出文化普及的优势，组织形式开放，因此无我茶会具有规模大、频度高、可复制的活动特征，创办后的几年内不仅在中国广为人知，还迅速扩大到其他国家，成为了国际性的茶会形式。

以无我茶会的基本模型，茶会形式还可进行拓延，比如小规模、结构松散、人人沏茶相互品鉴、礼仪郑重、不拘席地或桌椅等与无我茶会有文化相似性的雅集茶会活动。

二、品格席茶会

此类茶会以席入会，一席一桌；由一位茶艺师招待安排入桌的饮者，茶艺师不离席奉茶；使用方桌比较多，方桌比较方便布置茶席、奉茶和安排宾客，宾客就位后基本不走动。这样，茶会场面便形成了错落有致的格块状，茶人们在不同的方格里品茶，故以品格席命名之。

品格席茶会是一个主题茶会，一般都设舞台，主题内容就放在舞台上进行，所以茶艺师都背对舞台、宾客坐在茶艺师的对面或侧面。主题茶会若要有一段时间的演绎，品格席就会准备2~3种不同种类的茶来招待客人，并配以不同的茶点，要保证每人都能完美地品尝到每一道茶。舞台上除了主人说明主题外，大都安排一些与茶艺文化气氛相近的艺术形式和艺术内容，比如古典器乐、经典戏曲、吟诗泼墨、主题茶艺等表演。

品格席的茶席设计按“礼宾席”的风格，精致、实用的茶席体现茶艺师的审美趣味以及与宾客间亲近的关系，茶点碟、杯托的造型经常成为茶席的美妙点缀，因为一桌人有比较长时间的相对，有趣味的物件、工艺品进入茶席的设计，也会成为大家交流的话题。

品格席雅集茶会的茶艺师一般不说太多的话语，主要以赞赏、含笑、默许、观察、亲切等表情和肢体语言与宾客交流，其理由一是沏茶的时候需要静心；二是讲话多了可能会有唾沫等溅入。如有必要讲话，也要等完成一个环节、观察无虞的时候再交流。茶艺师要仔细地服务好宾客，让其有宾至如归的感觉。

品格席茶会与其他茶会比较，具有几个特点：第一，品格席茶会能更加烘托主题。它是对茶话会的改造，茶话会虽也是主题茶会，但由于其形式过于松散，茶汤提供仅作为解渴和润喉，沏茶者的服务简单粗放，并不能满足现代以茶聚会的要求。品格席茶会针对这些缺点，以茶艺的文化元素提升茶会品质，使主题茶会的主题更加突出，形式更加艺术化、人情化，并能给人留下深刻印象。第二，品格席茶会加大了与市民的融合度。它相比于无我茶会趋于内敛封闭的特点，在茶会形式上更外向一些，以一位茶艺师可以招待六位宾客的比例，加大了与市民的融合，使两种雅集茶会在各自的领域发挥不同的优势。品格席雅集茶会不仅能宣扬主题，还将艺术化的饮茶仔细地接待来宾，使宾客受到尊重，近年来也常常被用在文化、商业、聚会等各种领域。

三、流水席茶会

茶席是固定的、奉茶时茶艺师不离席，茶艺师本身就是茶席之美的构成，宾客是走动的、他在任何一个茶席前都可以品赏到茶艺师即时奉上的茶，宾客犹如一道流水绕行在各个茶席之间，故称之为流水席茶会。

流水席茶会的举办有室外和室内两种类型，以室外的更为经典。室外的流水席茶会，一般选择在风景宜人的公园、广场、庭院等离市民生活稍近一些的公共场所，地点的选择要符合两个因素，一是尽可能满足茶席设计对环境的要求，竹、树荫、远山、桥、廊等都是茶艺师偏爱的饮茶环境元素；二是实现茶会能被大众关注和分享的目的，在交通较便利、人流较聚集的地方办茶会，保证了参与者的人数。

流水席茶会是大型茶会中茶席设计最风雅大气的，是雅集席的代表。由于场地比较开阔，茶艺师可以尽情发挥自已对茶席设计的审美情感，或造景、或借景，启发欣赏者无限的想象力，投入到品茶的过程当中，饮者席设计在茶席也常常有十分出彩的表现。不同设计风格的茶席在一个场所中聚集，一步一景、美轮美奂，观众进入每一个茶席都有一声内心的惊叹。原本是人在席外如流水，终究是席在心内自汹涌。流水席茶会以茶席之美取胜，展示出各具风采的茶艺，成为它最大的亮点。

从茶会组织来看，举办一场室外的大规模流水席茶会要充分考虑到它的难度。它对茶席设计的要求较高，艺术层面的集合考验着茶艺师的设计水平；呈现出独特个性的茶具、茶席等，以及茶席较大体量的移动，也都需要有一定的经济条件作保证。另外，它是一种雅集，是茶艺交流、展示、分享的文化集会，没有突出的主题指向，组织无功利性的大规模茶会活动，也是举办者面临的选择。

室内也可以举办流水席茶会，比起室外的活动，有其优势和局限。第一，它的规模会小很多，受到室内场地的限制，茶席在与自然界呼应的情感因素也会降低一些；第二，它具有了规定性的主题，比如，在某个院落举办，那么这个院落的主人便是以茶聚会主题的发布者。还有一种室内的流水席，是借助它的形式用于其他主题活动的辅助，比如在通向会场的门廊之间布置流水席，让宾客经过时能欣赏到茶、茶席和茶艺，分享饮茶之美的文化。作此用途的流水席，要充分考虑到高密度、多频次的奉茶因素，茶席设计也更趋于实用。

四、奉茶会

奉茶会最典型的特征是茶艺师离席奉茶，是面向观众的茶会。分两种类型，一种是表演型茶会，另一种即日常奉茶会。

表演型茶会也是主题茶会，观众为了某个与茶相关的主题聚集到一起，利用舞台或专门的场地供茶艺作演出，因此，为了弥补与观众的距离，茶艺师都会走下舞台或离开茶席，将艺术化呈现的茶汤奉给观众。在表演型茶会中，舞台茶艺是大家聚焦的中心，因此，茶艺表情艺术的水平会被观众关注，茶席设计一般走舞台席风格，但也要兼顾到不同场合的效果，能让观众更好地感受到茶艺带来的魅力。有部分的观众可以品赏到茶汤，也表达了茶艺之于表演型茶会的生活情感。

日常奉茶会是最朴实的茶艺情感，茶艺师们在广场上设立若干茶席，并主动走向市民奉上认真沏泡的茶汤，带给日常的社会生活如茶汤般的温馨与友好。日常奉茶会一般在人流密集的广场、校园等进行，也就意味着观众能从任何一个角度来观察茶席，因此，对茶席、茶艺也就有了特定的要求。首先茶席要有美感，能让人关注到奉茶会之美而进入茶会的氛围；其次茶艺技法要娴熟，让观众能欣然而踊跃地接受一杯完美的茶汤；再次奉茶要恭敬，茶艺终究还是一场礼法的教育，礼节在任何场合都是茶艺师极力去实践、也带给人感动的重要因素。

四种现代雅集茶会各具有十分明显的特点，茶艺师若要进行茶会策划，必须要充分考虑到不同雅集茶会适宜举办的条件和文化个性。我们把这四种茶会用表格的形式列在一起，以便于大家能更加认识茶会的性质，设计举办的可行性方案。

现代雅集茶会的基本特征

	无我茶会	品格席茶会	流水席茶会	奉茶会
茶艺师离席奉茶	是(内)	否	否	是
市民融合度	低	较低	较高	高
茶汤供应	高	高	高	低
可普及度	高	较高	较低	高

这四种茶会形式中，活动策划难度最大的是流水席茶会，特别是露天开放的独立茶席茶会；最能预计效果的活动策划是品格席茶会，能较隆重地烘托出主题茶会需要的认同感、归属感、仪式感气氛；最具有仪式感的茶会活动策划当属于无我茶会，一品一物、一招一式、一颦一笑都有招有式，茶会参与者能深切地感受到在这一集体当中的默契与和谐；最亲民的茶会活动即是奉茶会了，舞台上表演一场茶艺，或在广场上端上一杯茶，老百姓热热闹闹地看上一眼或饶有趣味地喝上一盏，轻松自在，其乐融融。

茶会原本是无既定含义的，更多的是融入到我们日常生活之中，亲友们聚在一起，捧一杯茶，礼节和谈资便已具备。但本书试图从另一个视角来解读茶会，探究人与人之间的交往方式，寻找超越生活束缚的心灵慰藉。通过认同感来加深我们对生活的理解和热爱，以为这才是雅集茶会聚集的真正动力。

第三节 茶席设计

陆羽《茶经》中作为二十四器之一的“具列”，或床或架，大概指向茶席的平面设计或立体设计的意思。唐代以来的茶席要求与当代相去甚远，远没有将茶席设计提升为造型艺术定位的高度。茶席设计是茶艺形式中造型艺术的主要载体，也是茶艺创作的重要步骤。近年来许多茶艺学家对茶席或茶席设计作出过定义，如童启庆教授在《影像中国茶道》一书中解释："茶席，是泡茶、喝茶的地方。包括泡茶的操作场所、客人的坐席以及所需气氛的环境布置。"周文棠先生认为："茶席是根据特定茶道所选择的场所与空间，需布置与茶道类型相宜的茶席、茶座、表演台、泡茶台、奉茶处所等。茶席是沏茶、饮茶的场所。"乔木森在《茶席设计》一书中表述："所谓茶席设计，就是指以茶为灵魂，以茶具为主体，在特定的空间形态中，与其他的艺术形式相结合，所共同完成的一个有独立主题的茶道艺术组合整体。"蔡荣章在《茶席·茶会》中界定："茶席就是茶道（或茶艺）表现的场所，它具有一定程度的严肃性，茶席是为表现茶道之美或茶道精神而规划的一个场所。"这些定义都进一步明确了茶席是茶艺结构存在的静态空间。茶席设计的核心层面是指茶、水、器、火、境五大元素依循茶艺规范，构成具有审美的、静态的空间组合与造型；扩大的层面还包括茶艺师以及品饮者的静态介入。

一、茶席设计原则

茶席设计在茶艺作品中有着重要的作用，一个优秀的茶席作品设计要符合以下几个原则：第一，要承载主题；第二，要呈现风格；第三，要符合茶艺规范（即泡茶逻辑）；第四，要符合人体工学；第五，要兼顾场合。茶艺师按照一定的规律来设计茶席，可以获得较好的创作效果。

（一）承载主题

指茶席设计须与茶艺所要表达的主题一致，这种一致性具体化地体现在构成茶席的器物、形状、色彩等，达到由静态之席与宾客进行主题交流的目的。

（二）呈现风格

茶艺的风格除了茶艺师的表演风格自成一派外，大部分的作品是由茶席来呈现的。清秀、典雅、远奥、繁复等面貌都可以通过茶席的静态语言来铺陈表达，一旦确立茶席风格，那么也基本确立了茶艺作品的风格。

（三）符合茶艺规范

这是茶席设计最核心的部分，茶席因为茶而存在，为沏茶而铺展，为茶艺之美而设计，因此茶席设计首先要满足茶的需求，满足沏茶的要素和流程，满足完美茶汤的呈现。茶席设计必须围绕着沏茶这一中心任务开展。

（四）符合人体工学

人体工学是在设计产品、工具和环境时，注重适应和满足人的生理和心理特点，使用时尽量契合人体的自然形态，减少身体和精神的主动适应，减少人的疲劳感，使人的身体和精神处在更加舒适、安全、健康的状态下。茶艺是在茶席空间里进行的动作表演，表演者在茶席中能自如的沏茶而不受阻碍，是需要从人体工学角度考虑的重要任务。茶艺表演有位置、动作、顺序、姿势、线路的“五则”要求，有奉茶的要求，有不同国家、地区、性别、年龄的行动习惯要求等，这些方方面面都要考虑到茶席设计中去。

（五）兼顾场合

不同茶艺所处的场合是不同的，有家庭式的、舞台的、旅行的、各处表演的，因此茶席设计需要符合当下场合的要求。比如，家庭式的场合固定，观赏距离近，因此用一些精致的、贵重的器具作主角或铺陈，都是合宜的；舞台上的茶席要求有舞台的效果，要尽量兼顾到远距离观众的欣赏要求，所以采取典雅、繁复的茶席设计风格是常用的表现手法；旅行的茶席要便于携带，也不必过于贵重；各处表演的，考虑舞台效果之外也要兼顾运输方便等。所以场合的因素必须在茶席设计中体现，否则哪怕有可能是一件好的作品，但因为不符合场合要求，也就无法使应有的审美需求得到满足。

二、茶席设计内容

茶席设计从本质上讲，是将茶艺的五大元素“茶”“水”“器”“火”“境”之中的前四个“茶、水、器、火”与“境”充分融合，体现美感。因此，茶席设计就是解决“茶、水、器、火”如何编排放置在“境”中的问题，扩大概念来说还包括茶艺师在“境”中的位置，“境”对于观众的呈现等内容。为叙述方便，我们将“茶、水、器、火”的组合称为主角，将与主角关联的配饰、装点称为配角，承接主配角的支撑台称为席面，提供茶席空间结构和范围的格局称为空间，茶艺师和观众称为主体。即茶席由主角、配角、席面、空间、主体五大部分组合设计而成。茶席主题确定后，陆续选择相应的茶席元素进行搭配组合。

（一）主角设计

主角设计是整个茶席中的重点，用何种茶叶，水的盛放，火的来源，主泡器与品饮器的选择，茶汤与叶底的呈现，辅器与主泡器的一致性，茶艺流程设计的影响，主角的文化内涵、色彩系列、形状造型等，都是茶席设计中需要慎重考虑的内容。一般来说，在主角选择与设计时，需突出其实用功能，因此它对器具的要求是简洁的。由于茶内敛的个性，主角的风格也趋于含蓄，色彩不能太多，不宜有过强的设计感，且越接近于主泡器越内敛。

（二）配角设计

与茶艺关联密切的配角，主要有与饮茶适配的茶点及茶点碟、有“挂画、插花、点茶、焚香”四宜事之其他三项，有“琴棋书画诗酒茶”七雅事之其他若干项，有工艺品、日用品等器具的协调装扮，如盆栽、屏风、工艺美术品（竹匾、博古架、剪纸、软装饰布帘、手工艺品）、能唤醒记忆的日常生活用品、民俗器物、农作物、自然风景造型等。

配角设计除了诠释主题、与主角风格一致之外，还有一个重要功能：

在造型设计上，弥补主角过于简洁内敛而产生的不足之感。因此，配角的选择和陈列可以略微突出夸张，以平衡空间布置的美感及个性化表达。插花和插花器是常用的增添自然之趣的手法；茶点也可以发挥充满情趣的功能，如韩国茶艺界经常使用自己制作的、符合茶艺境象的、小巧精致的茶点，与盛放的茶点盘一起，以直线型或雁型等夸张造型，铺陈出美丽的空间格局。一般来说，常用作主角的器具不能当作配角来点缀，除非有特别说明的功能体现和理由。

（三）席面设计

席面设计是指对主配角器具放置的面或面的组合进行设计，包括材料、形状、色彩以及形式规律。席面设计主要回答如何衬托主角与配角、保护和满足主角功能实现、进一步诠释主题与风格等问题。在这一环节时，主配角器具已基本确定，这些器物有着各自的色彩、形状、质地、排序、内涵等不同的感性因素，是茶艺师在设计席面时要综合考虑的，席面要遵循感性因素的组合规律来体现美感，也要能起到稳固、保护器具的作用。设计席面的形构，是用具列床（平面）、具列架（立体）、还是多席的设计，必须视茶艺的主题呈现和功能要求而定，并兼顾茶艺师设计作品的全面把控能力。

从感性因素讲，席面的颜色和质地等往往决定了作品的整体视觉效果，茶艺师需要对这一部分的效果加以重视。比如布置时常用到的材料有各类桌布（布、丝、绸、缎、葛等）、竹草编织垫和布艺垫等；也可取法于自然，如荷叶铺垫、沙石铺垫、落英铺垫等；还有不加铺垫，直接利用特殊台面自身的肌理，如原木台的拙趣、红木台的高贵、大理石台面的纹理等。主配角色彩和席面材料色彩需相互配合，色彩搭配可以采用诸如色调配色、近似配色、渐进配色、对比配色、单重点配色、分隔式配色等组合原则来突出主题。设计席面不能为了铺垫而铺垫、为了桌面而桌面，所有的材料和色彩都必须是为茶艺作品整体而服务的，以求进一步诠释作品风格。

从席面形构讲，有平面的、立体的，有一席、二席、多席的。一般来说，取法典雅、稳重的，利用平面席比较多；取法古趣、田野的，设计成立体较多。平面席，即主角和大部分配角都处于一个平面上，席面设计整齐、有规则、一目了然，给人以坦然、轻松、中规中矩之美感。立体席，即主角也都分布在不同平面上，常见的如烧水器放置在矮几上、与主席面错开；用具列架和平面席组合构造明暗相间的视觉效果；设计成山涧泉石的曲折席面，如流水般依次布置主配角等。立体多席面的设计曲折、跌宕、饶有趣味，若是配合得当可以给人复杂、合韵、延展的美感。一席、二席、多席，是指茶艺作品以一套完整的主角布置，计算需要的茶席个数即为席数。多席的茶艺作品，以台湾天仁命题春夏秋冬的“四季茶席”最为经典，韩国也有“仁、义、礼、智、信”的五席设计，传播甚广。一席、二席、多席设计，主要是为满足茶艺本身的需要，席面越多，茶席设计规模越大，考虑到的其他因素就会越复杂，比如太过一致有呆板之嫌，太过变化又可能显得杂乱无章，还有表演者的介入、主题的集中等，这些线索的整理是否得当可以充分地反映出茶艺师对作品的把控能力。

（四）空间设计

空间设计是指茶席三维空间格局的展现，主要是指各席面及配饰在前后、上下、左右空间上的排列组合，包括席面的内容、形构、数目及空间的分布与配置。空间设计涉及了比例、位置、高度等要素及其组合规律，从设计类型看，有均匀型分布格局、团聚式分布格局、线状分布格局、平行分布格局和空间连接格局；从对象看，空间设计的规律既可以用在席面的空间设计，也可以指茶席的空间设计。空间设计是茶艺的一部分，注意美感的同时须关注人体工学在空间中的运用，要让茶艺师能方便地使用和移动各种器具。

空间设计首先要有比例、位置、高度的概念，即中心点的确立。从中国人的思维来看，任何事物的切入首先要确定其中心：如中庸思想即“执两用中”，城市规划的“中轴线”，费孝通先生讲中国社会格局是“同心圆”扩散的差序格局等，都体现了确立中心所具有的现实意义。确立中心，不是为了把自己禁锢在其中，而是需要以这个“中心”为根据来确定自己的位置和步伐。对于具体可视的茶席尤其如此，不管是席面还是茶席空间，

都要先确立中心，这也是茶艺规则“同壹心”的要求体现。

中心的确立跟范围有关，与前后、上下、左右的轴向有关。前后的轴向确定了左右的中心位置，称为纵轴线，也称为中心轴；左右的轴向确定了前后的位置，成为横轴线，茶艺、茶席中经常用到的“平行”，一般都指与横轴线平行；上下位置的中心点（面）确立称为重心。空间的中轴线、横轴线和重心交织的点，即是中心。中心确立后，空间的位置、比例、高度就有了依据和出发点。以席面为范围，它的中心点即是主泡器之所在，因此，茶艺师和主泡器（单体）应布置在席面中心轴、重心点的位置。中心轴是最为直观的，根据中心轴的位置，有些茶席采用对称的表现手法，大部分茶席则采用均衡的手法来表现中心轴的势态，后者更富于变化，形式上也更灵活自如。茶席有席地的、矮几的、坐席的、立席的，这样空间的重心就各不相同，富有变化；席面的主配角的高度和重心点也可有所不同。茶席的空间布局的核心，就是要紧紧围绕看不见的中心点，来安排各种器物的比例关系。茶艺创作和表演也都是围绕着这一中心开展，在茶艺的变化中不偏不倚，使观众视觉能够聚焦在这个中心点上。

空间设计的格局类型有：

（1）均匀型分布格局：是指各器物、席面之间的距离相对一致。这种类型在教学中最为常见，主泡器、品饮杯、茶匙组、插花等主配角排放整齐、有序，能够使学习者建构起初步的位置与比例关系。

（2）团聚式分布格局：是指确立一个中心团点，其他材料围绕着中心团聚集起来，形成中心辐射或若干中心团块的效果。这一中心团点一般由主泡器担任，体现在单个席面上，有主配角的圆形排放作为对称的设计，或彗星般团聚运动的不对称设计。空间设计使用此方法的也十分多见，茶艺师要把握好对称时的不呆板感和不对称时的平衡感。

（3）线状分布格局：是指同一类型或相似器物呈线形排列分布。比如若干个品饮杯或主配角其他相似形状器物连成一线，呈现出绵延感；空间设计还常用一些铺陈指代水流小溪，运用绵延的线型空间来布局茶席。

（4）平行分布格局：主泡器、茶荷、茶匙等排成行，构成三行的平行格局，给人一种富有节奏和韵律的美感。空间设计时常把背景与席面摆放成平行格局，而多席的空间设计也更多地用到平行概念，这种平行的视觉所传达出的秩序美、形式美更易被大众所接受。

（5）空间连接格局：将不同高度、不同类型的席面、背景、配饰等按一定逻辑连接起来。有平面的空间连接，如用大面积的材料（竹排、织布、植物、玻璃等）突出特别的形状作铺垫，将多席的茶席或不同类型的主配角集合在一起，扩大了视线接触的场景；有立体的空间连接，比如利用树枝、金属笼、伞状物、自然界的造型等，营造一个若有若无的半包围的空间，可以更加明确茶席的立体空间范围。

（五）主体设计

完成了前面四个环节，作为中间产品的茶席设计作品已大体呈现。但在完整的茶艺还必须完成第五项内容：茶艺师的外形设计以及品饮席位的摆放。只有主体进入到茶席中，才算真正完成了茶席设计。

茶艺师的外形设计包括：

（1）茶艺师选择。主要考虑其性别、年龄、气质要求等是否符合茶艺的主题和风格，比如一个色彩鲜艳、风格活泼的主题茶席，让年长的茶艺师进入是不和谐的；若是诠释玄远主题的茶席，放一个年轻的小姑娘也不适合。

（2）服装设计。其颜色、质地要与茶席的色调风格和谐；其版型、款式要满足沏茶的功能要求，尤其需要注意袖口设计；其造型、文化意蕴应符合主题的内涵，符合茶艺礼节的要求。茶艺师的服装体现了一种文化格调，近年来多为大众模仿，逐渐形成了独立的体系：茶服。茶服对服装界有着巨大的贡献，它打破了传统民族服装与现代生活服装的隔阂，创造出可以兼容民族元素且舒适美观的服装系列。以一种文化自信，大方得体地通过饮茶活动或带着饮茶态度出现在生活中，出现在世界各个角落。

（3）位置与姿态设计。茶艺师的位置与茶席的中心点、重心等要素密切相关，茶艺师在茶席中是一个亲切平和的默者，他以得体的眼神、笑容、肢体与观众交流，这是茶艺师最基本也最有魅力的姿态。

观众品饮席位的设计摆放要增添茶席的美感，比如线状分布的茶席，

坐席可以继续延伸线的形状，来呈现更强的设计感；品饮席还可营造另一个独立的空间，与茶席遥遥相对、相映成趣。在无需摆放品饮席时，设计的茶席也要让人能明白观众对象的位置。

茶席设计最后还有一个命名的工作，尤其是作为独立作品展示的茶席，一个好的题目往往能提升茶席的艺术水平。茶席命名首先要简明扼要地概括出茶席主题，主题与茶席之间的表象要相互呼应、巧妙点题，使命名切题、含蓄、默契而富有想象力。借助古诗词、散文、名句、偈语等内涵丰富又为众人熟知的意境来诗意表达茶席主题，是茶席命名中较为常见的手法。

三、茶席设计类型

茶席设计有很多分类的方法，如按题材分、按结构分、按色系分、按茶会类型分……等等。茶席作为一种艺术形式，必然与人的情感相关，茶艺师们认为茶席能营造出茶与饮者对话的良好氛围，其本质是人们通过饮茶及饮茶环境实现了审美移情，茶席寄托了饮者的情感。因此，以茶与饮者的情感关系，推己及人、从少到多，来区分茶席设计的类型，可分为雅修席、礼宾席、雅集席、舞台席四种，是茶艺师必须了解的分类原理与方法。

（一）雅修席

雅修席是茶艺师以饮者的身份与茶对话，茶席是茶艺师心灵的观照。茶席设计特征多表现为自我风雅、自由。

雅修席与茶艺师的日常生活密切关联，是茶艺师凭借茶席一角在日常生活中观照自己，修身养性，也是一种私人化的生活方式。因此，茶席设计往往有着突出的自我个性。

雅修席往往会固定地嵌入到日常生活之中，表现为这类茶席成为居所结构的一部分而置放，比如在各种较大型的、造型奇趣的木材或石材上设计茶席，在家居的飘窗、书案、阳台以及庭院景观中安排茶席等。由于位置相对固定和安全，茶艺师能提供妥当的保护，各类器具的选择范围广泛，创作材料的质量水平会相对高一些。但茶席设计必须兼顾到空间已有的风格，达到兼容、和谐的效果，所以因为背景固定，茶席风格的选择也会受到一定限制。

雅修席的最大功能是实现茶艺师的移情，传达了茶艺师心灵深处的情感。因此，它的设计完全可以根据茶艺师私人化的审美态度来实现，是极为自由的，虽然客观上它的存在即是展现，但从主观上来说是无须考虑其他人审美意见的。茶艺师曾经的记忆、个人的爱好、敝帚自珍的怜惜，或空灵或正雅，这些主题风格，都可以成为设计的中心任务。

雅修席是生活中为表达风雅的一部分人而存在的，极具私人化。明代的茶寮、日本的茶室建筑，都是对此类茶席大而化之的表现。同样，茶席的风雅文化也选择了茶艺师的生活方式，两者之间是相互依存、相互促进的。

（二）礼宾席

礼宾席是宾客与茶的对话，反映了茶艺师对来宾的心情与礼节。茶席设计特征多表现为亲切。

客来敬茶是普罗大众对茶最广泛的认知，而如何敬好一杯茶，是茶艺师在礼宾席设计时考虑的重点。此类型的茶席目的性强而清楚：第一，在茶席中便于给宾客沏茶；第二，茶席要展现对宾客的欢迎。在选择茶品和主泡器之前，茶艺师先要了解来宾的身份，如年龄、性别、职业、区域等，不同身份的饮者对茶品的喜好程度是不同的。如女性、文职工作者、较少饮茶经验的，可以选择淡雅的、有代表性的茶品；老茶客、来自不同茶区的宾客，可以选择有特点的茶，以作交流。茶品选择后，主泡器的选择就完成了一大半。在这一点上，《红楼梦》中第四十一回妙玉请贾母一行饮茶，招待不同的人，所选的茶和茶具也是大有不同，可谓是经典范本了。

茶艺师必须结合茶品和宾客的不同身份来设计茶席。礼宾席是饮者和茶艺师紧紧围绕的茶席，相互距离很近，配饰和席面不能太突兀，设计材料须经得起细细鉴赏，茶席设计的风格要趋于简洁、清秀，设计的主题须

符合宾客的身份。茶艺师有时可仅用一个考究的茶盘、茶台、叠铺的桌旗、淡雅的插花、小凭栏等来完成茶席设计，但即便如此，对这些材料的选择还是要有主题的凸显，比如用花代表对女性的欢迎，用古润的木器、玉石代表对老人的尊敬等。

茶艺师还要了解来宾的人数，人数较少，茶席就可小一些，避免有以席欺人之虞；人数较多，则茶席的席面设计就要大一些，有时也设计成多席，以适应多宾客的不同需求，若会见时间较长也可作换茶的不同茶席配置。有时，茶艺师并非是宾客来访的主要对象，那么茶席的安排不可喧宾夺主。

礼宾席的特征是亲切，通过主宾之间默契的沏茶、饮茶，来展示茶艺师对宾客的亲切心情，并将更多细致的感情寄托在茶席之中。

（三）雅集席

雅集席是符合某个主题的茶席展示，多用在以茶聚会的场合中，能以其文化内涵和审美形态给人深刻的印象。茶席设计特征多表现为独特。

现代茶人的雅集大致有三种：

第一种是一席多人，茶人们为了一个主题或共同的爱好集聚在一起。茶艺师是这个茶会的主人，需要以艺术品位为旨趣尽情地演绎茶席茶艺，真诚地招待每一个茶人，比如谷雨茶叙、茶与琴的对话、庭院茶会等都是一席多人雅集席展示的场合。一席多人的雅集席有以单个一席在茶会中贯穿活动始终的，但大多数还是以一席接一席的方式来展示。

第二种是多席无人，这个无人是指无实际的饮者。多用在将茶席作为中间产品展出，是将诸多茶席进行雅趣集合。在这个雅集中，茶席的设计水平在相互比较中一览无遗，茶席设计的不同风格给阅览者以无限启迪，茶席设计的每一个闪光点会被关注与铭记。

第三种是多席多人，茶人们带着自己的茶席作品在一个较广阔的空间展示，给每一位阅览茶席的饮者展示茶艺，使饮者有完美的茶席体验。这类茶席表现的是茶人们最广泛的活动形式与活动状态。

雅集类型虽然略有不同，但是都反映出一个同样的设计特点：第一，主题鲜明，风格独特，茶席的艺术性要求较高，尤其是造型艺术的表现，茶席设计需要紧扣主题和演绎风格，以获得较好效果的呈现，才能在现实中或在茶人评价中脱颖而出；第二，把握审美距离，雅集席在日常生活中比雅修席和礼宾席与饮者的距离稍远一些，但又比舞台席近一些，这种距离也反映雅集席的审美距离上，它应该呈现出超越于生活的审美形态；第三，茶汤的呈现，除多席无人的茶席试图造就纯粹的审美外，雅集席应该提供给每一位阅览者以茶汤的品鉴，要通过艺术化的茶席和完美的茶汤来反映出平等、自由的宗旨。

（四）舞台席

舞台席是用在舞台表演场合上的茶席展示，应符合舞台艺术的要求，茶席设计特征多表现为夸张。

茶席之所以放上舞台，是与观众较多、或可以传播到更广更远的范围等因素相关。因此，它与同在舞台表演的其他艺术形式要求基本一致。值得关注的是舞台席面临的挑战：

一是舞台的限制性，包括舞台空间的限制、与观众保持距离的限制、茶汤供给的限制等，这些客观因素势必造成茶席主题表现的限制性，茶汤之美观照的缺憾。因此茶席设计中要尽可能夸大一些形式元素，唤醒观众的想象力，从而补充和升华对茶席的感知。

二是舞台美术的要求，舞台席面临着灯光、布景、化妆、服装、音响等舞台效果共同作用的场景，其布景和空间具有假定性的特征，服装、化妆需要符合灯光的渲染效果，这些特点和要求都要纳入茶席设计的创作构思之中，才能全面地呈现出具有舞台魅力的茶席。

三是舞台的情感要求，茶席，在日常生活中其表现形式是舒缓的、亲切的、内敛的，但在舞台上，它的对象不再是一个人或若干人，而是一个剧场或一个广场的人群，它的亲切需要传达给在场的每一位观众，因此舞台席的情感表达要更为奔放、夸张、细腻。

舞台席的设计常运用多席的、空间连接格局的大型茶席来布置，且一般以繁复、典雅、壮丽的风格来体现。当舞台用以表演茶艺时，主体的设

计部分需作较多考虑，如果主体设计得比较庄严隆重，那么茶席的实物部分需要铺展得更为清雅一些。

四、茶席中的插花

中国历来有种花、赏花、折花、赠花、供花、佩花、簪花的习俗。庄严隆重有佛前供花，盛大热闹有花朝节，独处清赏有折花入瓶，更有甚者如《红楼梦》中的黛玉荷锄葬花，惜花怜花的形象跃然纸上。花是生活中不可缺失的美的源泉，上至贵胄，下至百姓无不喜爱。而文人插花又更是别有情趣，宋代在琴棋书画之外又形成插花、挂画、点茶和燃香这“生活四艺”，可见插花已成为生活中不可缺少的内容。①

插花于宋元时期瓶花艺术开始全面盛兴，直到明代才形成了系统的理论知识。其中当以如高濂的《遵生八笺》、张谦德的《瓶花谱》、袁宏道的《瓶史》三书为首，建立了插花艺术研究体系。其跳出了花材处理和养护的范畴，更多地关注插花的构图布局和品鉴赏玩，成为了日常生活审美化的绝佳范例。

“天人合一”是中国哲学恒久不变的命题，饮茶、插花都不外乎如是。自陆羽始，饮茶环境都喜欢与自然相伴。陆羽在二十四器中特设“都篮”一器，以“悉设诸器而名之”，有了都篮，外出便可担茶具而行之，饮于山川流水之间。宋明之际，无论是书画还是诗词，都直接或间接地表达了对自然山水的倾慕。于山水间饮茶，固然是美事佳境，但不可否认也的确劳心劳力，所耗颇多，只可偶尔为之。那么处于市井屋舍之内的又如何实现与自然相融呢？元代张贞居的一首《双调·水仙子》或许可以为我们解答一二：“归来重整旧生涯，潇洒柴桑处士家。草庵儿不用高和大，会清标岂在繁华。纸糊窗，柏木榻。挂一幅单条画，供一枝得意花。自烧香童子煎茶。”可见，中国文人撷取自然一角，移入自家居室，便算是与自然相依相偎了。一花一世界，一叶一菩提，插花的含义便在从花草之间窥见自然之

① 张谦德、袁宏道：《瓶花谱 瓶史》，中华书局，2012年版。

浩渺，融自身于无穷，物我两忘，天人合一。

宋代吴自牧《梁梦录》称“烧香、煎茶、挂画、插花，四般闲事，不宜戾家”，可见这四种艺术形式相生相融，皆是日常生活中的一种仪式。古人生活需四艺俱全，相映成趣。当代茶艺中插花的身影也不少见。茶空间中的插花，往往可以作为点睛之笔，引自然入席间，赋空间以生命力。

茶席选用的花材形式多样，鲜花、绿色植被、干花、小盆景、仿真花等皆可，鲜花一般以当季为宜。花材色彩宜淡雅，若茶席整体色泽较为暗沉，也可以尝试选用色彩明亮的花朵作点亮之用。花材入席之前要适当地进行修剪搭配，也可以适当地用胶带或铁丝改变花材造型，但求保留有自然之意。其颜色和姿态不仅要配合整体茶席，也要考虑与花器的搭配。

巧用插花器可以给茶席增添美感和趣味。用高挑的花瓶插花，可以打破茶席平面，增添茶席的层次性和趣味性，高处花枝的投影也可以与器皿相映成趣；用浅盆的花器插花，可以有“疏影横斜水清浅”的审美趣味，是当时千利休解破的一个偶然性命题；用觚、琮等青铜器或相同器型作为花瓶插花，可以增添茶席古意；用鹅颈瓶、纸槌瓶、一枝瓶等作为花器，可以增添茶席的人文气息等。

明代袁宏道讲插花时提到“插花不可太繁，亦不可太瘦，多不过两种三种。高低疏密，如画苑布置方妙。……夫花之所谓整齐者，正以参差不伦，意态天然”。即是借插花来对多样统一的阐释。茶艺的本质内敛含蓄，与中国的传统插花风格一致。茶席中的插花需配合其最终需要呈现的效果来决定，一般来说宜简不宜繁，宜典雅不宜浮夸，以能引人进入以茶为艺的特定场景为佳。

第六章

茶史谱四艺：“笔煎点叶，溯回从之”

日常生活是顽固的，顽固到我们现在喝茶与茶艺的程式，一直沿袭祖先们框定的习性。变革而发展的，是历代生产力水平。

茶艺是一种生活方式，是在一定的历史时期与社会条件下，人们对渗透在日常生活中的饮茶内容表达出的活动形式与行为特征。因此，以饮茶法存在于日常生活中的茶艺，必然会受到各个时代不同的技术和思潮对它的影响，从而构成了不同时代的茶艺特有的形式特征，也折射出一个时代的面貌。饮茶法虽有各个时代的特征，但由于日常生活的稳定性，其从本质上来说又几乎是一脉相承的，也正是这一点，使对日常生活中饮茶法的研究历久弥新。中国作为世界茶文化研究的基石，是世界上最早利用茶的民族，中国茶艺亦有漫长的发展历史。厘清中国茶艺的嬗变，可以昭体而晓变，从而对世界饮茶文化的基型有概括的认识，对于现代茶艺文化的来龙去脉，有正本清源的效果。

茶艺由茶、水、器、火、境五个元素组成。从古代走到今天的饮茶方式，茶艺的这五个元素体现了一定的规律性，通过这些不断积累的规律性认识，来把握现代茶艺文化的变化与发展走向是十分必要的。

茶，作为植物的科属种本质特性是不变的，但在不同朝代的加工技术条件和消费意识引导下，茶品的差异性较为显著，主要表现在以下几个方面。一是茶叶成品的外形，历史上出现了饼茶、团茶、末茶、叶茶等，这些差异较大的外形是由不同的加工技术与方式造成的，也决定了茶叶内质的差异性。二是茶品的单纯性，自古以来一直有两种选择：在加工过程中是以茶叶单独的滋味（形态）存在，称之为“真茶”；或者调和其他植物或香味、滋味等来形成茶品，称之为“调和茶”。三是茶汤的滋味偏好，茶一直兼容着三大功能：药用、食用和饮用。侧重药用功能的，依照中药理论，不求滋味入口愉悦；侧重食用的，以果腹、香甜为追求；立于以茶为饮的基点，则既要讲求感官上的美好，又要充分发挥养生的效用。随着茶文化的发展，还发扬出饮茶修身养性的功能，在茶汤滋味的要求上进入了另一境界。

水，是茶形成各类滋味及形态的载体。在以茶为饮时，水的作用往往超过茶叶的地位，因此，茶艺师往往会花很大的精力去寻找适合沏茶的水，并且充分把握好水与茶的比例及水浸出茶叶内容物的时间，来获得一杯更加完美的茶汤。这样的努力自魏晋以来一直延存至今。

火，是人类文明给予了饮茶生活的多样选择。自古以来，茶叶开汤的加热方式就是两种，一是火将水加热后由热水浇覆在茶上，二是将茶和水共同在火上直接加热，前者统称为去火“泡（庵、点、沏）”茶，后者统称为直火“煮（煎）”茶。在以茶为饮时，水精挑细选后，其用火加热的过程，即“候汤”的意味也谨慎起来，不同水温适合不同的茶叶。

器，是各朝代饮茶方式差异的主要标志物，是研究不同时代饮茶习俗的重要文物，具有丰富的文化意义。茶之器中首位的，是承载茶叶开汤的容器，即主泡器。大概来说，主泡器有“镀、碗、杯、盖碗、壶”五种类型：“镀”是用直火加热来饮茶的开汤容器；“碗”作主泡器的重要功能是通过充分调理、摔打而形成茶饮；“杯”用来开汤直观简洁方便，在现当代被普遍利用；“盖碗”的魅力，“壶”的流及紫砂壶的特殊材质，在它们作为主泡器时能演绎出多种技法来获得茶汤的美妙滋味，是现当代饮茶主泡器的佼佼者。饮茶之器除了主泡器外，还有品饮器、辅具、铺陈等重要器具，来与主泡器组合利用发挥最佳功能。这样一来，饮茶生活的器具不仅丰富多样，还极有意蕴。

境，表达了人与社会、人与自然、人与自己之间的关系，在饮茶生活中常提及“以茶聚会”“天人合一”“境由心生”等，便是对应了“境”的关系概念。饮茶既是个人的生活方式，也是一个亚文化群体的社会生活方式，在与主流文化的交融碰撞中得以发展扩大。饮茶聚会有各种载体，比如雅集茶会、庆典礼俗、茶馆等，造就了各种人文的、商业的、个人旨趣的饮茶之境或意象，而由茶席、饮茶空间、流程仪式上流溢出审美之“境”，则具体呈现了茶人把握客观对象及自身修养的能力。饮茶之境使饮茶情趣衍生出了多样的审美意象，兼容了饮茶人群中不同人文趣向的不同文化选择，这种选择或密或疏地存在于各个朝代。

从历史沿革的基础上，了解茶艺五元素和茶艺流程中“茶品制作”“茶汤制备”“饮茶方式”三大部分的变迁，了解各朝各代饮茶法形成的始末，可以帮助我们更充分地了解茶艺内容。历代茶艺大致经历了芼茶法、煎茶法、点茶法、沏茶法四个阶段，简称“茶史四艺”，在元末明初出现过末茶法，在茶品上以叶茶研磨成末，代替宋代点茶法茶品的团茶之末，其他茶艺方式均为一致，所以本质上与宋点茶法同归一类。我们将通过断代叙述，来逐一分析历代茶艺的主流及其变革。

第一节　唐前芼茶：以茶利用，以茶聚会

中国饮茶可上推到神农，也可溯源至三代，但是史料稽考却极为不易。目前对于中华民族开始饮茶的确切时间多有争议，较为保守的说法是秦汉之际，因此本书唐以前的朝代大体指汉魏六朝及隋朝。这八百多年的茶文化史料现存有限，但是饮茶方法已经相当多元化了，我们甚至可以说，后代的饮茶雏形大抵赅备[①]。

一、概说

唐代以前的茶品，可能是叶茶、饼茶和调和饼茶同时并存；茶汤制作

① 张宏庸：《茶艺》，台湾幼狮文化事业出版社，1987年版。

以筅茶法为主；品饮方式则是品茗、茶果、分茶、筅茶四大类型兼而有之。

二、荼、茗荼、无酒荼

《尔雅》大约成书于秦汉，是中国最早的字书，它在卷九里曾提及“檟，苦荼”，唐代以前的“茶”字均假借“荼”字，可见在秦汉时代，荼是一种味苦植物。

根据晋郭义恭《广志》（大约成书于370年左右）的记载，唐以前的茶品制作方式及类型可分成三类：“茶丛生。其煮饮为茗茶。茱萸檄子之属。膏煎之。或以茱萸煮脯冒汁。谓之曰茶。有赤色者。亦米和膏煎。曰无酒茶。”所以在当时有“茗茶”“茶”“无酒茶”之称。

第一类的“茗茶”指纯茶，不杂和它物。晋代的刘琨称之为“真茶”，大致是采摘的真茶（区别于其他植物）直接煮饮，当时称这样的茶和茶汤为“茗茶”“真茶”。

第二类的“茶”是指在茶里加入了茱萸、檄子之类，可归于调和茶。制作方法有两种：其一是煎煮筅茶，调和茱萸、檄子，煎煮成为膏状；其二是调和筅茶，把煮好的茱萸汁冒在茶里。这个“冒”字应该是“筅”字的谐音字或别字。以上两种方式都叫做“茶”，基本是当时的主流饮茶方式。文中没有提及“茶”是叶茶还是饼茶，由于茶叶性能不稳定，且芽叶较小，需要一定的加工方式以实现茶品的有效保存，按当时的生产条件，做成饼茶的可能性较大，根据其他文献的记述也可以证明这一点。

第三类的“无酒茶”是在茶品制作时调和米膏，再做成茶干，由于米具有发酵作用，茶品颜色呈赤色且有酒味，因此叫做“无酒茶”。三国时期张揖《广雅》中的记载也大致与《广志》相似，因此“无酒茶”是一种调和饼茶。调和饼茶的记载也证明了当时饼茶已作为通常物出现。根据后来的文献记载，用米膏调和可能是为了去除茶饼（茶叶）的涩味，如果是因为这个原因，那么我们也有理由猜想：这一方法是否与当今通过发酵方式来呈现茶叶各种滋味的出发点是相似的？这一类茶是否也有可能是当时加工条件下的真茶（发酵茶）饼？但这也仅仅是猜测，目前统一的说法还是认为无酒茶是调和饼茶。

三、茶汤制备的特征

从以上看，唐以前的茶品大致分为真茶、茶、调和饼茶这三类。除真茶为清饮之外，茶与调和饼茶都采用调和饮用，构成了当时的主流饮茶法“芼茶法”。芼茶法是以真茶杂和其他食物共同熟煮或浸泡的饮用方式。也就是说，唐以前的加热方式不仅有“茶、水、火”共同熟煮的“煮”茶方式，也有“火”加热“水”后浸泡“茶”的“泡”茶方式。茶汤仍杂合其他食物来制备，这是从食物的“汤”“羹”形式过渡到茶汤形式的表现。

唐代以前没有功能区分明确的茶具，往往是和酒具、食具共用。近年在浙江上虞出土了一批东汉时期的瓷器，其中有碗、杯、壶等，据考证，它们还是介于食具、酒具和饮具之间，可以作为共用之具。西晋左思的《娇女诗》是茶学界公认有关茶具的最早文字记载，其中有一句是：“心为茶荈剧，吹嘘对鼎。”左思笔下娇憨的女儿急于饮茶，便对着烧水的“鼎”吹气，此处我们可以明确这里的“鼎”当为茶具之用。

依据晋代郭璞《尔雅》注：“槚，苦荼。树小如栀子，冬生叶，可煮作羹饮。今呼早采者为荼，晚取者为茗，一名荈，蜀人名之苦荼。”茶在当时有几种称呼：槚、荼、茗、荈、荼等，苦是它的基本滋味特征。茶汤制备一般采用煮的方式，如同羹饮，张揖《广雅》中记叙得更为详细：“荆巴间采茶作饼，成以米膏出之。若饮先炙令色赤，持末置瓷器中，以汤浇覆之，用葱姜芼之。其饮醒酒，令人不眠。”其意为湖北四川一带的人喝茶时，把茶饼烤成红色，捣成茶末后放在瓷器里，用汤浇盖饮用；或将茶末与葱姜等食物杂和，放在一起煮。由此可见茶汤制备的方式有两种加热方式：一种是将其他食物煮汤后浇冒在茶里；另一种是杂合其他食物煮饮。

唐代以前，真茶清饮的现象已经存在。最典型的是晋代杜育《荈赋》，其中描绘了文人雅士在茶山采制茗茶、即席煮饮的场景：“灵山惟岳，奇产所钟。瞻彼卷阿，实曰夕阳。厥生荈草，弥谷被岗。承丰壤之滋润，受甘露之霄降。月惟初秋，农功少休；偶结同旅，是采是求。水则岷方之注，挹彼清流。器择陶简，出自东隅。酌之以匏，取式公刘。惟兹初成，沫沈华浮，焕如积雪，晔若春敷。”最后四句诗说明茶汤制成时，茶汤中颗粒较粗的茶末下沉，较细的茶末精华浮在瓢面，其光彩如皑皑积雪，明亮如春熙阳光。此诗中描绘的饮茶方式基本可以确定是真茶煎煮清饮，而非上述的茗茶或痷茶，因为茗茶由于添加其他配料，无法出现沫沈华浮的现象，痷茶法更是无法出现焕如晔若的茶汤效果。此外，从沫沈华浮这一现象来看，所用的茗茶应当是真茶，而非调和茶。这可以说是文人对当时饮茶方式的一种反动，因为茗茶、调和茶都有损原味。但这种反动也进一步说明了这样的茶品、茶汤和饮茶方式是非主流的、小众的响应。

总体而言，煮茶在相当长的时间内都是饮茶法的主流，传承至唐代后经过陆羽的适度改良，成为唐代茶汤制备的代表。而泡茶法被陆羽以否定的态度称之为痷茶，一方面肯定了这一饮茶形式的存在，另一方面表明该制备方式欠成熟，还不能经受当时文化的洗涤和剖析。

唐代以前的茶汤制备，加热方式上大多采用煮茶和泡（痷）茶，材料准备上普遍观念认为需要加调和物或杂和其他食物，这一点是茗茶法的典型特征，也是之后唐代饮茶法区别前朝的关键。

四、饮茶方式功能兼备

唐代以前的饮茶方式，有文人雅士如《荈赋》中的清野风格，有百姓生活以茶为羹的朴实民俗，也有社会群体交往的普遍态度。饮茶在待客及群体聚会中有着普遍的饮茶社会功能，唐代以前大致出现了“品茗会”“分茶宴”和“茶果宴”三种形式的饮茶聚会。另外，饮茶的功能性作用，如药用健体，成为促使人们更普遍用茶的内在动力，这一点在唐以前已基本成型。

（一）以茶聚会

（1）雅——品茗会。一群志同道合的雅集聚会，以真茶清饮的方式体会茶、茶人、茶境的美感。最为典型的品茗会，当属《荈赋》中的文人雅士集会，享受自然风景、品赏真茶情趣。直到今天，人们仍兴致勃勃地在

品茗会的概念中，不断创新出各种仅为饮茶品藻的雅集。

（2）广——分茶宴。菜肴与茶水相互配合的茶宴，也可说是茶酒宴，形式上较为规范，一般会有一些仪式上的要求，以区别普通的羹饮酒饭。根据汉代王褒《僮约》的记载，当时四川人已经有了完整的待客茶宴：请客人到家中用饭，先提壶酤酒、汲水作汤、拔蒜作菜、断苏切脯、祝肉胪芋、脍鱼鱼鳖，享用美酒菜蔬、兽肉海珍之后，主人再端出配备完善的茶器烹茶待客，品茶后以固定的容器收拾茶具，可以说是相当完整的分茶宴基型了。从所记载的状况看来，分茶宴的情况和北魏杨衒之于《洛阳伽蓝记》中记载的"菰稗为饭，茗饮作浆，呷啜莼羹，唼嗍蟹黄"这一习俗极其相似，由此可知，自两汉以来分茶饮用已经十分普及了。

（3）廉——茶果宴。以茶果、茶食、茶点配合茶饮，作为待客的正式宴席，旨在倡导以茶养廉。南北朝时期的宋，何法盛在《晋中兴书》里记载了一则茶果宴的故事。东晋陆纳当吴兴太守时十分节俭，客人来时仅以茶果待客，而不用酒宴或分茶宴，卫将军谢安造访也不例外。陆纳有一侄陆俶，他怪纳怠慢了谢安，私下准备了十数人的盛馔，以供谢安和他的随从食用。谢安离去后，陆纳打了俶四十大板，说道："汝既不能光益叔父，奈何秽吾素业。"此外，桓温在宴饮时也只备茶果，可见六朝时茶果宴颇为盛行。考其原因，许是因为晋室南渡，当朝要员以身作则，厉行节约，改奢豪的酒宴或分茶宴为俭朴的茶果宴。此风相沿，到齐武帝时仍以俭德为美，他在遗诏中要求，子孙在其死后以茶果来祭奠："我灵座上慎勿以牲为祭，但设饼果、茶饮、干饭、酒脯而已。"

（二）以茶为用

（1）饮茶：虽然我们把清饮真茶作为饮茶的本宗，但在唐代以前，民间的民俗饮料多为芼茶法，很少品饮真茶。饮茶虽存在于一些文人的生活方式之中，如杜育《荈赋》中的描述，但社会普遍的饮茶概念并未得到完全的统一。

（2）食茶：所谓"食饮同宗"，茶也如此，在其作为饮料之前，它是被食而用之的。语言学者研究以为：在原始人的语素中，"茶"的发音意为

"一切可以用来吃的植物"，我们的祖先可能便是从野生大茶树上砍下枝条，采集嫩梢，先是生嚼，后加水煮成羹汤，服而食之。在唐以前的饮茶方式中，仍较多地保留了"食饮同宗"的习惯，茗茶法中采用较多的其他食物杂合烹调以作饮，便是体现了"食茶"的内容。

（3）药茶：中国的药茶观念大致形成于南北朝时期。在此之前也有不少作品提及茶的广义药效，如《广雅》与《秦子》提及茶的醒酒功能，《博物志》与《桐君录》提及茶有"令人少眠"的功能，刘琨说茶可祛除体中烦闷。但是确切提出茶药用功能的，可能是梁朝陶弘景的《新录》，他提及"茗茶轻身换骨，昔丹丘子、黄山君服之。"把茶当作服食养生之药，可以说是开创了中国药茶的新境界。茗茶开始不局限于俗饮，也渗入了本草的范围，唐代以后，茶药方繁多，也是肇基于此时。

古人素有"药食同源"之说，人们在长期食茶的过程中，认识到了它的药用功能。由此可见，茶的药用阶段与食用阶段是交织在一起的，只是人们把茶从其他食品中分离出来，是从熟悉到它的药用价值开始的。所以最早记载饮茶的既不是"诸子之言"，也不是史书，而是本草一类的"药书"，如《神农本草》《食论》《本草拾遗》和《本草纲目》等书中均有关于"茶"的条目。饮茶健体，使饮茶不仅限于民俗果腹、文人雅趣之用，还成为人类追求体质健康长寿之寄托的饮品，这一点至今仍是推崇茶叶为饮的核心物质价值。

茶经历了从食用、药用到饮用的演变，三者之间既先后承启，也相互交织，不能进行绝对的分割。即便在今天，茶以品饮为主，但同时也是保健品，云南的基诺族仍把茶叶凉拌做菜来食用。

结语

综观唐以前的饮茶，有以下几个结论：唐以前的茶品制法主要是饼茶，饼茶一般是真茶和调和茶；唐代以前盛行茗茶法，即以真茶杂和其他食物共同熟煮或沏泡；唐代以前的茶汤制法主要为煮茶法，也有泡（冒、痷）茶法；唐代以前没有专门的煮饮茶器具，茶器与食器混用，煮饮茶器具主要有锅、釜、鼎、碗、瓢等。

分茶宴早在汉代就有记载，后代更是盛行于世，随后盛行的还有晋代文人的品茗会和茶果宴。以上三种以茶聚会的方式，对比当代茶会的核心内容，仍不离其左右，唐朝之前以茶聚会的形式，可以说为后来的茶会类型奠定了基本框架。

唐代以前的饮茶方式多为芼茶法，更接近于食茶，品饮真茶仅有少数人。对后代影响深远的药茶观念在此时期已经完备。由于现存的茶文化史料相当有限，故今人所能了解的唐以前的茶艺亦不甚完备。

第二节　唐代煎茶：茶器体统，茶理深沉

唐代是中国茶文化体系确立的时代，代表人物为陆羽，其著作《茶经》奠定了中国茶文化的基础。后人不仅可以从中了解茶叶和饮茶学问，更为重要的是陆羽创造了一种文化形式，使中国茶文化建构在具体的物质形态上表述。

《茶经》初稿成于唐代宗永泰元年（765年），修订后最终于德宗建中元年（780年）定稿。煎茶法是陆羽力行改革后创造的一种饮茶方法，《茶经》的诞生使煎茶法的地位得以确立并传播普及，引导了“自从陆羽生人间、人间相学事新茶”（梅臣尧）比屋之饮的社会风尚。其后，斐汶撰《茶述》、张又新撰《煎茶水记》、温庭筠撰《采茶录》、皎然、卢仝作茶歌，这些著书立说的文化行为极大地推动了中国煎茶文化的成熟。

一、背景

唐初，社会普遍的饮茶方式仍是煮茶法，并没有发生较大的变化。唐初的《唐本草》提及了茶的保健效果“苦荼主下气。消宿食。作饮加茱萸葱姜等良”。可见其采用的是芼茶法。《食疗本草》更进一步提出“茗叶利大肠。去热解痰。煮取汁。用煮粥良”的说法，《本草拾遗》则说：“茗。苦搽。寒。破热气。除瘴气。利大小肠。食宜热。冷即聚痰。搽是茗嫩叶。捣成饼。并得火良。久食。令人瘦。去人脂。使人不睡。”这种饮茶法和前

代相去不远，且更多地在医书上得以记载。

到唐代中叶，茶品及其制作的描述开始清晰。陆羽在《茶经·六之饮》综录了当时的社会茶叶制作状况。唐代茗茶主要有四种形式：觕茶、散茶、末茶、饼茶。觕茶即盘茶，应该是较笨重的大块茶饼，《茶经·二之具》里提及峡中有一百二十斤重的上穿即指这种觕茶（云南四川等地现仍有千两茶等大块紧压茶）。散茶是把茶烘焙干后收用的叶茶，但是使用时需先磨成粉末。末茶是捣成碎末的茶。饼茶原是荆巴间的制茶法，若采老叶则制茶饼时要用米渍去涩，比觕茶制作要略精细些。陆羽总结当时制茶的方式是“乃斫，乃熬，乃炀，乃舂。贮于瓶缶之中”。从中我们可以看出当时制茶主要有四道工序：斫是把茶叶砍下，鲜叶蒸熬后制饼（或散叶），将饼茶（或散叶）烤松，把茶块磨碎成末状。最后把茶末放在瓶缶之中贮存备用。

陆羽的规范性记录体现了当时的茶汤制备及饮用方式，其中在《茶经·六之饮》中提到，社会流行将茶末“以汤沃焉，谓之痷茶。或用葱、姜、棘、橘皮、茱萸、薄荷之等，煮之百沸，或扬令滑，或煮去沫。斯沟间之弃水耳，而习俗不已”。茶末加水开汤浸渍这一制备方法为陆羽所不喜，特用“痷茶”一词描述。而对在煮茶中加入许多佐料不停的煎煮、不停扬动茶粥的煮苇茶法更为陆羽所厌弃，认为是饮用阴沟弃水。但也再一次证明在当时的环境之下的确存在着痷茶法、煮苇茶法两种茶汤制备方式。

陆羽开发新茶品后又研究出完整的一套煎茶法，并制作出成套茶器来执行，形成了系统完备的煎茶法，甚至著书立说推广茗饮。这在当时产生了极大的影响，中国饮茶法也自此从俗饮的阶层，逐渐上升为生活艺术的阶层。

二、唐代饼茶制作

陆羽煎茶法所用的茶品，对鲜叶的要求较前朝更高，这是煎茶法与苇茶法在茶品选择上最大的区别。茶品的加工过程也更为细化，较前朝的斫、熬、炀、舂4个步骤，增加到采、蒸、捣、拍、焙、穿、封7个步骤，再研磨成末茶备用。陆羽重视工具的使用和创新，这进一步奠定了煎茶法的文

化产物地位。以茶品制作为例，陆羽在《茶经》中单列一章“二之具”，其中罗列和精确描述了19个工具，充分体现了“工欲善其事，必先利其器”的文化意识。

（一）茶品制作工具

根据《茶经》中“二之具”“三之造”两节所述，饼茶的制备有七道工序，即采、蒸、捣、拍、焙、穿、封，形容其过程为“自采至于封，七经目”。工具与制造工艺有着密切的关系，通过文中提及的采茶、制茶工具可以看出，唐代饼茶的生产已具有了一定规模。其涉及的工具按“七经目”的程序，大致可分为五个部分：

1.采茶工具

唐代为手工采茶，采茶用具即一只盛鲜叶的竹篮，叫“籝”。采茶工或手提背负，或系在腰间，以便于在不同高度与密度的茶树丛中劳作。籝的容量为五升至三斗不等，采茶前选择籝的大小时，需考虑尽可能减少鲜叶之间的挤压，保证芽叶质量，同时也兼顾劳动效率。

2.蒸茶工具

按《茶经》所述共有五种形式：一是“灶”，没有烟囱突起通风的灶，用松柴作燃料时限制其通风，以保持热量；二是“釜”，有唇口、可以在蒸茶的过程中加水的锅；三是“甑”，木制或瓦质的圆筒形的蒸笼；四是“箄”，竹制的篮状蒸隔，蒸茶过程中可将鲜叶在直筒形甑内提上提下；五是一根有三个桠杈的木枝，作为辅助用具来拨散已蒸鲜叶的结块，可以解块散热，使部分水分汽化，减少汁液流失。

唐代采用蒸青方式制茶，最关键的是“高温短时”，因此陆羽采用的是尽量把蒸具密闭起来的方法，通过提高蒸汽压来迅速提高蒸汽温度。

3.成型工具

唐代茶叶为压制而成的饼状。陆羽提到的成型工具共有六种：捣碎蒸叶的“杵”和“臼”，拍压茶碎作出饼茶外形花色的“规”“承”和“襜”，以及摊晾湿饼用的方形篾排“芘莉”。

4. 干燥工具

饼茶在芘莉上基本成型后，就进入了干燥阶段。首要用“棨”（锥刀），模仿铜钱样式在茶饼中心穿孔。然后用“扑”（类似鞭子的竹竿，有一定长度和柔软度）将穿了洞的饼茶串起，移至烘焙茶饼处，进入烘焙工序。烘焙工具由“焙”“贯”和“棚”三件组成，焙是一个挖地而成的方形火灶，在地上垒砌短墙架起两层木结构的棚，用以支撑穿茶烘烤的竹贯。茶半干时，贯置在下棚，茶全干时，贯升至上棚。

依照陆羽对焙的外形尺寸描述，烘焙工场大概是一个集中加工地，烘焙饼茶的量较大，需要若干蒸茶工序来满足“焙”的生产效率，这也进一步说明了唐代茶饼生产的规模。

5. 计数和封藏工具

同样仿铜钱计数方式，茶饼也以“穿”来计量，用以交换。陆羽提到江东和峡中“穿”的重量差异很大，这可能与两地茶叶的种植、采摘、加工、成型等差异性有关。茶饼的日常保存用“育”，一个竹木烘箱，以煨火或小火的方式来保持茶饼的干燥。

（二）茶品制作工序

陆羽详细记叙了茶叶从采摘到成品，需要经过的七个工序和要求，并通过对制茶工具的详细描述，使唐代饼茶成品的制作工艺更为清晰。

陆羽对前朝茶品制作的改革，除强调茶品制作流程与步骤外，对鲜叶的采摘和贮藏也有着较高要求，前者保证了茶饼的原料质量，后者是茶汤备置前的最后一个步骤，储存不当便达不到种制茶叶饮用的最终目的。对茶饼品质的鉴别则是陆羽叙述的另一重点，他将茶品分为八等，他认为鉴别茶饼不能光看外表，而是要全面地了解鲜叶质量、加工过程，才可以判断茶品质量。这一唯实的方法论是留给后人的宝贵财富[1]。

唐以前的茶品加工中包括了末茶部分，陆羽则在“二之具”“三之造”两节中记叙了自采摘至保存的茶品制作工序，但并未提及末茶部分。末茶作为另一个流程在“四之器”“五之煮”两节的煎茶过程中来说明，由此可见陆羽将这部分内容归于茶艺师的工作。我们从中可以了解到陆羽对煎茶法茶艺的专业性提出了更高的要求，但同时也说明了当时茶叶生产能力和消费水平的提升加速了社会分工的形成，茶饼的规模生产已成为独立的产品或商品进行流通。煎茶法成为一种新的生活方式，并有着专门的生产工具和方法。

三、陆羽茶汤

茶品制作完成后，就到了饮茶的重要环节：茶汤制备的过程。陆羽扬弃了传统的痷茶法和芼茶法，前者做出的茶汤不够细腻，当时的工具无法把茶磨得更细，口感欠佳；而后者的主要原因大抵是因为这一通俗饮料难登大雅之堂。陆羽创造的煎茶法，更接近杜育《荈赋》中描述的真茶品饮，且更为精细、规范。更重要的它不再是少数人的乐趣，而是普及成为社会风尚。

陆羽《茶经》中的“四之器”详细列出了茶汤制备所用器具，在这“二十四器”中很大一部分是陆羽首创研制并使用的，并强调“在城邑之中，二十四器阙一，则茶废矣”。茶艺器具的专用性自此开始系统呈现，这也是唐代能成为茶艺起源的重要因素和标志。

依据陆羽《茶经》中“四之器”和“五之煮”两节内容，煎茶法的茶汤制备可分为生火、备茶、用水、候汤、酌茶、理器6个程序，共用到茶器具24件。

（一）生火

生火用到的器具大致有4件：

---

① 陶德臣：《唐五代茶业技术述论》，贵州茶叶，2010年第1期第36-38页。

“风炉”，铜铁制成的鼎状器，用于生火，也是反映陆羽文化思想的主要物质载体，“灰承”置于风炉底部，是用于承受炉灰的铁盘，可视与风炉同为一件。

“筥”，盛炭的竹箱，器物边缘要光滑。

“炭挝”，锤解大块的炭。

“火筴”，夹炭的工具，同生活中的一般用具。

生火的燃料最好是用炭，其次是硬柴，才能使火候在煎茶过程中达到“活火快煎”的要求。一些沾染膻腻、含油脂较多的柴薪以及朽坏的木料都不能用，以免茶汤吸附“劳薪之味”。也可见在当时已认识到茶叶吸附性强的特点。

（二）备茶

备茶用到的器具大致有4件：

“夹”，烤茶时夹茶饼用，小青竹制成，有助茶香。

“纸囊”，贮放烤好的茶饼，用白而厚的剡藤纸双层缝制，可使茶香不致散失。

“碾”，碾磨烤好的茶饼，它由碾、堕、拂末三部分组成。碾，最好用橘木制成，其次为梨、桑、桐等木料，形状内圆顺外方正，内圆便于碾磨茶碎，外方利于增加碾在劳作时的稳定性；堕，即碾轮，带轴圆形滚轮，尺寸与碾的圆弧吻合；拂末，用于拂拨碾中茶末，羽毛制成。

“罗合”，备茶的最后环节和容器，由罗、合、则三个器具组成。罗，竹圈纱网的罗筛，漏过网眼的为合格茶末；合，放置茶末用，竹或木制成并上漆，其要求有盖且光滑，不粘茶末；则，即茶勺，又作量器，用于大致计量茶水比中茶末的量，制作材料有海生物的壳，或金属、竹木等，多制成匙、箕等状。“则”日常都放置于“合”内，可与罗合同为一件。

备茶的过程从器具的用途上大致可了解：在风炉生上火后，用“夹”夹着茶饼，靠近较为稳定的火头烘烤，时时翻转，等茶饼表面烤出类似虾蟆背的气泡时，离开火5寸，待气泡松弛后再接近火头，重复烤若干次，至水汽蒸完止。新鲜晒干的则简单一些，烤至茶饼软化即可。

烤茶的过程是茶叶碾磨成末的必要前提，使坚硬的茶饼变得十分松软，稍稍用力即可成茶末。茶饼烤好后立即装入“纸囊”，剡藤纸以薄、轻、韧、细、白著称，它既可贮留香气、散热，又能阻挡空气中的水汽，使茶饼冷却后仍保留有较好品质。冷却后的茶饼更加松软，正好进入碾磨过程。将茶放入碾中，用堕细研，随后将研磨好的茶末用拂末清出。唐代煎茶法选用的茶末并非越细越好，故碾磨的茶末成品标准如细米粒即可。经过罗筛后将选好的茶末置入“合”内，备茶过程即完成。

（三）用水

用水的器具仅2件：

“水方”，盛放清水的木制容器，可盛水一斗，煎茶过程的用水基本取于水方。

“漉水囊”，取水时用来过滤水质，是唐代“禅家六物”之一。由铜丝圈架、竹篾网兜、绿绢包裹制成，携带时外面套有“绿油囊”，即绿色的油布袋，可以保持清洁、干燥。

陆羽深知煎茶用水的重要性，也善于辨别水质。在“五之煮”一节中提出了选用山水、江水、井水的方法：“其水，用山水上、江水中、井水下，”指出了最适宜煎茶的水，含有二氧化碳的乳泉水，以及被砂石充分过滤后的石池泉水最适宜泡茶；用江水须到远离人烟的地方取之；而井水则是日常生活中使用最频繁的活水。

（四）候汤

候汤包括煮水、调盐、投茶、育华4个步骤，它涉及的用具共有5件：

“鍑”，煎茶专用锅，内壁光滑、外壁沙涩，有双耳，唇延阔，锅底直径大，不带锅盖，便于提拿，吸热快而均匀。陆羽喜铁制，其经久耐用，也有用瓷、石、银等材料制成的。

“交床”，放置鍑的搁架，十字交叉作架，上搁板挖其中心，能支撑鍑身。

“竹筴”，木制身、两头裹银、一尺长、筷子状搅拌器皿，搅动汤心有助沫饽发生。

“鹾簋”，放盐的器皿，瓷质，内置“揭”，即盐勺。

“熟盂”，盛放熟汤用，煎茶过程中用到两次，一次盛放二沸水，一次盛放“隽永”。

在煎茶法中，炙茶罗末的过程在前，鍑置于交床之上，炙茶完成后，风炉才用作鍑的候汤之用。先煮水一升，并观察水烧开的程度。当开始出现鱼眼般的气泡，微微有声时，为一沸水，此时放入适量的盐，可尝味（调盐）。水继续加热，至鍑的边缘像泉涌连珠时，为二沸水（若继续沸腾如波浪般翻滚，称之三沸水，过老不可食），此时舀出一瓢水，放置在熟盂中，再用竹筴在二沸水中绕圈搅动，用“则”量茶末从漩涡中心投下（投茶），一升水置茶末方寸匕。此时已成茶汤，活火快煎，至沸腾如狂奔的波涛，泡沫飞溅时，将之前置于熟盂的二沸水重新加入鍑中止沸，孕育汤花（育华）。至此，茶汤完成。

（五）酌茶

酌茶，也称分茶，用到的器具共4件：

“瓢”，又叫牺杓，用于舀水、舀茶汤等。葫芦剖开制成，也有用梨木做成的。

“碗”，唐代煎茶法的品饮器，在鍑中煎好的茶汤用瓢分在碗中品饮。碗的材质以越窑瓷为上品，因为饼茶经炙烤等过程后茶汤大致接近黄褐色或红白色，当时流行的邢窑瓷以白雪著称，但却映衬得茶汤更显红色；而越瓷色青如玉，用来盛茶汤显得清新可人。越瓷茶碗上口唇不卷边，底呈浅弧形，容量不到半升。

“畚”，放置茶碗用器，用白蒲卷编而成。可容10只茶碗，也可用筥的容器装碗，碗与碗之间夹双幅剡纸以减震。

“滓方”，用以盛放废弃的茶末、汤水。包括经罗筛、碾磨仍不合格的茶末、杂质，尝咸味余下的汤，黑云母般的水膜弃汤，以及分茶完了余留在锅底的茶滓等。

育汤花后，茶汤再次沸腾时撇去浮在沫饽上的水膜，状黑云母，滋味不正。至此开始酌茶，酌茶的要旨是茶汤每碗要分均匀，包括沫饽。沫饽

是汤的精华，华薄的为沫，厚的为饽。第一瓢汤花最佳，称之为隽永，先舀出放在熟盂中，以备止沸及育华之用，或在饮茶人数多出一个时以隽永奉之。此后舀出第一、第二、第三碗茶汤，其滋味香气也依次下降些，由于重浊凝其下，精英浮其上，到第四、第五碗时若不是极渴就不要喝了。

一炉一镀，一般煮水一升，可分酌3~5碗，供3~7人品饮，若人数超过上限，则需用两个炉来煎煮酌茶。如若喜好茶汤滋味鲜爽浓强，则煮三碗茶汤滋味体现得最好，其次是煮五碗。所以，当客人人数在5人以下，可以煮三碗浓茶分酌品鉴；当客人为6人时，仍可煎浓茶，另一碗以隽永补上；有7位客人时，一锅煎5碗的茶量，滋味会略淡些，却也是不错的。煎茶时切记水不可过多，否则茶汤滋味过淡。茶要趁热连沫饽、茶汤、茶末一起品饮，冷却后滋味欠佳。

（六）理器

理器是指整理、清洁器具的器皿，共有5件：

“札”，用于洗刷茶器，以棕榈皮和竹木捆扎，形似大毛笔。

“涤方”，木制容器，用来盛放洗涤后的水。

“巾”，吸水性好的粗绸布，用于擦拭各种器皿，一般有两块备用。

“具列”，陈列和放置器具的茶台或茶架，可折叠闭合，黄黑色的竹木制品。

“都篮”，能装入以上所有器具的容器，竹篾制成，长2.4尺、宽2尺、高1.5尺，都篮脚圈宽1尺、高2寸，整体玲珑坚固。

规范的茶艺讲究有始有终，前面一步步展开物品，最后便是有次序地将这些器具一件件整理干净。“札”“涤方”“巾”都是清洁用具，现在的茶艺器具中还一直保留。依据具列的外形描述，有3尺长、2尺宽，在其上方将主要器具陈列并进行操作较为宽敞；高度仅6寸，席地操作的话这个高度也是合适的。从都篮的尺寸可判断这24件器具都比较精致，悉数装入还能使都篮看起来玲珑有致，宜家藏一套。从生火备茶到饮啜完毕，所有器具清洁归位，才是整个茶艺的完成。

煎茶法制备的茶汤可谓是色缃香美，滋味上陆羽也明确了其本质：啜苦咽甘，否则不能称之为茶味。煎茶法的茶汤制备有九大难点：一是造难，茶饼选用的鲜叶和加工要有保障；二是别难，茶艺师要会鉴别茶饼；三是器难，煎茶器具需整齐清洁；四是火难，生火的燃料要好；五是水难，需会品鉴、选择适宜煎茶之水；六是炙难，炙烤茶饼要通透松软；七是末难，茶饼需细细的碾磨成粉；八是煮难，竹筴环击汤心需速度一致，不能骤快骤慢；九是饮难，四季中只在夏天饮茶的不能称之为茶人。

煎茶法制备茶汤的24件器具，是陆羽的精心创制和规定，同时也标志着煎茶法茶艺的成熟①。

四、人文的饮茶方式

唐代的饮茶方式除前朝已形成的饮茶聚会、以茶为用的功能外，更注重茶人的身心体验，陆羽在《茶经》中将此体验一一论述，从对茶汤的要求、茶境的重视、茶德的贯穿始终，来表现出饮茶法的根本要旨："美物""美意""美德"。

（一）茶味至胜：美物

陆羽煎茶法，最大的特点是对茶汤的滋味有着极高的标准。所以茶汤备置过程要精细，茶艺师需有较全面的能力，如末茶准备不能像前朝磨好后放在瓶中贮存待用，而是在茶汤煎煮前制作，现用现做使末茶的香气、滋味、色泽能得以完美呈现。所以现场制备茶末、一炉一茶的过程，使炙烤茶饼制作末茶的量也成为"煎茶一锅分几碗"的一个重要因素，了解这一点与现代饮茶分茶方式的差异性，大致能解开我们研读茶经时的困惑。煎茶法对茶味的高要求不仅规范了煎茶法每一道工序的器具、材料利用及每一个动作要领，还延伸至茶叶的种植、采摘、加工和保存。正是煎茶法从形式到内容都追求完美，从而吸引了更多的人来学习而成"比屋之饮"。

撰于8世纪末的《封氏闻见记》卷六饮茶条载："楚人陆鸿渐为茶论，

① 姚国坤、胡小军：《中国古代茶具》，上海文化出版社，1999年版。

说茶之功效，并煎茶炙茶之法，造茶具二十四事，以都统笼贮之。远近倾慕，好事者家藏一副。有常伯熊者，又因鸿渐之论广润色之，于是茶道大行，王公朝士无不饮者，御史大夫李季卿宣慰江南，至临淮县馆，或言伯熊善饮茶者，李公请为之。伯熊著黄被衫乌纱帽，手执茶器，口通茶名，区分指点，左右刮目。……”常伯熊，生平事迹不详，大抵为陆羽同时代人。他研习《茶经》并对其加以润色，专事表演性的煎茶法演示，茶艺娴熟，在当时有一定的追慕者和影响力。皎然、斐汶、张又新、刘禹锡、白居易、李约、卢仝、钱起、杜牧、温庭筠、皮日休、陆伟蒙、齐己等人对煎茶法茶艺均有所贡献，推动了煎茶法在社会中的传播。

（二）茶境至上：美意

从前文描述看来，陆羽对煎茶法器具的要求是极为苛刻的，但在《茶经》“九之略”一章中却又有所变化。茶饼加工的工具，“于野寺山园丛手而掇”，其中的“棨、扑、焙、贯、棚、穿、育”七种工具都可略去不用；煎煮茶汤的器具，“若松间石上可坐，则具列废。用槁薪、鼎鬲之属，则风炉、灰承、炭挝、火筴、交床等废。若瞰泉临涧，则水方、涤方、漉水囊废。若五人以下，茶可末而精者，则罗废。若援藟跻岩，引絙入洞，于山口炙而末之，或纸包、盒贮，则碾、拂末等废。既瓢、碗、筴、札、熟盂、鹾簋悉以一筥盛之，则都篮废。”上述描写可以看出作者对现采、现煮、现饮的癖爱，松间石上、泉边涧侧、甚至山岩风口作为茶境为其所喜爱，从中可一窥陆羽提倡饮茶规范化的实质之所在。

唐代饮茶，对环境的选择十分重视。多为林间石上、泉边溪畔、竹树之下等清幽的自然环境，吕温《三月三日花宴》序云：“三月三日，上巳禊饮之日，诸子议以茶酌而代焉。乃拨花砌，爰诞阴，清风逐人，日色留兴。卧借青霭，坐攀花枝，闻莺近席羽未飞，红蕊拂衣而不散。……”莺飞花拂，清风丽日，环境清幽。钱起《与赵莒茶宴》诗云：“竹下忘言对紫茶，全胜羽客醉流霞。尘习洗尽兴难尽，一树蝉声片影斜。”这些茶诗中的环境皆不失清雅，翠竹摇曳，树影横斜，风光迤逦。或也可选择道观僧寮、书院会馆、厅堂书斋等文雅之所，且四壁常悬挂条幅。

唐代的茶饮逐渐从解渴或果腹的生活必需品的身份中脱离了出来，文人雅士或“柴门反关无俗客，纱帽笼头自煎吃”或“野泉烟火白云间，坐饮香茶爱此山”，更多地寄希望于在饮茶中寻求愉悦之美感享受，以茶抒情扩怀，借景移情喻志，充溢着美学意境。

（三）茶德至本：美德

饮茶之所以能成为高雅深沉的文化，与其自唐代以来被认为是一种道德养成密切相关。这在陆羽《茶经》中表现得尤为明显，“一之源”载：“茶之为物，味至寒，为饮最宜精行俭德之人。若热渴凝闷、脑疼目涩、四肢烦、百节不舒聊四五啜，与醍醐甘露抗衡也。”饮茶利于“精行俭德”，使人强身健体、陶冶情操。《茶经》“四之器”中提及风炉，其设计应用了儒家的《易经》的“八卦”和阴阳家的“五行”思想。风炉上铸有“坎上巽下离于中”“体均五行去百疾”的字样；镀的设计为“方其耳，以正令也；广其缘，以务远也；长其脐，以守中也”。正令、务远、守中都反映了儒家的“中正”的思想。故《茶经》不仅阐发饮茶的养生功用，更是将饮茶提升到了精神文化层次，旨在培养俭德、正令、务远、守中的儒家之风。陆羽还借助《茶经》表达了自身的政治思想，他在“风炉”上刻“伊公羹、陆氏茶”六字，比喻“伊尹相汤”“治大国如烹小鲜”，以茶兴邦治国之心昭然。

诗僧皎然精于茶道，与陆羽结为忘年交。他所作的茶诗有二十余首，其《饮茶歌诮崔石使君》诗云：“一饮涤昏寐，情思朗爽满天地；再饮清我神，忽如飞雨洒轻尘；三饮便得道，何须苦心破烦恼。……熟知茶道全尔真，惟有丹丘得如此。”可见皎然认为饮茶不仅能涤昏、清神，更是宜于修道，三饮便可得道全真。

玉川子卢仝在《走笔谢孟谏议寄新茶》诗中写道：“一碗喉吻润，两碗破孤闷。三碗搜枯肠，惟有文字五千卷。四碗发清汗，平生不平事，尽向毛孔散。五碗肌骨清，六碗通仙灵。七碗吃不得也，唯觉两腋习习清风生。”其中“文字五千卷”是指老子五千言《道德经》，三碗茶惟存道德，此与皎然“三饮便得道”同义，四碗茶，是非恩怨烟消云散，五碗肌骨清，

六碗通仙灵，七碗羽化登仙。七碗茶诗自此流传千古。

钱起《与赵莒茶宴》诗写主客相对饮茶，言忘而道存，洗尽尘心，远胜炼丹服药。斐汶《茶述》论茶性清味淡，涤烦致和，和而不同，品格独高。自中唐以来，人们已认识到茶的清、淡的品性和涤烦、致和、全真的功用，认为饮茶能使人养生、怡情、修性、得道，茶人们还借助饮茶活动从不同的角度来叙说自己的志向，表达自身经世济国之愿望或无奈。陆羽《茶经》，斐汶《茶述》，皎然“三饮”，卢仝“七碗”，皆高扬茶之精神，把饮茶从日常物质生活提升到了精神文化层次。

结语

《茶经》是对整个中唐以前唐代茶文化发展的总结。自问世以来，对中国的茶叶学、茶文化学、茶叶贸易乃至整个中国饮食文化都产生了巨大影响。这种作用在唐朝当代便引人注目，《新唐书》说：“羽嗜茶，著经三篇，言茶之源、之法、之具尤备，天下益知饮茶矣。时鬻茶者至陶羽形置炀突间，祀为茶神。”宋人陈师道为《茶经》作序道：“夫茶之著书，自羽始。其用于世，亦自羽始。羽诚有功于茶者也！上自宫省，下迨邑里，外及戎夷蛮狄，宾祀燕享，预陈于前。山泽以成市，商贾以起家，又有功于人者也。”陆羽所著的《茶经》集文化之大成，推动普及了当时社会的饮茶风尚。为后人留下宝贵的文化遗产同时，极大地促进了当时的茶叶经济的发展，王建《寄汴州令狐相公》记有“三军江口拥双旌，虎帐长开自教兵”“水门向晚茶商闹，桥市通宵酒客行”，由此可见茶叶运输业之兴盛，使江口这个军事重镇一跃成为茶船泊集、茶商摩肩的繁华地带。①

陆羽之后，唐人又发展了《茶经》的思想，如苏廙曾著《十六汤品》、张又新的《煎茶水记》、刘贞亮总结的茶之“十德”等，都具有深刻的意义。唐朝是中国茶文化史上一个划时代的时期，其煎茶法亦表现出以下几个时代特征：

（1）作为一个新生事物，煎茶法摒弃了茗茶法类似食用的生活方式，

---

① 陶德臣：《唐宋时期的茶叶广告》，古今农业，2004年第4期第45-49页。

而主动靠近药用服食的当时社会显学。这一特征表现在其内容多次提及与草木药相关的文字，且《茶经》的体例循《本草纲目》的形式，宣扬饮茶之功基本也遵循“养生”“祛病”“羽化成仙”的古代医药学理念。这种靠近，一方面使饮茶的生活方式被纳入社会主流以及学术主流，另一方面也促使了饮茶健康及药茶理论的普及，如陆羽《茶经》“七之事”中收录“枕中方”“孺子方”等药茶方子。时至今日，饮茶“药理健康”的概念依旧是推广饮茶文化的法宝。

（2）唐煎茶法首次建立了完整的茶艺规范流程，以风炉、鍑、勺、越窑青瓷茶碗等为典型茶具，分工更明确。文人意识成为主流，茶人们更关注饮茶给予的美物、美意、美德的体验，使饮茶从生活琐事升华为唐代精致文化的代表。

（3）唐以前的各种饮茶法，在唐代也没有间断，如薛能有茶诗云“盐损添常戒，姜宜煮更夸”，陆羽也陈说了当时民间笔茶、痷茶饮茶方式等，可以说明当时为多种饮茶方式共存的环境。即便在陆羽煎茶法中，也有投盐调味，宋代的《物类相感志》说：“茶和姜盐，不苦而甜。”根据推测，唐代蒸压茶饼通过投盐，或许可以减轻苦涩味而达到增甜的目的。

（4）陆羽的《茶经》覆盖的内容成为茶文化、茶艺的研究体系与核心，有着极高的地位。从事饮茶法的研究或利用，亦不能仅限于滋味外形的品评“嚼味嗅香，非别也”，或是“手执茶器，口通茶名，区分指点，左右刮目”，而是应将其放置在涵盖茶叶学、民俗学、地理学、经济学、工艺学、美学等综合文化体系之中，以“精行俭德”的治学方式，来汲取精华的一瓢饮。

第三节　宋元点茶：茶技卓越，举国盛尚

点茶法源于煎茶法，由煎茶法改革而成。从加热方式看，唐代沿袭前朝的“煮茶”技术，以茶入沸水（水沸后下茶），且煎茶时间较短（二沸即起锅），那么相对换一种加热方式，以沸水入茶是否也可行呢？发展至后唐及宋，新的茶汤制备方法开始出现，即点茶法。

加热方式的革新是点茶法与煎茶法之间最根本的不同，也由此带来了

茶艺结构中其他要素的变化。比如宋代称为团茶的茶叶加工方式，茶粉必须研磨得更为细腻，才能适应点茶温度不及煎茶的情况。点茶水温会逐渐降低，点茶法的流程中要先将茶盏烤热（熁盏令热）来保持温度。点茶时先注汤少许，调成浓稠状（调膏），原先煎茶的竹夹演化为茶筅，其在盏中搅拌称“击拂”。为便于注水，还演化出高肩长流的烧水器——汤瓶。

最早记载点茶法的是五代时期的苏廙，他的《仙芽传》是一部有关茶的专书，全书现已遗失，所幸其中的《十六汤品》仍保存至今，其中详细记叙了如何点茶。但苏廙生平难考，故点茶法产生的确切年代难以断定。而从法门寺出土的宫廷茶具来看，其中的琉璃茶碗适于点茶，茶罗的网眼极小，应为制茶粉用，而陆羽在《茶经》论述煎茶用末不用茶粉，故可由此推测点茶法应萌芽于晚唐。五代宋初人陶谷《茗荈录》中有属于点茶的“生成盏”“茶百戏”，故点茶法起始不晚于北宋初年。五代及宋以后，虽陆羽《茶经》一再刊印，《四库全书》等几十种本子均有收录，其学术地位越加重视和巩固，但毋庸置疑的是点茶法带来了技术革新，陆羽的煎茶法形式逐渐在现实生活中消失。

最早具体描述点茶法茶艺的是北宋蔡襄所撰的《茶录》，蔡襄乃福建人，曾在福建为官督造北苑小龙团贡茶。宋代茶书，大多写建安北苑龙凤团茶造法及饮法的，因此有推测说点茶法始于建安民间。点茶法在北宋初期的大力推广下，使得团茶日趋精雅繁复，传播的社会层面和地域也远超唐代。上至宫廷权贵，下至市井小民，无一不喜爱斗茶，饮茶的形式自此开始多样化、生活化、仪式化。

如果说宋以前的饮茶文化仍需依托于食文化、药文化体系，那么我们可以看到宋代点茶法跨出了极大的一步。自点茶法起，饮茶文化开始以独立的文化意志和形式，占据了意识形态的高地，这一茶文化的独立性在之后一直未能逾越。

一、宋代团茶制作

历代的茶叶主产地变迁也极为显著，这也是各朝代选择茶叶加工及茶汤制备方式的一个参照要素。唐以前的茶叶出产区以四川、重庆、湖北、云南等地，乔木为多，采摘相对粗放，适宜芼茶法；唐代以江南阳羡茶为代表，主产区转入江南，芽叶相对鲜嫩，与煎茶法的加工和饮用方式相适宜；五代宋代则以岭南建安茶为代表，岭南成为茶叶重镇，其茶力较江南茶更厚足些，团茶的加工方式更佳。

宋代也有散茶存在，当时称之为"草茶"，主产区大致在江浙一带，较为知名的有江西修水的"双井"、浙江绍兴的"日铸"等。但当时贡茶以团茶为极品，草茶虽也有一二两上贡的，但并不占主流，多为雅士及茶农百姓品饮。以下将重点讲述团茶的制造方法：

宋代团茶，又称"片茶""銙茶""饼茶"。宋代文献记载的制法较多，也较为翔实，比如赵汝砺著《北苑别录》中，详细记录茶园区域、制茶工序及团茶等级等指标，如实记载了以建茶为代表的宋代制茶工艺。从文献看，宋制团茶主要有七道手续：采茶、拣茶、蒸茶、榨茶、研茶、造茶、过黄。

（1）采茶：宋代以惊蛰为候，晴日凌露采之，时节较为严苛。当时认为日出之后，肥润的茶芽便为日光所薄，膏腴为之所耗，茶受水则不鲜明。采茶须用指甲，不可用手指，用甲则速断不柔，用指则有汗渍和温度，都会影响茶的品质。

（2）拣芽：拣茶是前代所没有的，宋代首创了以鲜叶分拣的茶叶分级法。宋代贡茶有各种品级，所以茶芽采下后需再分成不同品级，才能制成各品贡茶。清代以来的分级拼推法可上溯至此。

（3）蒸茶：唐代鲜叶入釜蒸青，宋代鲜叶则先再三洗涤，然后入釜，蒸得适中，过熟色黄而味淡，不熟色青且打出的茶末易沉。

（4）榨茶：唐代阳羡茶是草茶，劲力较薄，怕去膏；宋代建安茶是木茶，力极厚，若去膏不尽则茶味不美反苦。榨茶先用小榨去水分，再用大榨出其膏，到半夜取出揉匀，再入大榨翻榨。天明取出，拍净揉匀，榨好茶再研茶。

（5）研茶：唐代制茶用杵臼将茶捣为泥末即可；宋代制茶以柯为杵，以瓦为盆，分团酌水，反复研磨茶末直至水干茶熟，故自古以来称为"研

膏茶”。茶愈佳，研茶次数愈多，胜雪白茶的研茶达十六次。研茶得至水干茶熟，水不干茶就不熟，茶不熟水面不匀，点茶时茶末易沉，因此研茶力道要极大，需壮汉操作。

（6）造茶：研好的茶放入模中制茶。唐代以规制茶，宋代以绔圈造茶，茶初出研盆，用手拍打使之匀称，用力搓揉，使之形成细腻的光泽，然后入圈制绔。绔的形状多样，有方的、有花的、有大龙、有小龙，品色不同，名目有异，与唐代相似。

（7）过黄：即焙茶。唐代将茶贯串烘焙，茶饼上的穿洞痕迹欠雅致。宋茶作成团茶后，不用贯串，先用烈火焙干，再用沸汤浇淋，反复三次后用火烘焙一晚。隔日温火温焙，焙时不可有烟，否则烟熏会使茶香尽失。温焙的天数随绔的厚薄而不同，多则十五天，少则五六天。温焙后，取出过汤出色，再置于密室中，用扇扇干，团茶颜色自然，光亮莹洁。

由此可见，宋茶团茶的制作工艺更为复杂，其中榨茶、研茶是前代所没有的，而在焙茶时的过黄也和唐代的焙茶大不相同。贡茶中有一种极品称为“银丝水芽”的，采择新抽茶枝上的嫩芽尖，“取心一缕”成方寸新銙的小茶饼，又称“龙团胜雪”，每銙“计工值四万”，极耗人力、物力。除“龙团胜雪”外，供给皇室的还有一种极品“白芽”，即用“崖林之间，偶然生出，虽非人力所能至……所造止于二三銙而已”的“白茶”制得。制团茶法如此繁复、劳民，为后代在茶品制作的改良埋下了伏笔。

二、点茶法的茶汤制备

在陆羽《茶经》建立的茶文化体系影响下，宋及之后各朝代的茶艺流程，均突出了对茶、水、器、火、境的表述和对茶艺师的重视，其结构基本相同。但由于茶汤加热方式改变，点茶法与煎茶法之间还是存在差异性，表现茶艺特征的主要茶具也不同。宋代点茶法的代表茶具为汤瓶、茶筅、茶盏，主泡器是茶盏，崇尚天目油滴盏、建州兔毫盏等。宋茶尚白，建窑主黑色，相得益彰。

宋代点茶法可概括为7个程序：备器、选水、末茶、候汤、熁盏、点

茶、分茶。

（一）备器

《茶录》《茶论》《茶谱》等书对点茶用器皆有记录。宋元之际的审安老人作《茶具图赞》，对点茶道主要的十二件茶器一一列出名、字、号，并附图及赞。归纳来说点茶道的主要茶器有：茶炉、汤瓶、砧椎、茶铃、茶碾、茶磨、茶罗、茶匙、茶筅、茶盏等。

（二）选水

宋代选水大致承继唐人观点。《大观茶论》的“水”篇重点强调：“水以清轻甘洁为美，轻甘乃水之自然，独为难得。古人品水，虽日中泠、惠山为上，然人相去之远近，似不常得，但当取山泉之清洁者。其次，则井水之常汲者为可用。若江河之水，则鱼鳖之腥、泥泞之汗，虽轻甘无取。”宋徽宗主张水以清轻甘活好，并修正增补了陆羽的用水法。

（三）末茶

宋代团茶须研成末茶，因此和唐代一样有炙茶、碾茶和罗茶三项，流程大抵相同。但团茶的加工方式不同于唐饼，经过翻榨和研茶，茶叶已近成为较细的颗粒，虽压制成片，其解块磨末要容易很多。

（1）炙茶：宋代当年新茶不用炙，陈茶需先以沸汤渍之，括去外表膏油一两层后，用铁钤夹茶，微火炙干炙茶会使茶色变深，这也是宋茶少炙茶的原因之一。

（2）碾茶：宋茶磨末使用砧椎、茶碾、茶磨等器具。团茶较少炙茶，故蓬松度较低，因此一般用砧椎敲碎，再投入碾磨。茶碾改用银、熟铁等金属材质，末茶颗粒较唐代要求更为细腻，以利于点茶。除茶碾外，也有用茶磨磨茶，茶磨好青礞石，也有玉制。从《茶具图赞》看来可能是磨碾并用，磨出的茶末更细。

（3）罗茶：碾好的茶需筛滤。唐代罗茶的标准是米粒大小，筛目较大。宋代罗茶喜用蜀东川鹅溪画绢，面紧、目极小，经此罗筛后的茶粉几乎为

粉尘状，才合点茶标准。

（四）候汤

宋代点茶法，在造茶、碾茶的过程中尽蓄茶性，茶遇汤则茶味尽发，故用嫩汤为宜。因此选用背二涉三，也就是二沸以后，快到三沸时的水温最适合点茶。蔡襄《茶录》中的“候汤”条载：“候汤最难，未熟则沫浮，过熟则茶沉。前世谓之蟹眼者，过熟汤也。沉瓶中煮之不可辨，故曰候汤最难。”蔡襄认为蟹眼已过熟，而赵佶认为鱼目蟹眼连绎进跃为度，其在《大观茶论》“水”条记：“凡用汤以鱼目蟹眼连绎进跃为度，过老则以少新水投之，就火顷刻而后用。”汤的老嫩视茶而论，茶嫩则以蔡说为是，茶老则以赵说为是。

（五）熁盏

熁盏，预热茶盏，又称“温盏”“烫盏”，就是用温水烫淋点茶用的茶碗，使它温度升高。否则注汤时温度不够，会导致茶末下沉，茶性不发。这是宋代革新之处，后来明清的沏茶法，也都沿用了温盏或温壶。

（六）点茶

宋代点茶的主泡器是茶碗，可分为两种：其一是用小碗（茶盏）点茶，点茶后直接饮用或斗茶；其二是大碗（茶钵），茶钵点茶后以勺分茶在茶盏中饮用，或欣赏汤面乳花的“水丹青”；茶盏点茶也可由几个盏花组成，构成一组亦真亦幻的“水丹青”“茶百戏”。从《茶录》和《大观茶论》看，蔡襄点茶用茶盏，宋徽宗赵佶点茶用茶钵。

汤瓶是点茶法区别于煎茶法的标志性茶具，有金银材质的，也有用瓷、铁、石制。审安老人在《茶具图赞》中称汤瓶为“汤提点”，赞其“养浩然之气，发沸腾之声，中执中之能，辅成汤之德”；蔡襄认为汤瓶“要小者，易候汤，又点茶，注汤有准”；赵佶强调汤瓶有利注汤的关键部位是“独瓶之口觜（同嘴）而已。觜之口差大而宛直，则注汤力紧而不散。觜之末欲圆小而峻削，则用汤有节而不滴沥。盖汤力紧则发速有节，不滴沥，则茶面不破”。即汤瓶的嘴上下口径要有相差，出水口要圆小峻削，才能注汤有力、干净、助粥面起。我们可以通过这些记载清晰地了解汤瓶作为专用茶具的功能性要求。

茶筅是点茶的另一件重要器具。茶粉和二沸水在茶碗中能否形成美妙的茶汤，就需要依靠茶筅（茶匙）来呈现了，有了茶筅的击拂才能完成水乳交融的茶汤。赵佶对茶筅的要求是：“茶筅以箸竹老者为之，身欲厚重，筅欲疏劲，本欲壮而末必眇，当如剑脊之状。盖身厚重，则操之有力而易于运用；筅疏劲如剑脊，则击拂虽过而浮沫不生。”即茶筅以老竹制得，筅身厚重、筅条疏劲才可有助于茶乳形成。蔡襄年代早于赵佶，他用茶匙作茶筅，也可打茶形成茶汤汹涌之态，故茶筅原又名“分须茶匙”。

点茶流程大致如下：

（1）钞茶：钞茶即“抄茶”“置茶”。钞茶的量依茶碗大小决定，一个现存建窑茶盏，大致四分水量，用茶粉一钱匕。

（2）调膏：茶盏中加适量茶粉后，持汤瓶中的二沸水注汤调膏，注水量不可太多，能调匀茶末即可。调膏应手轻筅重，以立茶之根本。赵佶对调膏过程十分重视，认为点好茶的起源便在于调膏，还举例了两种错误的调膏手法，谓之“静面点”和“一发点”，前者手重筅轻，后者手筅俱重，都不能使茶汤立，云脚易散。

（3）击拂：汤瓶注水、茶筅击拂，是点茶的主程序。调膏后，沿碗边注汤，并利用技巧握筅在盏中“环回击拂”或“周环旋复”。蔡襄用小碗点茶注汤、击拂一次完成；赵佶用大碗点茶则加水七次、击拂七次，每次要求不一。

（4）茶乳：击拂后，茶末和水相互混合成为乳状，表面呈极小白色泡沫状，宛如白花布满碗面，盏内水乳交融，称为“乳面聚”。点得好的茶乳应是“云脚粥面”“乳雾汹涌，溢盏而起”，若此时轻轻晃动茶碗，乳花是凝固不动的，称之为“咬盏”。若茶量偏少或技术不达，沫饽易显离散痕迹，如堆在碗边的茶乳花云散去，称为“云脚散”。茶末质量好、颗粒愈小，茶乳愈不易现水痕；拂击愈佳，茶乳愈易咬盏。

宋代茶汤尚白，沫饽白色更显，其品第依次为纯白、青白、灰白、黄白等。除榨膏、研茶的工艺所致外，黑色茶碗和白色茶乳相反衬也可使得茶乳鲜白。

（七）分茶

宋徽宗《大观茶论》中有"宜均其轻清浮合者饮之"，均分茶汤而饮；宋释惠洪《空印以新茶见饷》诗中有："要看雪乳急停筅，旋碾玉尘深注汤。今日城中虽独试，明年林下定分尝。"宋代张扩《均茶》诗有："蜜云惊散阿香雪，坐客分尝雪一杯。"分尝一杯，也就是"均茶"，与《大观茶论》"均其轻清浮合者饮之"一致。南宋刘松年《撵茶图》、河北室化辽宁《茶道图》中，桌上均有一大茶瓯，瓯中置杓，旁边一人持汤瓶做注点状。可见在大茶碗中点茶再分到小茶盏中饮用，在当时是极为普遍的。

陆羽煎茶法中即有分茶（酌茶）过程，宋代将此技艺更精细和艺术化了。陶谷《荈茗录》有"生成盏"和"茶百戏""并点四瓯，共一绝句""使汤纹水脉成物象者，禽兽虫鱼花草之属，纤巧如画"等，可见在茶汤上作画写字为时人所好，而这样的画面在茶钵中更易察辨，故以巨瓯茶钵点茶、瓢勺分茶，在宋代皇宫及文人聚会中十分盛行。

分茶的主要茶具是勺（杓）。蔡襄用小碗点茶不用分；赵佶用茶钵点茶，以瓢勺分茶便成为一个重要技巧和观赏要点。"过一盏则必归其余，不及则必取其不足，倾勺烦数，茶必冰矣"，杓比盏大，多余的茶汤要倒回茶瓯，杓比盏小，至少两次才舀好，这样反复多次，容易使茶瓯中的茶汤冷却。故瓢勺的大小，最好恰为一盏茶的容量，太大、太小都不合适。

三、游戏的饮茶方式

饮茶法经过三四百年发展，唐代和宋代同样讲究茶汤，同样以茶聚会、以茶利用，同样茶理深沉、茶意优美，却呈现出更为丰盛的饮茶场景，赵佶谓之"天下之士，励志清白，兢为闲暇修索之玩，莫不碎玉锵金，啜英咀华，较筐箧之精，争鉴裁之别"，可见庙堂、城市、乡野均尚饮茶之风，皇室、缙绅、布衣无一不以饮茶为荣，饮茶方式从前朝的内省简素走向了充满挑战的“以艺茶游戏、举一国攻茶”，具体特征表现为“竞技”“绮艺”“盛尚”三个方面。

（一）竞技

唐代煎茶以品为主，发展至宋代斗茶，已经完全发展成为艺术性的品茶。自由浪漫、充满想象力的斗茶方式，使宋代的茶品、器具和茶人修养等都发展到一个较高的艺术领域，可以给人带来精神上的愉悦。

“斗茶”这一形式在五代时可能已出现，最早在福建建安一代流行。苏辙《和子瞻煎茶》诗中“君不见，闽中茶品天下高，倾身事茶不知劳”一句说的就是该地的斗茶。到北宋中期，斗茶已逐渐向北方传播，众人“争新斗试夸击拂”（晁冲之）。蔡襄《茶录》中提到茶品、工具、方法“建安斗试，以水痕先者为负，耐久者为胜，故较胜负之说，曰相去一水两水”都对斗茶的兴盛起到了推波助澜的作用。北宋中期以后斗茶风靡全国，至北宋末年宋徽宗著《大观茶论》，斗茶之风更是到达顶峰。

斗茶，首先斗技术，茶品加工及备末的技术、选水候汤的技术、调膏击拂的技术等；其次斗艺术，茶碗的艺术性、汤花的艺术性、技术操作的艺术性等。决定斗茶胜负的标准，主要看四个方面：

一是汤色尚白。宋代茶品加工工艺特殊，茶水尤其是汤花的颜色偏浅，颜色以纯白为上，青白、灰白、黄白则等而下之。色纯白，表明茶质鲜嫩，蒸时火候恰到好处；色发青，蒸时火候不足；色泛灰，蒸时火候太老；色泛黄，则采摘不及时；色泛红，炒焙时火候过头。

二是汤花咬盏。汤花即点茶后在汤面上泛起的沫饽花。如果茶末研碾细腻，点汤、击拂恰到好处，可达到最佳效果，即“咬盏”。汤花呈现匀细，如若“冷粥面”，可紧咬盏沿，久聚不散。反之则汤花泛起，不能咬盏，会很快散开。汤花一散，汤与盏相接的地方就会露出“水痕”。水痕出现早者负，晚者胜。故水痕出现的早晚是决定汤花优劣的依据，即所谓的“相去一水两水”。

三是茶味甘滑。斗茶还需品茶汤，味、香、色三者俱佳才是斗茶的最

后胜利。范仲淹在《和章岷从事斗茶歌》中云："黄金碾畔绿尘飞，紫玉瓯心雪涛起。斗茶味兮轻醍醐，斗茶香兮薄兰芷。"形象而深刻地描绘出斗茶的核心内容。"茶以味为上。甘香重滑，为味之全"（赵佶），相较唐代茶滋味的"啜苦咽甘"，宋代的茶品加工技术尽量避开了茶叶的苦涩味，更淡雅些。而水在茶汤滋味的形成中仍有着重要的地位，据宋代江休复在《嘉祐杂志》记载："苏才翁尝与蔡君谟斗茶，蔡茶精，用惠山泉；苏茶劣，改用竹沥水煎，遂能取胜。"说明好水对茶汤滋味的重要性可超过好茶。

四是点茶三昧。这一项主要是评茶艺技巧。"三昧"一词原出于佛学，意为集中思虑的修行，使禅定者进入更高境界的一种力量。"点茶三昧手"是对宋代高僧南屏谦师高超的点茶技术的尊称，苏东坡对其点茶崇敬有加，以诗作"道人晓出南屏山，来试点茶三昧手""天台乳花世不见，玉川风腋今安有"高度赞美了谦师的点茶绝技，由于此诗广泛传颂，谦师"点茶三昧手"更是为世人所知，后来"三昧手"就成了沏茶技艺高超的代名词。点茶三昧手表现的茶艺技巧需流畅、准确，茶艺师一手握汤瓶，一手握茶筅，注汤不滴沥、击拂有章法，顷刻间茶盏中的茶汤乳雾涌起，雪涛阵阵，汤花紧贴盏壁，咬盏不散。茶未试，技已醉人，可谓是美不胜收。

宋代斗茶的情景，从元代著名书画家赵孟頫的《斗茶图》中可见一斑。《斗茶图》是一幅充满生活气息的风俗画，共画有四个人物，身边放着几副盛有茶具的茶担。左前一人一手持杯，一手提茶桶，袒胸露臂，满脸得意，似在夸耀自己的茶质优美。身后一人双袖卷起，一手持杯，一手提壶，正将壶中茶汤注入怀中。右旁站立两人，双目凝视前者，似在倾听双方介绍茶汤的特色。从图中人物模样和衣着来看，不像文人墨客，倒像是走街串巷的"货郎"，可见斗茶之风深入民间。

（二）绮艺

宋代流行的斗茶游戏，从一定程度而言是一种奢侈和浪费，但也可以说是我国古代品茶艺术的最高表现形式。为了取得斗茶的最佳效果——斗茶艺术美，当时的人们对斗茶所用的材料和工具提出了精益求精的要求，正如创造书法、绘画艺术美需要消耗笔墨颜料一样，这样消耗能给人带来美的享受。从这个角度来说，人们在斗茶艺术美的创作过程中所消耗的时间和材料，以及对材料加工的精细要求，又有其合理的一面。比如斗茶的汤花“咬盏”，不仅指汤花紧咬盏沿，而是只要盏内漂有汤花且使用建盏，不管在何位置，都可以透过汤花看到相应部位盏底兔毫纹（油滴纹）被咬住的样子，汤花在盏内飘动时盏底兔毫纹（油滴纹）会有被拉动的现象，非常生动有趣，从而形成了独特的饮茶艺术美感。

宋代饮茶方式的绮艺，还体现在“分茶”上。分茶约始于北宋初年，是当时文人士子中流行的时尚文化娱乐活动。善于分茶之人，可以利用茶碗中的水脉，创造出许多善于变化的书画来，无论是观赏者还是创作者，都可以从这些碗中图案里得到许多美的享受。分茶的妙处还有分汤花一项，宋代茶盏多为黑釉建盏，汤色尚白，颜色对比分明，建盏盏面上的汤纹水脉会变幻出各种各样的图案，有的像山水云雾，有的像花鸟鱼虫，有的又似各色人物，仿佛一幅幅瞬间万变的画图，因此也被称做“水丹青”，北宋人陶谷在《荈茗录》中把这种“分茶”的游戏叫做“茶百戏”。唐代煎茶也有分茶，刘禹锡曾在《西山兰若试茶歌》描述“骤雨松声入鼎来，白云满碗花徘徊”，但从茶品制作工艺看，可能达不到宋代分茶的艺术美。

所谓上行下效，在宋徽宗和朝廷大臣、文人的推崇下，茶百戏发展到了极致。宋徽宗不仅撰《大观茶论》以论述点茶、分茶，还亲自烹茶赐宴群臣。许多文人如陶谷、陆游、李清照、杨万里、苏轼都喜爱分茶，并为其下了许多脍炙人口的诗文。陆游在《临安春雨初霁》中描述了分茶的情景：“矮纸斜行闲作草，晴窗细乳戏分茶。”北宋陶谷《清异录》“茶百戏”条载：“茶至唐始盛，近世有下汤运匕，别施妙诀，使汤纹水脉成物象者，禽兽虫鱼、花草之属，纤巧如画，但须臾散灭，此茶之变也，时人谓之茶百戏。”

宋代另一项艺术性饮茶方式是绣茶。“绣茶”是宫廷内的秘玩，据南宋代周密《乾淳岁时记》中记载，在每年仲春上旬，北苑所贡的第一纲茶即到宫中，包装精美，共有百饼（銙），都是用雀舌水芽所造。据说一只可冲泡几盏，但大抵因为太珍贵的缘故，一般舍不得饮用，于是一种只供观赏的玩茶艺术就产生了。“禁中大庆会，则用大镀金㙊，以五色韵果簇订龙凤，谓之绣茶，不过悦目，亦有专其工者，外人罕见”，其描述的大致方法是在大型镀金碗里，以五色韵果，簇钉成龙形凤状，再注入茶汤。梅尧臣的七宝茶诗“七物甘香杂蕊茶，浮花泛绿乱于霞。啜之始觉君恩重，休作寻常一等夸。”描写的就是接受宫廷恩赐、由七种物品调和的绣茶。绣茶的出现正好符合宋代的文化气息，高贵的绣茶，正是朝廷文化的表征。还有一种称为“漏影春”的玩茶艺术，大约出现于五代或唐末，到宋代时已是一种较为时髦的茶饮方式。北宋陶谷《清异录》“漏影春”条载：“漏影春法，用镂纸贴盏，糁茶面去纸，伪为花身，别以荔肉为叶，松实、鸭脚之类珍物为蕊，沸汤点搅。”以茶为主，加以其他果物，堆塑成花卉形，用沸汤点搅，于是茶碗宛如一朵花，先观赏，后品尝。绣茶与漏影春同源，都是以干茶为主的造型艺术，是调和茶精致化的代表。

（三）盛尚

宋代饮茶范围之广、流行之盛、兼容并蓄，是前朝未能比拟的。赵佶的《大观茶论》充分说明了社会饮茶风尚之盛：“至若茶之有物，擅瓯闽之秀气，钟山川之灵禀。祛襟涤滞、致清导和，则非庸人孺子可得而知矣：冲淡闲洁、韵高致静，则百遑遽之时可得而好尚之。”“缙绅之士，韦布之流，沐浴膏泽，薰陶德化，盛以雅尚相推，从事茗饮。”“较筐筥之精，争鉴裁之妙，虽否士于此时，不以蓄茶为羞，可谓盛世之清尚也。”诸如此类，不仅描述了茶的功能，更表现出饮茶与社会兴盛的关系，只有国泰民安，才能上至缙绅、下至韦布皆以茶为雅尚，祛襟涤滞，致清导和，提高群众修养。

宋代茶仪已成礼制，茶礼加入到宫廷的朝仪、祭祀、宴席等程式之中，赐茶成为皇帝笼络大臣、眷怀亲族、安抚外邦的重要手段。上有所倡，下必效仿，下层社会的茶文化更是生机活泼，邻里迁徙要“献茶”；客来要敬“元宝茶”；定婚时要“下茶”；结婚时要“定茶”；同房时要“合茶”等。文人之中更是出现了专业品茶社团，有官员组成的“汤社”、佛教徒的“千人社”等。宋代吴自牧《梁梦录》称“烧香、煎茶、挂画、插花，四般闲事，不宜戾家”，可见煎茶、点茶已成为日常不可或缺的生活方式。

斗茶风起，给茶的采制烹点带来了一系列变化。宋代斗茶虽源于贡茶，却直接提高了当时的茶叶采制技术及名茶开发水平。范仲淹《和章岷从事斗茶歌》所说："北苑将期献天子，林下雄豪先斗美。"苏轼在《荔枝叹》也说："君不见武夷溪边粟粒芽，前丁后蔡相笼加，争新买宠各出意，今年斗品充官茶。"可见为了获得优质的贡茶，会以斗茶来评出茶的好次。茶叶生产的发展为全社会的饮茶提供了物质保证，且能转而再促进饮茶消费。在今天，摒弃了过度的奢华之后，茶叶评比和斗茶会依旧在延续，其与促进茶叶品质的提高和冲泡技艺的改进，满足不断增长的消费需求的归旨上是一致的。

宋代以其宽容的社会态度，大力发展商品经济，商人在这一时期得到了最大的解放，并最终取得了商业经济的大繁荣，也促进了茶叶贸易产生。宋代茶叶的生产与消费都得到了大幅度的发展，在当时茶叶已成为十分普遍的生活必需品，杂合清谈、交易、弹唱、酒食内容的茶肆、茶楼、茶坊在市民社会中盛行。[①]王安石在《议茶法》一文中写道："夫茶之为民用，等于米盐，不可一日以无。"随着茶叶市场的不断扩大，饮茶习俗在北方尤其是西北地区从事畜牧业、以食乳酪为生的少数民族间广泛传播，并对茶叶产生了较强的依赖性，以致达到"夷人不可一日无茶以生"的程度。也正因如此，茶叶贸易成为了边地贸易中最赚钱最抢手的贸易，据《文献通考》云："凡茶入官以轻估，其出以重估，县官之利甚博，而商贾转致于西北以致散于夷狄，其利又特厚。"可见宋代茶叶贸易在国民经济中及边境的战略物资地位越发重要。

茶叶生产技术的提高、茶叶经济的发展、茶叶战略地位的确立，这几点都直接或间接地促进了茶叶向政治、经济、文化领域的推进，使宋代饮茶不仅流于文人显贵的风雅，更成为一种普天之下的日常生活方式，显现出欣欣向荣的盛世风尚。

结语

宋代是中国饮茶史中不可忽视的时代，在有了唐代茶文化作为理论先驱后，宋代更是将饮茶活动覆盖到每个阶层、每个区域。饮茶艺术化根本性的带动了技术革新与市场繁荣，强化了对茶的利用，从而使"茶"史无

① 夏涛主编：《中华茶史》，安徽教育出版社，2008年版，第138页。

前例地走在社会政治、经济、文化的前沿。

宋代饮茶法的要点可大致小结如下：

（1）点茶法创新了茶品开汤的方式，带来了一系列茶艺要素的改变。

（2）茶盏成为点茶法的主泡器兼用品饮器，尚黑色建窑碗，犹好兔毫纹、油滴纹等窑变建盏，以利茶汤呈现。

（3）团茶是宋代的代表性茶品，以福建为主产区。为适应点茶法的要求，其加工方法有了较大革新，从而达到点茶后茶汤“色白、香真、味甘滑、形咬盏”的标准。当时也出现了大量的散茶（草茶）、调和的花果香茶等各种丰富茶品。

（4）斗茶的流行使宋代对茶品、茶具、茶艺、饮茶方式等方面，都提出了更高的标准和技巧。艺术化的饮茶成为一种风尚，出现了茶百戏、水丹青、绣茶等艺术品鉴形式。

（5）皇帝著茶书、贡茶、茶宴、分茶游戏、点茶家礼制、汤社茶肆、茶马互市等成为宋代饮茶盛况的典型事件。

四、补录：朱权与末茶

宋代的点茶法比较前朝是进步的，但过于精致乃至繁复奢侈的团茶生产方式，其生命力并不强壮，毫无疑问，茶品制作方式的革新成为主要目标。在宋代中后期，已出现了大量的草茶以及文人立志清雅的品饮活动，但并未形成主流。直至元代，由于蒙古人入主，民族大融合在即，文化冲突难以避免，具有浓郁中原文化特征的饮茶活动也成为典型的对象。北方民族虽嗜茶如命，但主要是出于生活上的需要，从文化上却对品茶煮茗之事没多大兴趣。而汉族文化人面对故国破碎，异族压迫，也无心再以茶事表现自己的风流倜傥，而希望通过饮茶表现自己的情操，磨砺自己的意志。这两股不同的思想潮流，在茶文化中契合后，促进了茶艺向简约、返璞归真方向发展。同时，社会动荡也使茶叶生产和流通已不复前朝的盛况。茶艺改革有了较为成熟的思想基础和社会条件，从元代至明初，在中国茶艺史上出现了过渡期的饮茶法“末茶法”。

蒙古人是爱饮茶的，从历史上看，最晚在五代时期，东北地区便出现了饮茶的习俗。契丹人驱“羊三万口、马二万匹”至南唐“价市罗绮、茶药”。到了辽宋时期，双方的交易中，茶叶更是成了大宗。在出土的辽墓中，就有与茶有关的壁画，茶室内有6只白瓷碗、4只白瓷碟、1只白瓷托和1把执壶及果盒等。在食盒和桌子右边地上，一排放有茶碾、茶盘和茶炉三组茶具。茶碾有碾槽和碾轴二个组件，茶盘中放有曲柄锯、茶刷和饼茶各一，茶炉则分炉座和炉身二层，另外上面还置有一把银执壶。可见饮茶在当时已是很平常的事了。“解渴不须调乳酪，金瓯刚进小团茶”，这是清代诗人陆长春对辽代饮茶文化的描写。而到了金代，饮茶文化得到了更大的发展，“茶食”已深入到寻常百姓家。所谓“茶食”，是指宴席上先上麻花类的“大软脂、小软脂”的食物，后上“蜜糕”，最后才上“建茗”。《金史·食货志四》说：“上下竞啜，农民尤甚，市井茶肆相属。”金人待客通例是“先汤后茶”，茶在日常生活中占据重要地位，茶叶的需求量大幅上升，还导致了金庭“茶禁”令的颁布。

元代政府仍十分重视茶叶的生产，出版了《农书》和《农桑撮要》两部书，里面对茶树的种植有详细的描写。茶叶的制作、储存方式也由“团茶”“片茶”演变成“叶茶”。《农书》作者王桢说：“夫茶，灵草也。种之则利博，饮之则神清，上而王公贵人之所尚，下而小夫贱隶之所不可阙。诚生民日用之所资，国家课利之一助也。”对茶的生产和利用作出了充分的肯定。

元代，蒙古人以其质朴的秉性，批判了宋人饮茶的繁琐，扭转了越演越烈的暴殄天物之风。蒙古人爱直接吃叶茶的习惯、爱调饮茗和方式的沿袭，使当时茶品和饮茶法显得兼容不拘，虽薄于文化的升华，却也为文化多样性打下了一定的基础。元代王桢的《农书》曾把当时的饮茶法归纳为四种：茗茶、蜡茶、末子茶以及芼茶。

（1）茗茶。茗茶饮用方法和现代泡茶最为相近。先选择嫩芽，然后用汤泡去青气，再煎汤热饮，这种饮茶法有可能是连茶叶一起吃进肚子里的，所以茶叶非嫩不可。

（2）末子茶。先把茶芽烘焙干燥，然后放入茶磨中细碾，直到粉末极细为止，不再榨压成饼，而是直接储存或点汤。点汤方式与点茶法同。

（3）蜡茶。即宋代制法的团茶，但当时数量已大减，点茶方法也极为少见，大概只有宫廷权贵才吃得，而且也仅是偶尝绝品。这说明宋代的点茶法在元代已经完全没落了。

（4）芼茶。在茶中芼入胡桃、松实、芝麻、杏、栗等，共同调制煮饮。这种吃茶法虽有失茶的正味，但既可饮茶，还可食果，颇受民间喜爱。芼茶方法在当时最有名的例子是倪瓒留下来的，倪瓒素好饮茶，在惠山中以核桃、松子肉调和茶粉，做成像石子般的小块，放在茶碗中，叫做清泉白石茶。一个自恃极高，文化品位极雅，又潇洒超群的元代风流名士，也制得芼茶法，说明了元代茶艺改革是一个方向。

从元代到明代中叶以前，汉人有感于前代民族举亡，本朝一开国便国事艰难，于是仍怀砺节之志，茶文化沿承元代的志趣，表现为茶艺简约化，茶文化精神与自然契合，以茶表现自己的苦节。"苦节君"由此而来，以对茶具的别称来比喻茶者人格的高洁。

不管是从劳动力节约的考虑，还是百废待兴的准备，明太祖下诏废团茶改贡叶茶，后人于此评价甚高："上以重劳民力，罢造龙团，惟采芽茶进。……按加香物，捣为细饼，已失真味……。今人惟取初萌之精者，汲泉置鼎，一瀹便啜，遂开千古茗饮之宗。"但此阶段的茶艺改革并不彻底，茶人们仅将团茶改为叶茶，其余的茶汤制备和技巧方式仍沿袭宋的点茶法，或者沿用元代末子茶的茶汤制备法，没有形成新茶艺的体系。因此，后人将此过渡性的饮茶法称为末茶法。

朱权著《茶谱》，是末茶法的杰出代表："（茶）始于晋，兴于宋。惟陆羽得品茶之妙，着茶经三篇，蔡襄着茶录二篇。盖羽多尚奇古，制之为末，以膏为饼。至仁宗时，而立龙团、凤团、月团之名，杂以诸香，饰以金彩，不无夺其真味。然天地生物，各遂其性，莫若叶茶。烹而啜之，以遂其自然之性也。予故取烹茶之法，末茶之具，崇新改易，自成一家。为云海餐霞服日之士，共乐斯事也。"朱权《茶谱》里自成一家的末茶法，技术上大致和宋代相同，其中的茶品将团茶改成了叶茶。由于叶茶与团茶制法不同，茶汤颜色有异，所以特重饶州瓷，以之注茶，青白可爱。

（1）备器。点茶先备茶器，包括煮水器与沏茶器。由于道家色彩浓，朱权特别重视茶炉，形制仿炼丹神鼎，把手藤扎，两傍用钩，上可挂茶帚、茶筅、炊筒、水滤。也可用茶灶，灶面开两穴，以置瓶。到了后代盛颙则改用竹茶炉，也就是名驰天下的惠山竹茶炉，雅称“苦节君”，比喻茶炉能在逆境里守节之意。此时白瓷碗已立为主泡器。

（2）煮水。用瓢取汲清泉，放置于茶瓶之中，置茶炉上煮。这和前代大致相同。

（3）备茶。茶品为叶茶，先将茶叶碾为茶末，再置于茶磨里磨得更细，再用茶罗罗之。茶碾、茶磨都用青礞石为之，取其化痰去热的效果。这也是唐宋遗法。

（4）点茶。同宋代点茶，包括注汤、击拂、分茶，要求打到茶瓯里的浪花浮成“云头雨脚”为止，此期点茶法共有四种。

第一种点分茶法：量客人的多寡，以茶则取茶末投于巨瓯中，先注入蟹眼之水，再用茶筅摔茶，茶沫与水相融，不沉不浮，法同宋代。

第二种是点独饮法：直接点于个人茶瓯之中。

第三种是点芼茶法：将香草珍果杂置瓯中，再用点好茶汤加入，此法亦古，宋代的绣茶就是，倪云林的清泉白石茶正是此种。

第四种是点花茶法：系由上法演变而成，但是朱权更加以变化，一种是以花调香入味，再加点茶，这是宋代已有的。另一种是先点好真茶，再将梅花、桂花、茉莉花等的蓓蕾数枚，直接投入啜瓯之中，奄于茶汤之中，双手捧定茶瓯，茶汤热度催花开放，既可眼见开花美景，又可鼻嗅茶香花香，实在美不胜收，这是朱权所创。

（5）饮茶。饮茶方法除前朝已有的延续外，此期以茶果宴最为风行，客来时奉茶、奉果，先将茶汤分茶于啜瓯之中，以竹架（茶盘）奉茶，同时奉果。由于点芼茶往往有夺香、夺味、夺色之虞，饮佳茶若杂果就无法分辨，因此往往另以盘碟盛果。果之宜茶者有核桃、榛子、瓜仁、棘仁、菱米、榄仁、栗子、鸡头、银杏、山药、笋干、芝麻、莒莴、莴苣、芹菜等，果贮于品司之中。

（6）分茶礼。朱权《茶谱》载：“童子捧献于前，主起举瓯奉客日：为君以泻清臆。客起接，举瓯日：非此不足以破孤闷。乃复坐。饮毕，童子

接瓯而退。话久情长，礼陈再三。"朱权点茶道注重主、客间的端、接、饮、叙礼仪，且礼陈再三，颇为严肃。

元明时期的饮茶法，一方面承袭宋代点茶法，一方面开启明代沏茶法。从元代到明嘉靖年间，末茶法是当时的主流。

朱权《茶谱》序中说："予尝举白眼而望青天，汲清泉而烹活火。自谓与天语以扩心志之大，符水火以副内炼之功。得非游心于茶灶，又将有裨于修养之道矣，其惟清哉！"又曰："茶之为物，可以助诗兴而云顿色，可以伏睡魔而天地忘形，可以倍清淡而万象惊寒。……乃与客清谈款话，探虚玄而参造化，清心神而出尘表。"以朱权为代表的末茶法，赋予茶清奇而玄虚的风格，将喝茶与修道合二为一，追求"探虚立而参造化，清心神而出神表"的大道境界，表达了文人在逆境中以茶体悟生命意义的人生智慧。末茶法的茶艺改革也承接了当时茶人的精神需求和寄托。

第四节　明清叶茶：元体日用，气象万千

饮茶法的不断变迁，在经历了唐代的严谨规范、宋代浪漫盛尚、元代的曲折游曳后，在明清之际又出现了新的变化。明清的茶人在对饮茶法厉行改革后，茶文化呈现出一派豁然开朗的局面。

首先是著作盛产。《中国茶经》列出了我国古代98种茶书，具体有：唐代7种，宋元25种，明代55种，清代11种。按历史时期计算，则唐五代茶书占总数的7.14%，宋元25.51%，明代56.12%，清代11.22%，可见明代茶书占中国古代茶书的一半以上，是最为高产的年代。明代55部茶书撰写的时间分布不均，但主要集中在明代中后期。明代初期的茶书只有朱权《茶谱》、谭宣的《茶马志》2种，明代中期有10种，后期为43种。明代中后期到清初的茶书共60部，占中国古代茶书总量的61.2%，其中清代茶书主要集中在清初。[①]在明清时期丰富的茶著中，涉及种茶、制茶、饮茶等技艺，内容全面、理论深入详尽，为历代少有。这与明清时期中国六大茶类的创兴、

① 陶德臣：《试论明清茶文化的由盛转衰》，《农业考古》，2009年第5期。

沏茶技艺及茶具形式的多元化迅速发展有着密切联系。

明清茶诗画以及文字作品中，也体现了茶文化的多元化发展。明代茶诗230首，清代茶诗700首，虽比唐宋略有逊色，但其对茶文化情感的继承与表达仍有前朝遗风。以画寄情更显示了明代茶文化的情景交融，如唐寅的《事茗图》《品茶图》、文徵明的《惠山茶会图》等，都反映出文人们远涉高山林中，煽火烹茗、悠闲品茶的景况，表达出“游山玩水寻茗韵，闲情逸志忧天下”的心境。茶文化向文学作品的渗透，在明清时期表现尤为突出，《水浒传》《红楼梦》中均有较详细的茶艺茶事描写，尤其是《红楼梦》中对茶艺茶事的描写，有人统计达260次之多。①

其次是生产水平大幅提升。中国茶类生产和制茶技术进入明代以后发生了革命性的变化，这种变化突出表现在团茶罢废、炒青绿茶盛极一时、茶类多样化的工艺创新等。

散茶的制造是一门古老的工艺，唐代以前便已存在。但直到元代王祯的《农书》才正式提到散茶的制作工艺，且还是以蒸青方法制茶。明代制茶完全过渡到以炒青绿茶为主，蒸青工艺虽有存在，但已不占主导地位，高档茶更是如此。因此出现了制茶言必称炒的局面，甚至于炒茶成了制茶的代名词，散茶成了茶叶的等同词，明代茶书以此为论的记载比比皆是。

明代炒青制法技术先进，工艺完整，全面系统和准确地总结了中国古代炒青制法的经验。在明朝后期茶书中，我国绿茶生产大部分地区已经改用炒青锅炒杀青技术，仅浙西和江西个别区域在芥茶生产上还保留与沿用团饼的甑蒸杀青工艺。罗廪的《茶解》中记载了包括采茶、萎调、杀青、摊凉、揉捻、焙干等工序，每道工序均有具体而详细的操作方法和技术要求，这是中国古代茶书中关于制茶最全面、最系统和最精确的经验总结，被视为中国传统制茶学说和名贵炒青茶采制的范例和指南，时至今日仍具有极大的操作可行性。

明清之际除炒青绿茶大行其道外，黑茶、花茶、红茶、乌龙茶都有一定的发展，至此，绿、白、黄、青、红、黑六大茶类齐全。花茶虽然在南

---

① 夏涛：《中华茶史》，安徽教育出版社，2008年版，第215页。

宋时就有茉莉窨茶的文献记载，但其加工方法和不同的花胚到明代才有具体记载，如朱权《茶谱》和钱椿年、顾元庆《茶谱》等。白茶虽名闻于宋，但此时是指茶树的品种，在加工学意义上的白茶创制于明代。学者们认为在田艺蘅《煮泉小品》（1554年）中提到的："茶者以火作者为次，生晒者为上，亦更近自然，且断烟火气耳。……生晒茶瀹之瓯中，则旗枪舒畅，青翠鲜明，尤为可爱。"体现了白茶加工"重萎凋，轻发酵""自然萎凋，不炒不揉"的主要特征，且为散叶冲饮。同时，明代还创制了黄茶，据顾元庆《茶录》（1541年）中云："黄茶制法，亦同于炒青茶，源起于浙江，其制法近似绿茶，惟是闷堆渥黄。"而红茶起源于16世纪，最先出现的是小种红茶，是用没有焙干的毛茶，经堆压发酵、入锅炒制而成。1660年荷兰商人第一次运往欧洲的红茶就是福建崇安县（现为武夷山市）星村生产的小种红茶。后来小种红茶逐渐演变为工夫红茶。乌龙茶即青茶，据专家考证，乌龙茶创制于明末或清初年间，王草堂《茶说》（1717年）记述了武夷加工乌龙茶的情况，说明当时的乌龙茶加工技术已很成熟。青茶的产生大致认为是在绿茶、红茶制造工艺上发展起来的，因此它应该诞生于红茶之后。而黑茶可以说是历史上固形茶的蜕变。总之，明清两代，是中国古代茶叶制造技术的鼎盛时期。自此以降，直至近代茶叶制造技术产生前，鲜有新的茶类出现和新的制茶技术问世。

基于饮茶文化社会思潮的成熟以及茶叶生产方式的创新，明清时代开创了饮茶方式的新领域。自唐以来，固型茶一直占据茶品加工主流，而明代最典型的特点便是加工方式转向了散茶、叶茶的产品形式，由此出现了与之适应的茶具、开汤方式、审美情趣等方面的革新和改变。

一、概说

我国历代饮茶法的改变主要围绕着两个方面：一是加热方式，即干茶开汤方式是"煮"还是"泡"；二是茶品制备，即干茶开汤前是借助"罗磨"还是全具"元体"。唐代煎茶法体现出的主要特征是"煮+罗磨"，形成了规范的饮茶方式。到宋代饮茶法，最具革命性的内容是摒弃了"煮"的开汤方式，首创采用了“泡+罗磨”的点茶法，饮茶之事得到了极大推广。明清则改革了茶品制备，在彻底批判了极度浪费的宋代团茶制作现象之外，也接受和发扬了宋代点茶煎水注汤的“泡”饮方式——沏茶法，开辟了“不假罗磨、全具元体”散叶冲饮的新天地。

沏茶法，又称瀹茶法、撮泡法、工夫茶法，是通过茶叶浸渍的方式来呈现茶汤。与点茶法品饮时将茶末连饮不同，沏茶法仅品饮茶叶在热汤的作用下浸出的成分。比较沏茶法与远古的淹茶法，其相同点是茶叶都泡在水里，不同点是前者只品尝茶汤，弃去叶底，而后者连茶叶一起食用。

明清时期新的茶类不断涌现，从客观上来说，不同的茶叶加工方式需要有不同的沏泡方式，而这其中最明显的便是茶具变化。历代饮茶法都讲究审美，好的器具可以更好的衬托茶汤的“色香味形”，比如唐代的“青则益茶”推崇越窑青碗，宋代“尚白”的茶风追求建窑黑盏。明清“沏茶法”追求茶汤的本质体现，几乎都喜好白瓷品饮杯。主泡器根据不同地域、人群和茶类有着不同的选择，白瓷小壶、盖瓯、紫砂壶等皆有，且不同用具对沏茶水温和沏茶程序的要求也是不同的。因此，以主泡器和程序差异为依据，明清时期主流的沏茶法大致分为三种方式：瀹茗法、撮泡法、工夫茶法。

二、瀹茗、撮泡、工夫茶

明清时期的沏茶法具有萌动和渐进的过程特征，它围绕着主泡器的选择以及不同地域茶类生产的特点，不断完善沏茶法茶艺。虽有大体如现代六大茶类的生产基础，但其沏茶法并未精细到针对每一类茶、或者同一类茶不同外形品质的茶。明清时期用小壶沏泡为主流，同时也出现了盖碗的使用喜好。

（一）瀹茗

瀹茗、瀹茶，是明至初清沏茶法的主要形式。瀹茗一词早就有，如“瀹茗且盘旋、翩翩吾欲仙”“瀹茗漱清觞”等，瀹，可解释为“煮”“浸

渍”“疏导”，明清时期则用“瀹”词来表示散叶浸渍开汤的方式，是当时对饮茶方法较为正式的称呼。

瀹茗法，主泡器偏好瓷质小壶，茶叶多为阳羡茶，沏茶水温不高，冲泡2~3道即弃去叶底。明代后期（16世纪末），张源著《茶录》，其书有藏茶、火候、汤辨、泡法、投茶、饮茶、品泉、贮水、茶具、茶道等篇；许次纾著《茶疏》，其书有择水、贮水、舀水、煮水器、火候、烹点、汤候、瓯注、荡涤、饮啜、论客、茶所、洗茶、饮时、宜辍、不宜用、不宜近、良友、出游、权宜、宜节等篇，《茶录》和《茶疏》为瀹茗的沏茶法打下了基础。17世纪初，程用宾撰《茶录》、罗廪撰《茶解》，17世纪中期冯可宾撰《岕茶笺》等著作，这些作品都详细记载了明清时期的茶叶生产、茶品利用与沏茶方式，勾画出瀹茗沏茶法的大致轮廓。

1. 茶具

瀹茶法使用的主泡器为壶，又称茶注，尤为看重瓷质小壶。冯可宾在《岕茶笺》“论茶具”条中说：“茶壶窑器为上，锡次之。茶杯汝、官、哥、定，如未可多得，则适意者为佳耳。……茶壶以小为贵，每一客，壶一把，任其自斟自饮，方为得趣。”即茶壶宜小，材料以上釉窑器为主，许次纾在《茶疏》的“瓯注”里也提出：“茶注以不受他气者为良，故首银次锡。……其次内外有油瓷壶亦可，必如柴、汝、宣、成之类，然后为佳。然滚水骤浇，旧瓷易裂可惜也。”对茶壶的大致意见是首推银壶、其次锡壶、然后是上釉瓷壶。许次纾时代已出现了紫砂陶器，时人对其评价也可从《茶疏》中略窥一二：“往时龚春茶壶，近日时彬所制，大为时人宝惜。盖皆以粗砂制之，正取砂无土气耳。随手造作，颇极精工，顾烧时必须为力极足，方可出窑。然火候少过，壶又多碎坏者，以是益加贵重。火力不到者，如以生砂注水，土气满鼻，不中用也。较之锡器，尚减三分。砂性微渗，又不用油，香不窜发，易冷易馊，仅堪供玩耳。其余细砂，及造自他匠手者，质恶制劣，尤有土气，绝能败味，勿用勿用。”可见当时必须是极上品的陶器才能作为泡茶的器具，一般的砂性壶并不堪用。

品茗器的茶盏，也有称茶瓯等。明清的品茗器崇尚白瓷小茶盏，利于汤色呈现，时人对其要求为“盏以雪白者为上，蓝白者不损茶色，次之”“纯白为佳，兼贵于小。定窑最贵”。

明清代茶书中还提到沏茶法的其他茶具，诸如瓢、巾帨（拭盏布）、分茶盒、汤铫（煮水器）、茶盂等，与现代使用的沏茶器皿类似。

2.沏茶方式

明清沏茶法的投茶量、茶水比、汤铫火候等，都与当下相近。明清时代的散叶冲泡对何时投茶已十分讲究，谓之上投法、中投法、下投法，如张源描述：“投茶有序，毋失其宜。先茶后汤日下投，汤半下茶，复以汤满，日中投。先汤后茶日上投，春秋中投，夏上投，冬下投。”此方式一直沿用至今。也有一些茶人的投茶方式更复杂些，如许次纾的方法是：先入汤、后投茶，顷刻后即出汤至盂（类似现今的公道杯），再复注入茶壶，等候三呼吸时间才可敬客。他认为这样的过程有利于茶汤色、香、味呈现出“乳嫩清滑，馥郁鼻端”的状态。

明清时代，大多数茶人强调洗茶的过程，如冯可宾在《岕茶笺》中描述：“以热水涤茶叶，水不可太滚，滚则一涤无余味矣。以竹箸夹茶于涤器中，反复涤荡，去尘土、黄叶、老梗净，以手搦干，置涤器内盖定，少刻开视，色青香烈，急取沸水泼之。”可谓是较典型的洗茶方式。由于散茶相比前朝的固型茶更易走味变异，所以茶人们对如何在干燥、密封的环境下保存茶叶也是颇有心得，这些传统方法在今天仍有沿用的。

当时也有茶人对瀹茗法不满的，希望能恢复到唐代的煎茶法，比如唐晏《天咫偶闻·卷八·茶说》中记载道：“煎茶之法，失传久矣，士夫风雅自命者，固多嗜茶，然止于以水瀹生茗而饮之，未有解煎茶如《茶经》《茶录》之所云者。屠纬真《茶笺》论茶甚详，亦瀹茶而非煎茶。……然后知古人之煎茶为得茶之至味，后人之瀹茗，何异带皮食哀家梨者乎。”可见每个时代都存在对当时饮茶法的批判。

（二）撮泡

撮泡法的典型特征是：茶叶投入茶盏直接注汤，茶盏既是主泡器、又

是品茗器。撮泡一词来源于钱塘人陈师《茶考》中所记："杭俗烹茶，用细茗置茶瓯，以沸汤点之，名为撮泡。"即撮泡法是杭州的习俗，为细茗置茶瓯以沸水沏泡的方法。约撰于1554年的田艺蘅的《煮泉小品》"宜茶"条中也有记载："芽茶以火作者为次，生晒者为上，亦更近自然……生晒茶瀹之瓯中，则枪旗舒畅，青翠鲜明，方为可爱。"以生晒芽茶在茶瓯中开汤，芽叶舒展，青翠鲜明，甚是可爱，这是关于散茶在瓯盏中沏泡的最早记录。

清代中前期有一个在工夫茶区、不饮工夫茶而喜好撮泡的记载，乾隆十年（1745年）《普宁县志·艺文志》中收录主纂者、县令萧麟趾的《慧花岩品泉论》有这样一段话："因就泉设茶具，依活水法烹之。松风既清，蟹眼旋起，取阳羡春芽，浮碧碗中，味果带甘，而清冽更胜。"茶取阳羡，器用盖碗，芽浮瓯面，即是称之为撮泡茶的程式，所以当时还是有一些人以撮泡方式来饮茶的。

（三）工夫茶

现代工夫茶的起源在明清时期。"壶黜银、锡及闽、豫瓷，而尚宜兴陶。"随着明代中期紫砂壶的兴起，广东、福建地区饮茶方式有了显著改变，清代以后工夫茶达到了较为鼎盛的状况。

乾隆初曾任县令的溧阳人彭光斗在《闽琐记》中说："余罢后赴省，道过龙溪，邂逅竹圃中，遇一野叟，延入旁室，地炉活火，烹茗相待。盏绝小，仅供一啜。然甫下咽，即沁透心脾。叩之，乃真武夷也。客闽三载，只领略一次，殊愧此叟多矣。"当时的县令才第一次享受到工夫茶的沏茶方法和滋味，应该说工夫茶是从民间传向官方的。24年后，即乾隆五十一年丙午（1786年），袁枚在《随园食单》中记下了他饮用武夷茶的经过和感想："余向不喜武夷茶，嫌其浓苦如饮药。然丙午秋，余游武夷曼亭峰、天游寺诸处，僧道争以茶献。杯小如胡桃，壶小如香橼，每斟无一两。上口不忍遽咽，先嗅其香，再试其味，徐徐咀嚼而体贴之，果然清芬扑鼻，舌有余甘。一杯之后，再试一二杯，令人释躁平矜，怡情悦性。始觉龙井虽清而味薄矣，阳羡虽佳而韵逊矣！"极为详细的描述了工夫茶程序，也生动地表现出作者对工夫茶的喜爱。

在后续的文献中，更多地出现了对工夫茶的记载。清代俞蛟的《梦厂杂著》卷十《潮嘉风月》中记载："工夫茶，烹治之法，本诸陆羽《茶经》，而器具更为精致。炉形如截筒，高约一尺二三寸，以细白泥为之。壶出宜兴窑者最佳，圆体扁腹，努嘴曲柄，大者可受半升许。杯盘则花瓷居多，内外写山水人物极工致，类非近代物，然无款志，制自何年，不能考也。炉及壶、盘如满月。此外尚有瓦铛、棕垫、纸扇、竹夹，制皆朴雅。壶、盘与林，旧而佳者，贵如拱璧，寻常舟中不易得也。先将泉水贮铛，用细炭煎至初沸，投阅茶于壶内冲之，盖定，复遍浇其上，然后斟而细呷之。气味芳烈，较嚼梅花更为清绝，非拇战轰饮者得领其风味。"这一记载，远较《龙溪县志》《随园食单》更为详细，如炉之规制、质地，壶之形状、容量，瓷杯之花色、数量，以至瓦铛、棕垫、纸扇、竹夹、细炭、闽茶，均一一提及。而投茶、候汤、淋罐、筛茶、品呷等冲沏程式，亦是尽得其要。因此，该书问世后便成工夫茶文献之圭臬，至今各种类书、辞典中的"工夫茶"条，例皆据此阐说。

寄泉《蝶阶外史》中对"工夫茶"叙说亦相差不多："壶皆宜兴沙质。龚春、时大彬，不一式。每茶一壶，需炉铫三候汤，初沸蟹眼，再沸鱼眼，至连珠沸则熟矣。水生汤嫩，过熟汤老，恰到好处，颇不易。故谓天上一轮好月，人间中火候一瓯，好茶亦关缘法，不可幸致也。第一铫水熟，注空壶中烫之泼去；第二铫水已熟，预用器置茗叶，分两若干立下，壶中注水，覆以盖，置壶铜盘内；第三铫水又熟，从壶顶灌之周四面。则茶香发矣。"详细记叙了候汤、汤壶、置茶、沏茶的过程。

三、淡远清真的饮茶方式

明清时期开创了散茶冲瀹法，饮茶方式则继续发扬了前朝的"以茶聚会、以茶利用、茶理深沉、茶意优美、茶技卓越、茶事盛尚"传统理念和优秀风格，并在此基础上进一步突出了时代的个性和特征。明清时代饮茶方式展现出饮茶日用、茶艺细致、气象万千的新面貌。

（一）饮茶日用

明清时期，借饮茶之机进行日常生活的聚会仍是饮茶方式的主要内容。且继而发展为越来越固定的家庭居所结构和社会交往场合，前者是明代专为饮茶之事设计的“茶寮”，后者则是“茶馆”的大量呈现。

屠隆《茶说》“茶寮”条记：“构一斗室，相傍书斋，内设茶具，教一童子专主茶设，以供长日清谈，寒宵兀坐。幽人首务，不可少废者。”张谦德《茶经》中也有“茶寮中当别贮净炭听用”“茶炉用铜铸，如古鼎形，……置茶寮中乃不俗”。许次纾对茶寮的论述：“小斋之外，别置茶寮。高燥明爽，勿令闭塞。壁边列置两炉，炉以小雪洞覆之，止开一面，用省灰尘脱散。寮前置一几，以顿茶注、茶盂、为临时供具。别置一几，以顿他器。旁列一架，巾帨悬之……”诸如此类的描写不胜枚举，可见明清茶人不仅有前朝茶人对自然环境中饮茶的情趣偏好，并更进一步将家事饮茶列为独立的居所结构、作出专门设计。成为了茶事活动融入并构成人们日常生活方式的一个显著特征。

清代是我国茶馆的鼎盛时期，茶馆已成为人们日常生活的一个重要场所。据记载，仅北京有名的茶馆已达30多家，清末，上海更是达66家之多。乡镇茶馆的发达也不亚于大城市，如江苏、浙江一带，有的全镇居民只有数千家，而茶馆竟达到百余家之多。茶馆是中国茶文化中引人注目的一部分，其作为社会商业文化的典型，在明清时期的文学、书画作品中频繁出现。

清代茶馆的功能主要分为三种：一是饮茶聊天，类似前朝品茗会，也称清茶馆，店堂布置较古朴雅致，来喝茶的多为文人雅士，也有商人、手工艺者等，是“聆市面”的好场所；二是饮茶佐食，算是茶果会的延续，茶馆中增设点心经营或点心店增加茶水供应，扩大营业范围，满足顾客要求；三是饮茶听戏，称之为茶戏会，茶馆设一舞台邀请艺人，为茶客表演唱戏、说书、杂技等来增添茶馆的文化内容，以招揽生意。

茶馆作为一个社会公共场所，有时也承担一些与饮茶无关的事情。如“吃讲茶”，邻里乡间发生纠纷后，双方常常邀上主持公道的长者或中间人，

到茶馆去评理以求圆满解决，如调解不成，也会有碗盏横飞，大打出手的时候，茶馆也会因此而面目全非。茶馆有时还兼赌博场所，江南集镇上尤多。随着清代茶馆的兴盛，其逐渐成为反映社会生活形态的一个缩影。

在以茶利用这一方面，清代药茶研究也进入到新的发展时期，如陈鉴《虎丘茶经注补》、刘源长《茶史》、陆廷灿《续茶经》等都对茶饮和药茶优劣更加全面和系统的研究。以茶药用、以茶食用、茶利健康等方面，明清时期都有极大的发展，在我国茶医药发展史上，明清茶书可谓是颇占一席之地。

（二）茶艺细致

散茶的革新，使茶艺与前朝有了较大的区别。明清茶人对茶艺五个元素有了更为精致的审美要求，提出了“造时精，藏时燥，泡时洁。精、燥、洁，茶道尽矣”的茶艺规则，并对茶艺的“茶、水、器、火、境”五部分内容制定了详细的鉴别方法和规定内容。

茶：明清时期叶茶为品饮主流，茶艺的所有要素都以呈现茶叶“色、香、味、形”为中心，比如明末清初的陈贞慧《秋园杂佩》中评上品岕茶：“色、香、味三淡，初得口泊如耳，有间，甘入喉，静入心脾，有间，清入骨。嗟乎！淡者，道也。”清淡而有后味，是岕茶被广为赏识的一大特点，武夷山工夫茶法的“色香味”取胜更不待说。由于瀹茶法和工夫茶法都用瓷壶或紫砂壶来沏泡，茶叶外形较难观察，故“形”的部分不能很好地展现。但在撮泡法中，茶人们多次抒发了茶之叶底在杯中“枪旗舒畅，青翠鲜明，方为可爱”的审美趣味，可见芽叶完整可以大大增强饮茶时的观赏效果，这一观点为现代茶艺采用玻璃杯、壶、碗等器具，以强化茶叶“形”的审美打下了基础。明清时期对干茶的保存，以及干茶在开汤前的洗茶都有较明确的规定和操作方法。

水：由于直接用叶茶沏泡，所以如何用水来更好地发挥茶性，在沏茶法茶艺中的地位越来越重要，到明清时期，茶人们对择水的重视度更上一个层次。茶与水孰重孰轻在明清时期论述得更加明确，张大复在《梅花草堂笔谈》中认为：“茶性必发于水，八分之茶，遇十分水，茶亦十分矣。八

分之水，试十分茶，茶只得八分耳。”许次纾在《茶疏》也认为“精茗蕴香，借水而发，无水不可与论茶也”宜茶之水应清洁、甘洌，为求好水，可以不远千里。

火：明清时期对火的关注侧重在候汤的技术环节上。《茶录》“汤辨”条载：“汤有三大辨十五辨。一曰形辨，二曰声辨，三曰气辨。形为内辨，声为外辨，气为捷辨。如虾眼、蟹眼、鱼眼、连珠皆为萌汤，直至涌沸如腾波鼓浪，水汽全消，方是纯熟；如初声、转声、振声、骤声、皆为萌汤，直至无声，方是纯熟；如气浮一缕、二缕、三四缕，及缕乱不分，氤氲乱绕，皆是萌汤，直至气直冲贯，方是纯熟。”又“汤用老嫩”条称：“今时制茶，不假罗磨，全具元体，此汤须纯熟，元神始发。”许次纾则论述：“水一入铫，便须急煮。候有松声，即去盖，以消息其老嫩。蟹眼之后，水有微涛，是为当时，大涛鼎沸，旋至无声，是为过时。过则汤老而香散，决不堪用。”故有了好水，还须会煮汤、辨汤，火候若掌握不当会不利茶性发挥。

器：叶茶的兴起，使茶壶被更广泛地应用于百姓的茶饮生活中，茶盏也由黑釉瓷变成了白瓷和青花瓷，以更好地衬托茶色。除了生产白瓷的定窑、汝窑、官窑、哥窑、宣德窑等名窑外，景德镇的青花茶具异军突起，达到高峰，并在青花的基础上创造出平彩、五彩、填彩等新瓷，这些瓷器烧制技术基本上是在制作茶具中发展出来的。除白瓷和青瓷外，明清代最为突出的茶具便要数宜兴的紫砂壶了，紫砂茶具不仅因为瀹饮法而兴盛，其形制和材质，更是迎合了当时社会所追求的平淡、端庄、质朴、自然、温厚、闲雅等的精神需要。紫砂艺术的兴起和独立，也是明清茶文化的一个丰硕果实。同时工夫茶的兴盛也带动了专门的饮茶器具，如特别规定形制的汤铫、茶炉、茶壶、茶盏等，被称为“烹茶四宝”。

境：明清时期的茶人们对茶境的选择和描述更为生动，也更趋于人文。16世纪后期，陆树声撰《茶寮记》“茶候”条有“凉台静室、曲几明窗、僧寮道院、松风竹月”等；徐渭撰《煎茶七类》，内容与陆树声所撰类似；《徐文长秘集》又有“品茶宜精舍、宜云林、宜寒宵兀坐、宜松风下、宜花鸟间、宜清流白云、宜绿鲜苍苔、宜素手汲泉、宜红装扫雪、宜船头吹火、宜竹里飘烟。”许次纾《茶疏》“饮时”条有“明窗净几、风日晴和、轻阴微雨、小桥画舫、茂林修竹、课花责鸟、荷亭避暑、小院焚香、清幽寺院、名泉怪石”等24宜；冯可宾则提出了宜茶13个条件及不适宜品茶的“禁忌”7条等。虽然描述的对象是品茶环境，但实际上都是明清茶人在生活中的情感寄托，从这一侧面我们也可以窥见当时日常生活艺术的审美趋向。

（三）气象万千

明清之际的饮茶法，当时人称之为“开千古饮茶之宗”。其“简便异常、天趣悉备，可谓尽茶之真味矣”，可谓是返璞归真，自然朴实。艺术来源于社会生活，饮茶艺术也是如此。明清时期从制茶到饮茶，其过程删繁就简，给饮者留下了充分的自我发挥空间，明清饮茶的审美从“形尽神不灭”的中国古典审美中得到启发，饮茶的精神活动开始超越了固化的饮茶过程，从中萌发出“天人合一”“神思妙悟”的审美情趣，呈现出气象万千的艺术风度，这一点超越了前朝各个时代。

“天人合一”即人与自然相契合，向为茶人所求。明清之茶“不假罗磨、全具元体”，使饮茶之人能在茶汤中感知茶叶在山野中的生长状态，饮茶活动是第二自然创造，同时它有一定的社会活动在其中反映，客观上拉近了人与自然的关系。因此，在明清时期，天人合一的理想更多地被茶人所提及。对茶叶生产方式的革新，本身也是当时社会返璞归真的理想付诸现实的表征。饮茶自陆羽始就不是单纯的生理功能之用，更多的反映了当时茶人在其上构筑的理想和抱负，试图求证自然与人类社会发展所具有的相互感应的规律。在天人合一的理想下，明清茶人拥有更加饱满的人文情怀：崇尚自然、关心民生、大隐于市、趣味生动。

神思妙悟呈现有两种审美路径，一是神与物游，二是不可凑泊。宋代斗茶在茶汤中获得艺术想象力和美的享受；而到明清，更多茶人追求“无味之味、乃至味也”的境界，将“有”和“无”放置在同一对象上感知美。陆树声认为茶中三昧“非眠云跂石人，未易领略”，更有喻政在《茶书全集》中说“不甚嗜茶，而淡远清真，雅合茶理”，即便无茶，也能体会到茶的情怀，这一点非“不可凑泊”之不易得了。

只有在妙悟中，自身的情感意趣才能和日常生活、日常景物更紧密地契合为一体，人们的行为、生活、环境经升华后构成一个艺术境界，并通过妙悟来达到“天人合一”“物我两忘”的极致。而正是由于对“天人合一”“神思妙悟”的追求，使明清饮茶方式呈现的美既在物象之内，又在物象之外，可谓之包容万象，气韵生动。

第七章

茶艺有三昧："见茶是茶，欢喜自得"

"茶艺是文艺现象，便有作品。茶艺作品与其他艺术不同，它在茶生活的程式里生长艺术，又最终消弭艺术的一切形式，只展示生活。一种有信仰的生活。"

美，是自由的存在。它包含着这么三层意思，第一，美是一种实在，它具有客观性。西方美学理论讨论的美的客观属性、美的客观精神、美的非概念普遍性，以及中国传统美学的"物色论""时空境象"，都强调了美是事物本身的属性，有其不以人的意志而转移的规律性，它具体实在地存在于社会之中。第二，美具有生命感，它是人们活泼意志的自由表达。美对于人类来说是审美意识，是认识论的范畴。我们借助真、善、美的关系维度来认识美：人类建构一个科学体系来认识客观世界（真），建构一个道德体系来规范人类社会（善）；但仅有此还是不够的，在黑格尔、席勒、康德等巨匠的理论宏论，以及中国美学以"天人合一""神思妙悟"来直指人心，都试图用审美体系来跨越真与善之间的鸿沟，以"美"来赋予和完善人的认识领域的活泼生命。如同"万物并作、吾以观复"，美的生命感与其说是启发于审美客体，不如说审美主体更为迫切的意愿表达，美是"来自于我们的认识能力自由游戏"（席勒）的心灵状态，是无拘无束地畅游在自然世界和人类社会的自由追求。第三，美是人类追求自由的必然途径。美在无功利境界中给人以安慰、欢乐，给人以生命的信心，审美与人的终极目的是合一的，“它通过个体的天性去实现全体的意志”（席勒），审美是人性完善、走向自由王国的根本通道。

饮茶不仅是日常生活方式或者一个产品，人们通过审美的视角来丰富、认知和习得它，能使饮茶法作为一个艺术品介入人们的生活之中，来体现茶艺带来的美学魅力。茶艺的美学魅力在于，它能促使人们更加完善自身的人格修养，提升自己的人生境界，培养自己对于人生进行理论思考的兴趣和能力，自觉地去追求一种更有意义、更有价值和更有情趣的人生，也同时获得一种人生的智慧。中国哲学有一句精辟的概括“见山是山，见水是水；见山不是山，见水不是水；见山还是山，见水还是水”，即可指茶艺体察的三重境界；千利休说：“茶道只不过是烧水点茶而已”，从谂禅师的偈语“吃茶去”，都讲了一个道理。茶艺审美之“三见”需要有大智慧，它将艺术打回生活的原型又一一组合起来，人与茶既在生活之中，又在艺术之中，并就在生活之中，一种以美来沟通真与善的生活。

第一节　形式属性

艺术是指由审美动机驱动的创造活动及其创造的作品，是艺术创作主体的审美经验、审美理想与艺术媒介物的融合统一。因此，作为一件艺术品必须具备两方面的条件，一是艺术品必须有人工制作的物质载体。二是艺术作品必须是对象化了的审美经验，只有在审美经验中艺术产品才成为审美对象。以艺术形态的物质存在方式与审美意识物态化的内容特征为依据，艺术可分为五大类别：实用艺术；造型艺术；表情艺术；语言艺术；综合艺术。茶艺是实用艺术、造型艺术和表演艺术相结合的综合艺术。茶艺以茶汤为观照对象，对茶艺各个器物的从实用到审美的要求、茶汤“色香味形”品鉴以及茶艺带给一般生活的示范，茶艺属于实用艺术。茶艺的造型艺术主要体现在茶席的设计，茶席设计是否成功是茶艺给予观众的第一印象，随着茶艺的推广，茶席设计也作为单独的艺术作品形式提供审美。茶艺最能留下深刻印象的是茶艺师气韵生动的表演，以及观众“啐啄同时”

的参与，茶艺师与茶汤交相辉映趣合了“从来佳茗似佳人”物我合一、物我两忘的审美情感，茶艺属于表演艺术。

茶艺从仪式化起步，其目的是走向审美自由所获得的心灵慰藉与情感满足。由审美反映的茶艺活动，所获得不是抽象的概念，而是具体生动的审美意象，它本身就是有形式的。茶艺的形式是日常自然的饮茶形态，与自古以来、特别是以唐陆羽《茶经》为标志，茶人们不断地进行艺术实践经验所积累而形成的。因此，当茶艺作为一个作品呈现时，其艺术形式必然是有自然形态的样本，有其可感知的规范形态，有直觉上的认同感。但是，光有此还是远远不够的，感知、直接是非常个别化的，艺术的“共通感”，是将原始感知的规范形态进一步概念化，实现可推广、可教育而具有普遍性，因此，它又是超越于一般日常饮茶，是可以归类的艺术形式。茶艺在艺术实践中，集中、浓缩了饮茶生活中的形象美，形成了相对稳定的形式特征，以艺术形态的物质存在方式与审美意识物态化的内容特征为依据，茶艺是实用艺术、造型艺术和表演艺术相结合的综合艺术。

一、实用艺术：为沏好一杯茶而存在

茶艺作品呈现首先维系在其实用的目的上，具体表现在：依据科学原理、“色、香、味、形”俱佳美的茶汤；功能合理、赏心悦目的茶具；符合人体工学、符合泡茶逻辑的合理结构；由仪式化反映的日常生活示范等。这些具体而微的努力呈现，是评判一台好的茶艺作品的基本要求。

茶艺作品首先要符合茶的科学性，达到物尽其用。茶叶的基础类别分为六大类，不同类别的茶各自有千变万化的茶形、茶性、茶名，都有不同的特征，选择与之适配的器、水、火、境，在不同的组合下便呈现出千姿百态的表现手法。围绕茶叶基本特性的要求，选择合适的沏泡技艺来体现茶汤的特征，完成饮茶的活动，科学的真实可信和物尽其用的文化达到完美的结合。

茶艺作品的表达形式是可及的、分享的。茶艺源于日常生活，并始终是日常生活艺术，是可以模拟的生活，因此而示范。所以，在反映饮茶生活艺术化的过程中，尽可能做到这些形式和流程呈现了特定的技术、规则、

规范，可以存在于生活之中，可以为普罗大众分享。不同的群体对茶艺的偏好是迥异的，不同风格的茶艺作品，在其适合的群体生活中实实在在地存在，潜移默化地建构文化习性。

茶艺创作的实在性，是茶艺师在日常生活的基础上，按照其审美理想和生活逻辑，对体现饮茶方式的材料加以艺术概括、提炼、加工，进行艺术创造的结果。它不仅充分显示饮茶生活的外在状态，而且揭示出生活的深层本质，表现着人生的真谛，体现着人类永恒的审美追求，使经过艺术创造的茶艺作品能够让欣赏者觉得更加与现实的生活贴近。因此，茶艺师对自身的审美理想和审美情感自然地融入再现的人生场景之中的把握，是作品获得实用性表现的主导。

二、造型艺术：呈现组合与空间结构

造型艺术是以可视的物质材料表现形象，它存在于一定空间中，以静止的形式表现动态过程，依赖视觉感受，所以又被称为空间艺术、静态艺术、视觉艺术。茶艺在仪式化的过程中，严格规定了动作、位置、顺序、姿势、路线的行为要素，由行为与空间的结构关系提出了审美的需求。茶艺造型艺术即指器物各要素空间组织的艺术性，通过这样的组合，实现茶艺静态部分具有独立的审美形态。

造型艺术具有造型性、空间性和直观性的审美特征。造型性，是指采用某种媒介对事物进行形体的再现和塑造，即运用点、线、面或形、色、光等造型手段，在二维平面或三维立体空间创造可视的艺术形象。造型性是造型艺术最基本特征，客观事物的线条、形状、色彩、光影是造型艺术进行艺术造型的物质基础。空间性，是指造型艺术不存在时间的先后承接，它所采用的造型语言，如形体、色彩、线条等都是在二维平面或三维立体空间中显现的，属于静态的空间艺术。造型艺术的这一特点，一方面使它在表现时间和运动方面受到局限，难以再现动作的持续和运动的整个过程；另一方面也使它可以不受时间和运动的限制，随时可以给观众提供“选择最富于孕育性的那一顷刻”的审美形态。由于长于对静态空间场景的再现，造型艺术又被称作空间艺术。直观性，是指造型艺术是一种直接诉诸人的视觉艺术。与其他感官相较，视觉在感受客观事物方面具有更大的优越性，因而造型艺术能比其他艺术更具体、更精确地描绘客观事物的形状、色彩、光线、深度和广度，给欣赏者提供直观的艺术形象，带来具体、鲜明、生动的美感享受。

在现代中国，茶艺的造型艺术主要指茶席的设计艺术。“茶席就是茶道（或茶艺）表现的场所，它具有一定程度的严肃性，茶席是为表现茶道之美或茶道精神而规划的一个场所”[①]，茶席，即茶艺结构存在的空间。茶席设计的核心层面是指茶、水、器、火、境五大元素依循茶艺规范，构成具有审美的、静态的空间组合与造型。扩大的层面还包括茶艺师的静态介入以及品饮者的席位布置，与茶艺元素的造型组合相映成辉，达到审美效果。茶席作为造型艺术，具有造型性、空间性和直观性的审美特征，创作者将其的审美旨趣和饮茶态度表现在茶席设计中，在遵循茶艺规范与传统审美的基础上，运用茶艺元素等客观事物的线条、形状、色彩、光影进行艺术造型，通过这一直观的视觉空间，力求高强度的创新，从茶艺器具、空间的形构、铺垫及各种充满日常生活情感的器物的利用，带给欣赏者具体、鲜明、生动的美感享受，从静态的物质基础层面来显示茶艺的思想魅力与艺术水平。

由于茶席的艺术形象是一种静态的、三维的视觉艺术，相比茶艺活动，茶席在反映客观对象以及传播方面具有更大的优越性，从茶席设计风格上更能指向生活方式的选择偏好。并且，在物质生产上，提出了除茶叶产业外更广泛的茶具及其衍生物的文化产品需求。因此，自21世纪以来，茶席以造型艺术的范式大胆创作和展示，交流活动蓬勃开展，并越来越受到艺术家和产业界的重视。

三、表情艺术：塑造形象，传达情感

茶艺作品最动容的形式归属是表情艺术，它承载了仪式文化的温良感

① 蔡荣章：《茶席·茶会》，安徽教育出版社，2011年版，第5页。

知，糅合了实用性与造型性的艺术形式，以艺术手法最大限度地呈现日常生活之中生动的、美好的、畅想的情感追求和表达，茶艺师和饮者（观众）在此刻间获得圆满。

茶艺表演的核心是表现情感。茶艺师以其娴熟的技法和艺术修养为基础，将神圣感与生活情感恰好地表达在沏茶、饮茶的过程中，逐一实现、逐一感知，不需要借助任何外力，传达以饮茶为契机的人情感。这样的人情感施予自然，怜惜而精进地呈现一碗茶汤；这样的人情感施予人间，发轫于日常生活的饮茶礼法进一步得以渲染，愈发敬重而体察，回到家乡世界的心灵慰藉成为表演的全部。

茶艺表演的重点是形象塑造。作为艺术表演，茶艺需要有一定的形式，需要有一定的艺术夸张，才能将情感塑造出的艺术形象充分传达到、感染到鉴赏者（饮者）。茶艺师既是茶艺作品形象的担纲者，也是创作者。茶艺师需要有足够的能力来控制作品呈现的色彩、形构、表情动作、节奏、韵律等艺术符号，和谐地统一到沏茶饮茶的规定时空中，来诠释作品表达的情感和形象。同样一件作品，由于茶艺师的表演不同，就会出现不同的艺术效果，因此，茶艺也是茶艺师二度创作的艺术。

茶艺表演是由茶艺师与欣赏者共同创造的。仪式化的属性，造就了茶艺表演全体仪式。茶艺师从开始沏茶，欣赏着（饮者）便跟随着茶艺师呈现茶汤的每个步骤，不由自主地控制着自己的呼吸，目不转睛，直至茶汤在饮者的手中，由饮者来完成作品的最后一幕，作品才得以圆满。他们同时是艺术创造者，又同时是艺术欣赏者，二者浑然一体。这样的情景与巴赫金分析狂欢化仪式是人们暂时忘却了自己的身份地位而获得再生的情形有异曲同工之妙，[①]也与日常生活审美化的原则一致起来，优秀的茶艺作品，能够搭建起大众共同参与的文艺舞台。

茶艺是瞬间的艺术。茶艺是一个动态的艺术，茶艺师在茶席的空间中展开表演，在一定时间内来完整地塑造艺术形象，茶事在点茶、喝茶、欣

① [苏] 巴赫金：《拉伯雷的创作与中世纪和文艺复兴时代的民间文化》，佟景韩译：《巴赫金文论选》，中国社会科学出版社，1996年版。

赏、相互问候之间进行，艺术在逐一创作的同时也在逐一地消失，茶事一完，艺术的主体失去形式，因此它在时间上的流动性超过了空间上的造型性。

茶艺“为沏好一杯茶而存在”，最先接触并引起审美愉快的艺术形式是茶席、茶具、场景等静态的造型艺术，随着茶艺活动的开展，茶艺师的表演魅力、仪式感及茶艺的日常生活特征，唤起了观众的生活记忆和日常审美经验的宣泄，现场有着凝神屏气的压力，表演者、茶、观众之间搭起了共同的节奏，直至茶艺师将茶碗奉至观众、观众捧起茶碗的片刻，此情景不仅释放了现场的压力感而获得一种不可名状的自由欢畅，同时“味无味”的又一层审美感迎面而来，喝茶既实在又不实在，因为品赏到的已不仅仅是茶汤原本的味道，而是我们内心被照亮的一个感性世界、一个渴望着的气象万千之美。因此，一个有着完备形式的优秀茶艺作品，能带来美味、美境、美情、美象的审美体验。

第二节　审美特征

审美特征是审美对象具有不同其他艺术的审美范畴，茶艺的审美特征包括对象特征和范畴特征。茶艺的审美内容是丰富的，它有茶叶的色、香、味、形之美；器具的悠远历史传承与和谐之美；技艺的气韵生动之美；由表演者和鉴赏者共同构成的礼法、趣味之美；内观心灵、精益求精的修养之美，这些内容都包含在对象特征和范畴特征之中。

一、审美对象

从艺术的表现对象升华为艺术形象，需要经过使对象主体化、主体又与对象化合于物化的感性形式之中的创作过程。这就要求将表现对象创造为艺术形象的过程中，既要具象但不能太如实，要有境界但也不能太抽象，在这两者之间的空间是艺术的存在。审美对象是指在意识活动中与意识行为相对的意识相关项。在茶艺的过程中，首先通过茶艺师的创造，由茶、水、器、火、境客体构成的茶席，能带给人画面般的审美感受；茶艺师通过技法将主体与客体连接起来，注入生动的艺术情感，这时形成了一个沏茶过程的审美画面，在这个画面中，茶艺师与茶、水、器、火、境、技融为一体，成为审美对象。

茶艺的审美对象，是指在茶艺审美活动中能引起审美愉快的作品本身具有的审美特质。也就是说，与其他艺术形式相比，茶艺作品具有独立性和不可替代性的审美特质，是审美经验在这些特质上的积累。茶艺的审美对象有两个层面，一是从客体的转变获得对象特质的茶汤，二是从主体自身的能力改造对象获得的技艺。当侧重于茶汤的审美对象时，界定的茶艺为生活艺术；当侧重于技艺的审美对象是，界定的茶艺为表演艺术。

（一）茶汤

茶艺将表演者的情感和想象力融入到由茶、水、器、火、境组成的情景之中，通过由不断训练获得的表现技法，传递出主体与客体情景交融的境界，并通过对茶汤形成的“观照”，使表演者与鉴赏者合成一体，达到“啐啄同时”的恰好快感，这时的茶汤已不存在生理上解渴的实用目的，“无所为而为的玩索”、超现实而安慰于理想的境界成为人生享有情趣的栖息地。

茶艺的审美过程是茶叶转变为茶汤的过程。茶艺的茶、器、火、水、境的选择，是茶汤形成物质基础。在这过程中涉及了味觉、视觉、听觉、嗅觉、触觉的多种感官统一的审美愉悦。对茶汤的审视不仅是辨别茶的滋味，关乎味觉的经验，还要注意盛茶的茶碗，关注茶具所提供的视觉经验，来达到味觉与视觉的统一美感。茶叶在主泡器中开汤，茶汤盛入茶碗或饮杯，茶碗的色泽就左右了茶汤的色泽。茶汤的香味也是重要的审美内容，茶艺中专门设计了闻茶香的器具。候汤、注水，关乎听觉，其声虽微也可尽其妙。茶境布置给茶汤的审美设定了更大范围的视觉空间。因此，茶汤的审美观照是对人的日常生活中最重要的本能的自然欲求的满足，因而给予人生命以充实感和愉悦。茶艺与合目的性有关，或者表征个人的理想、或者是一种待客的礼仪、或者在更多的众人之中广而告之，不同的目的对茶汤的形成就有不同的想法，就有不同的技法和境象的表达。这也表现了茶艺“同壹心”的规则。

（二）技艺

技艺恰到好处的呈现过程，是茶艺审美活动的特质和核心。茶艺是一个行为的表现形式，技艺是茶艺最直接的呈现。茶艺的技艺领域是茶艺师的行为作用于客体对象时的表现，是茶艺师如何组织茶艺的各元素来实现茶汤的行为，以及分享和品鉴茶汤的过程。对于客体元素的知识认知和控制，是技艺实现的条件。茶艺基于对客观元素的知识认知，茶艺师通过对技术的控制，呈现一杯更加完善的茶汤。技艺的最高境界是气韵生动。

茶艺师技艺的规定性会比较直观，主要体现在茶艺进入沏茶的过程中，它仔细分解和制定了位置、动作、顺序、姿势、移动线路等要素规则。茶艺师按照规定的基本流程来进行重复训练，在不断的练习中，获得熟练的技艺能力，能力与情感加以结合，促使茶艺师技艺水平的提高。茶艺的核心文化归属是儒学，茶艺对规则敬重态度来源于儒学的礼法，茶艺师的技艺表达时刻体现出对礼法的敬重的态度，人与物的关系体现出尽物性的原则，对自然充满敬畏感；人与人的关系体现出尽人事的原则，培养默契的情感，尊重生命的存在，追求天人合一的神圣感。当敬重的态度贯穿于技艺的全部，礼法才得以呈现，茶艺对技艺的观照才得以完善。

茶艺应同时有技艺和茶汤完整呈现的基本要求。茶艺的根本内容，是考虑如何使植物的茶叶形成人格化的美妙茶汤，茶艺师如何通过美的技艺来呈现茶汤的形成过程。茶汤茶艺的艺术表达有两重类型：一是生活艺术，它运用茶艺的规定性和特殊性，即使是日常饮茶生活，也能进行具有审美情趣与意象的展现，通过这样的方式，在平淡的生活中来创造美、表现美，在志趣相投的人群中来感动美、体会美，用茶艺之美来还原生活，给予生活的示范。二是舞台艺术，深化茶艺是审美创造的作品意识，强调多样艺术元素在茶艺中的结合和运用，通过抽象与夸张，用茶艺的艺术形象来展示美的生活，赋予审美更广泛的教育。茶艺的生活艺术类型表达，重在茶汤形成的观照；茶艺的舞台艺术类型表达，重在技艺交融的观照。

通过审美对象的表达，茶艺师与饮者、欣赏者茶人拥有者共同的节奏和气息，“啐啄同时”融为一体，它通过生活的共通感轻巧地就打破了艺术与艺术欣赏的门槛，调动了生命的所有感觉：视觉、听觉、触觉、嗅觉、味觉，又放下这些感觉，不再对实用挑剔，唯有照亮的境象，不知不觉间使所有的参与者共同沉浸于美的自由境界之中。

二、审美要素

（一）形式美

形式美是指茶艺客体结构中的形式因素及其有规律的组合，即一定的色彩、线条、形状、声音、节奏等的组合安排等。茶艺形式美的构成因素分为两个部分；一部分为构成茶艺形式美的感性因素，如色彩、形状、声音等；另一部分是构成茶艺形式美的形式规律，指的是色彩、形状、声音等感性质料的组合规律。

在茶艺作品中，不同的感性因素带给主体的感觉效果会有很大不同，茶艺审美最基础的部分集中在这些感性因素的组合是否满足其内在的规律性，并且被主体的认知和体验的程度，可以说，这一部分的审美判断会更独立和纯粹些。

1.茶艺形式美的感性因素

构成茶艺形式美的感性因素有很多，其质料主要是色彩、形状、线条、材质、声音等。质料对于茶艺形式的表现是重要的，它具象地存在，使茶艺作品的评判有相对客观的基点。

（1）色彩。色彩是构成形式美的主要感性因素。人类长期的实践活动中不断接触不同的色彩，赋予色彩以一定的生活意义和观念情感意味，从而逐渐使色彩成为相对独立的形式美，并具有强烈的表情性，能引起人们不同的审美感受。如红色通常显得热烈奔放，活泼热情，兴奋振作；蓝色显得宁谧、沉重、悒郁、悲哀；绿色显得冷静、平稳、清爽；白色显得纯净、洁白、素雅、哀怨；黄色显得明亮、欢乐等。

茶艺色彩构成是作品给予欣赏者的最直观印象，茶艺作品几乎都合适任何的色彩，通过色彩来表达创作者的情感；茶艺结构中“茶、水、器、火、境”内容的丰富性，不同物体吸收和反射光的程度不同，呈现出不同的色相、明度、纯度等属性，也使茶艺作品的色彩构成具有较大的发挥空间。

在茶艺中，一些色彩已被规定了作品的核心质料，比如绿茶，由干茶、茶汤、叶底形成了“三绿”，而红茶则具有红汤、褐地的色彩感，这些规定了色彩的内容，要求在茶艺作品中被很好地表现。因此，可以表现得丰富多彩的茶艺色彩质料，也受到一定因素制约。

（2）形状。形状是构成形式美的又一重要的感性因素。形状运用于艺术，可以成为构成某种艺术形式和风格的因素之一。如古希腊建筑多用直线，古罗马建筑多用弧线，哥特式建筑多用斜线等。形状是由不同的线条的运动组合而成的，一般说来，直线常用来显示力量、平稳、坚硬；曲线显示柔和和流畅、灵活多变；折线显示变向、突转、断续等。由这些线条构成的形状的意义也各不相同，如圆形显示柔和自如，正方形显示公正大方，正三角显示安定稳固，倒三角显得不安、危险等。当然，形状线条的美，其意义和意味也随着主体不同的审美情境和审美心态的变化而变化。如直线既显示坚硬平稳，又可意味着呆板、单调。曲线既可显示柔和流畅，又可表示过于轻柔等。

茶艺的形状大部分反映在茶席结构上，也包括茶艺动作设计的线路。茶艺的线路由茶艺师动态地给予表达，属于瞬间的艺术；茶席的形状则以静态展现，就为更多人欣赏和审美感受，赋予设计艺术的特性。在茶席中容纳了茶、水、器、火、境的各种要素，这些要素物品的位置及摆设往往能反映作者或区域的审美偏好，简单地可以分成两大类：一是几何形构，源于西方建筑美学的投射，在茶席布局中，大量使用直观的线条和规则的平面，导入简洁沉稳的几何形体、明确的对称轴线、简单明了的块面结构等形式风格，来表现作品主题。二是自然模拟，源于东方建筑特别是园林美学的敬仰，在茶艺设计中，将茶席看成是自然界的一部分，人在茶席中如同在自然界中，将大量的形状布局放在模拟自然风景的内容渲染上，“意

在言外”的茶席结构使人兴趣盎然。

（3）声音。声音不像色彩、形状那样诉诸视觉感官和躯体感官，而是诉诸听觉感官和躯体感官。声音作为形式美不在它本身，而在它所包含的某种意义或意味，音乐艺术还通过各种音响的交融统一达到表现和传达人的各种情感的目的。

茶艺的声音要素并不突出，但也起到画龙点睛的作用，比如，为了渲染茶艺的寂静美，往往会强化注水的声音，给人以空谷传响的神往；特别是候汤声音，“松声桂雨”“飕飕欲作松风鸣”“初声、转声、振声、骤声”等，自古以来被茶人墨客着力描绘。把声音要素压到最低限度，来体现寂静、默契的茶艺作品风格往往被视为经典，并在以文人为核心的群体中受到好评。

茶艺中也有比较热闹的，加上解说和音乐等来充分表达主题，达成审美共识。在古代有常伯熊的茶艺流派“著黄被衫乌纱帽，手执茶器，口通茶名，区分指点，左右刮目”，强调了茶艺的表演性，特别是话语解说的加入，来吸引茶客进入茶艺的境界，与陆羽俭素内敛的风格迥异。在现代，表演性的茶艺更是多见，声音也发挥了很大的作用，解说、不同风格的音乐、故事性的背景说明、夸张意境的声响等，充分体现声音对茶艺作品烘托的作用。

颜色、形状、声音这三个感性因素对茶艺审美判断的影响程度上，以声音因素最为显著。颜色、形状属于视觉的审美范畴，茶艺欣赏者在对这些因素的评判更具客观和包容；而茶艺声音要素的表达则有颠覆性，一个寂寞的茶艺在大众中表演可能是极为失败的，一个热闹的作品若试图在雅集中来确立地位也不能如愿。声音要素在茶艺中加入，既要融合茶艺本身的声音特点，又要表达多层面的情感要素，作品的难度也会更大些。

2. 构成形式美的形式规律

形式美的形式规律就是色彩、形状、声音等感性质料的组合规律。它涉及的是构成形式美的那些感性质料的种种关系，较感性质料更为概括、抽象。形式美的形式规律主要有整齐、节奏、对称、均衡、比例、主从等内容，茶艺的“合五式”规定了作品的位置、动作、顺序、姿势、线路，因此，茶艺的形式规律也更加集中地体现在以时间和空间为轴线的色彩、形状、声音等感性质料的组合表现。

（1）整齐与节奏。整齐、整齐一律，是最简单的形式美的构成规律，其特点是同一形式因素的一致和重复。相同的颜色、相同的声音、相同的形状的组合都可体现出这一形式规律。比如茶艺作品的各物件色彩相同、多人表演时动作整齐一致、茶具摆放排列整齐等，都给人单纯醒目的感觉。

节奏，是事物在运动过程中的一种有秩序的连续组合，事物在运动过程中组合，强调变化有规律并不断反复便形成节奏。茶艺的动作、顺序等都体现出节奏之美，如动作的刚柔、动静、开合、往来、盈虚、快慢等对立面的相互转化以及连续、间断、反复等的变化，来表现有序的节奏。在节奏的基础上赋予一定的人文情感即形成了韵律，韵律更能打动人心，茶艺中对茶艺师就要求“气韵生动”。

整齐与节奏的审美规律最具有普适性。其不仅与美学起源观点“美是数的和谐”具有一致性，整齐与节奏体现的“秩序”，恰恰是人类社会组织生存与发展最重要的标志，因此也是最为牢固的审美规律。在有较多观众场合或茶艺考评式展示时，整齐与节奏的很好掌控往往能取得较好的效果。

（2）对称与均衡。对称是指在一条中轴线的左右两侧或上下两侧包含着大体均等的形式构成因素。还有一种对称是辐射对称，指以通过圆心的线为中线形成的对称面，是左后对称的变相。在茶艺中要符合“同壹心”的规则，主要以茶艺师和主泡器的心心合一位置为中轴线，来分布茶席的内容；一些作品也常用双人或多人对称的表演，来获得审美效果。

均衡是中轴线两侧的形体、色彩等感性质料虽不一定对称，但在分量上是均等的，使人不产生偏重偏轻、过大过小之感。同对称相比，均衡更富于变化，形式上也更灵活自如。中国画中的均衡可以给茶艺以启发，画面布局讲究均衡，所画之物不能悉集于一隅，即使所画内容有偏重，也通过题款、署名、钤印等手法使整体上臻于均衡。茶艺中使用色彩轻重、器具大小、高低等都是来实现作品均衡的要素，茶艺的均衡感往往与中国画、书法等审美追求旨趣相同。

茶艺中太过对称一般不能达到很好的审美效果，均衡便是茶艺师追求的目标，但均衡不太掌控，一旦对称和均衡都不能体现，形式上的失稳就在根本上否定了作品。对称与均衡如何选择，需要茶艺师有很好的审美经验积累和不断创新的趣味。

（3）调和与对比。调和一般是由两种相近的形式因素并列而成的，它的审美效果是融合、协调。如色环中邻近的颜色就是调和色。调和是由非对立因素造成的和谐，其特点是在差异中保持一致。对比一般是由两种差异较大或在质上不同的形式因素并列而成的，它的审美效果是鲜明、醒目、振奋、活跃。如声音中的噪与静、色彩中的黑与白等对比是对立因素造成的和谐，其特点是在统一中趋于差异。“茶宜精舍、云林、竹灶……素手汲泉、红妆扫雪”讲的就是调和对比的意境。

（4）比例与主从。比例涉及了各种形式因素的整体与局部以及局部与局部之间关系的规律，任何比例都必须产生匀称和谐的效果，才是形式美所要求的比例。我国山水画中有“丈山、尺树、寸马、分人”之说，体现了景物间的比例关系。著名的“黄金分割律”揭示了长方形的短边与长边之比为1∶1.618时看起来最令人舒服，这也是我们日常的书籍、报纸、名片以及西方的油画画幅所常常采用的比例。这些比例关系也常用于茶艺作品中。

任何一个艺术作品都有主从关系安排，这样才不至于作品的杂乱无章。茶艺的核心任务是沏一杯好茶，因此，对作品的安排都应以沏茶为中心铺展，突出茶艺要实现的主要内容，理顺主从关系，才有作品呈现的层次感，给人以深刻的审美印象。

（5）生动与多样统一。生动是指作品的外部特征具有欣欣然的活泼生意，能激发人是审美愉悦。茶艺中常以健康向上和趣味盎然的感性质料构成来体现作品的生动性，比如以四季的勃勃生机、家乡美的灵动画面、生命阶段的神思妙悟等为旨趣，构成洁净的、理想的、温暖的、默契的茶艺作品外部特征。茶艺由于其质料单纯，很容易使作品陷入沉闷、刻板的状况，作为日常生活方式的艺术化呈现，茶艺形式的生动性是一个作品进入艺术欣赏领域的重要特征。

多样统一是形式美构成的最高一级的规律，又称和谐。“多样”体现了各个事物的个性千差万别，“统一”体现了各个事物的共性或整体联系，多样统一要求在变化中求统一。生动性强调了作品的独特新意，多样统一则体现了“和而不同”的整体感。茶艺作品形式规律的林林总总，最后都要归结与多样统一的规律，以和谐、完整的形式来表达茶艺的目的内容。

以上各条规律是茶艺形式美构成必须遵循和满足的前提，人们在长期的茶艺实践中创造出各种不同样式的形式美，并积累了越来越丰富的经验，随着实践活动的不断丰富和展开，还将发现和总结新的形式和规律，有利于我们对美的创造和发现。

（二）合目的性

茶艺审美的最核心目的是对生命实在的珍爱，这是日常生活美学的共同特点。艺术原本来源于我们的日常生活，也最终回馈于人类社会，正如卢卡契说：“如果把日常生活看做是一条河流，那么由这条长河中分流出了科学和艺术这样两种对现实更高的感受形式和再现形式。它们互相区别并相应的构成了它们特定的目标，取得了具有纯粹形式的——源于社会需要的——特性，通过它们对人们生活的作用和影响而重新注入日常生活的长河。”[①]对日常生活的态度是人对世界理解的最终目的的反映。

1. 茶艺审美的日常生活观照

茶艺美学在当代的提出具有时代背景，特别是日常生活美学理论的广泛流行，使茶艺美学获得社会实践经验和学术理论平台的有力支撑。在当代社会物质丰盈和商品消费的支持下，日常生活美学把生活艺术化和美学化，使生活本身转化为艺术，艺术当作生活的本体，甚或当作生命本身。美学以超越艺术的阈限来对世俗的日常生活本身投以关注的目光，并通过表述、阐释和评估当代语境下人的日常生活，以实现对当代生活价值体系的重新建构。正如杜威所言，美学应“回到对普通或平常的东西的经验，

① [匈]卢卡契：《审美特性》，徐恒醇译，中国社会科学出版社，1991年版。

发现这些经验中所拥有的审美性质”[①]，日常生活美学与人们的物质实践活动、社会生活现实、日常生活实际紧密结合，与人类的审美创造紧密结合，也为中国人日常生活中大量存在的审美活动提供解释和指导。

在中国，传统文化及其流风余韵在广大民众生活甚至精英生活中占有相当重要的分量，传统文化中追求既朴质又浑厚的生活美，这在中国是普遍的、基本的、现实的。传统或儒家生活美学一端系在世俗生活的层面，即饮食男女、衣食住行、生老病死这些现实生活的具体内容上，另一端系在超越层面上，追求某种美和价值。这种美学强调：若只注重前者则会驰逐享乐而丢失生命，若仅强调美与价值，生命亦将无所挂搭而无从体现于视听言动之间。在当代中国，以“观乎人文以化成天下”为核心，试图建构既导源于传统生活和礼乐文化、又兼摄现代生存和当代价值的生活审美文化的理论体系和经验实践，不仅对中国日常生活有着重要的影响力，也提供了当代日常美学理论繁荣的土壤。作为传统文化在当代生活的照应，茶艺美学地位的显露也在常理之中。

茶艺美学的核心价值是日常生活观照，茶艺“为沏好一杯茶而存在”的实用目的，它通过每日重复的饮茶活动，将艺术情感和艺术理想融入到这样的日常活动中，进而以智慧的活动逐渐脱离饮茶物质化的局限，最终实现生命超越的目的。对于中国人来说，基于饮茶艺术化的日常生活观照来获得的生命超越的途径，应涉及“天人合一”的心胸意味，自觉肩负“正德厚生”的责任，并以“孔颜之乐”享受人生。

饮茶自陆羽始就不是单纯的生理功能之用，历代茶人通过每日修炼般的饮茶生活，发现智慧，构筑关乎社会、关乎生命的理想抱负，也在这样的生活审美的影响下，茶人们拥有更加饱满的人文情怀，崇尚自然、关心民生、大隐于市、趣味生动。宋代斗茶、茶百戏，在茶汤中获得艺术想象力和美的享受；明清时代，茶人追求“无味之味、乃至味也”的境界，将“有”和“无”放置在同一对象上进行美的享受，茶中三昧“非眠云跂石人，未易领略”，即使“不甚嗜茶，而淡远清真，雅合茶理”。乐体天地之大仁，怀抱其美，

---

① 王德胜、李雷：《“日常生活审美化”在中国》，文艺理论研究，2012年第1期。

茶人们的情感意趣通过日常生活、日常景物的升华而构成一个艺术的境界。

作为茶艺美学一枝奇葩的日本茶道，明确了茶是作为新的禅的表现形式的存在，它综合了日常生活的一切形式。认为茶道与一般艺术形式不同，例如绘画、戏剧、舞蹈，它们只包含生活的某一部分，而不能笼括整个生活。而茶道却是一个完整的生活体系，只有生活于艺术之中的人才能理解艺术所含有的真正价值。所以，茶人们在日常生活中也努力保持在茶室时所表现出的风雅态度，茶人们自己本身就力图成为一种艺术，这是与一般艺术家所不同的。饮茶的“生活禅”重视在日常生活中的修行，所以关于日常生活有严格的各种清规，这些清规深化提高了生活文化，使其生活有一种艺术韵味。

2. 茶艺审美的功用

茶艺生活美学的合目的性即是：通过日常的饮茶生活艺术化，来获得属于我们的更完善的生活。车尔尼雪夫斯基说“美是生活”，是一种“任何事物，凡是我们在那里看得见的依照我们的理解应当如此的生活，那就是美的；任何东西，凡是显示出生活或使我们想起生活的，那就是美的。”[①]日常生活艺术化的茶艺美学能给实在的、现实的生活带来有益的帮助，它具体表现为以下四个方面：

一是能提高个人的内在修养。美具有一种能感染人，愉悦人，令人喜爱的特性，作为饮茶生活艺术化的美，有着茶、水、器、火、境的美的愉悦享受，茶艺师养茶心、修茶气，体会充实之美、简素之美，以茶艺在日常生活中的实践促使养成内心的和谐。

二是能完善个人的社会化。正如冈仓天心认为“茶道是基于崇拜日常生活里俗事之美的一种仪式，它开导人们纯粹与和谐，互爱的奥秘，以及社会秩序中的浪漫主义”，茶艺通过行为形式就于仪式化的规范，促使养成日常生活上的秩序，将审美自由与社会秩序遵循结合在一起，如同它“在不完全的现世享乐一点美与和谐，在刹那间体会永久”一样，在社会化的过程中，希求有所成就的温良企图予以实现。

---

① 朱光潜：《西方美学史》（下卷），中国长安出版社，2007年版，第139页。

三是能促成自然的人化。茶艺审美将饮茶的自然物性对象化、人格化，茶人在品茶时乐于亲近自然，追求“天地与我并生，而万物与我唯一”的境界，在思想情感上能与自然交流，在人格上能与自然相比拟，通过茶事实践去体悟自然的规律，体会、培育“天人合一”的理想。

四是能以“文”化人。茶艺美育的目的是对“人的天性的完整型”的恢复，是“经过审美中介，最终进入和谐、自由的理性王国”（席勒），通过茶艺来充分发展人的本性，完善自由的心灵培养超越的爱。茶艺文化是东方传统文化的继承，它滋养了“清、和、简、趣”的精神，不仅是对茶艺生活，更赋予了整个社会精神内涵的充盈，提供和谐发展的日常生活载体。

茶艺审美的无功利性与合目的性相伴而行。茶艺审美活动无功利追求的是给人以自由的精神愉悦，涵养性情，美化心灵，培养高尚的情操与趣味；茶艺审美活动的合目的性在于它积极投身于改造和创造美的社会实践，通过日常生活的观照追求超越道德的价值，实现人格自由完善的人生境界，实现大同社会的理想。

（三）境象之美

茶艺审美有具体实在的规则依循，比如形式质料与组合规律的分析；也有直指人心的目的性依赖，比如它对生活、生命自由完善的有所企求。这些还不足以深抵茶艺审美的精髓。作为东方文化的生活美学，茶艺的艺术作品试图从根本上颠覆形式与内容的对立，建构出超越形式和内容的另一个“理念的感性显现”并“通过形式来消灭质料”的实在，一个“情景交融”的直觉，是“凝神观照之际，心中只有一个完整的孤立的意象（景），无比较、无分析、无旁涉，结果常致物我两忘而同一”（朱光潜）的境象。

1.境象

境象之美是艺术的灵魂放置于时空的感受。中国传统美学将实体划分为“道”“象”“器”或者“神”“气”“形”，称之“一分为三”的模式[①]。

① 彭锋：《全球化视野中的美的本质》，天津社会科学，2011年第3期。

"象"不是事物本身，不是我们对事物的知识或者事物在我们的理解中所显现出来的外观。"象"是事物的兀自显现、兀自在场。"象"是"看"与"被看"或者"观看"与"显现"之间的共同行为。正如庞朴由诗的艺术而总结的"道—象—器或意—象—物的图式，是诗歌的形象思维法的灵魂；《易》之理见诸《诗》,《诗》之魂存乎《易》，骑驿于二者之间的，原来只是一个象"[①]，"象"在一分为三模式中被认为是艺术的灵魂，"境"是消灭质料形式而放情纵横的时空感。美完全只能为感性的人提供一种纯粹的形式，纯粹的形式是"艺术大师通过形式来消灭质料；质料越是自行其是地显示它自身的作用，或者观赏者越是喜欢直接同质料打交道，那么，那种坚持克服质料和控制观赏者的艺术就越是成功"（席勒），这时欣赏者的心灵必须是完全自由和纯粹的。"境"就是这里所谓的纯粹的形式，它即是一种实在，又不囿于实在，是一种境外之境，是超越于实在场景或形式的、"历史与逻辑相同一"时空对象。正如《论语》中音乐的魅力可以"三月不知肉味"脱离现实的欲望一样，在"境"的审美时空中，在"象"的审美心灵中，艺术传达的自由不再仅限于特定的形式，欣赏者感受到物我同一，感受到蓬勃生气，感受到内心的和谐。

茶艺的境象中包括了场景、意境和气象。茶艺的境象首先有符合审美的逻辑的形式，茶艺有"茶、水、器、火、境"客观元素以及具有规律性组合的存在，这个规律性在满足茶艺仪式要求的同时，也必须有审美的形式要求，表现这些形式构成了具体的场景，茶艺的境象之美是客观呈现的。茶艺的境象之中蕴涵意境，意境是茶艺作品中所呈现的那种情景交融、虚实相生的形象系统，及其所诱发和开拓的审美想象空间，意境是在场景之外的与主体审美经验相呼应的空间领域，人们往往从茶艺的表现形式中照应到自己内心的感动，茶艺的意象也强可作以分析。茶艺的境象最为动人的是气象，作为东方思维的审美形态，茶艺以气象万千处于"似是而非"的时空中，"道可道、非常道"，由"气"育成之"象"，不知来自何方、不知去向何处，驻留心中的片刻唯觉得自由和纯粹，不能用语言来说明。场

① 庞朴：《浅说一分为三》，新华出版社，2004年版，第83页。

景、意境、气象三者互为关系、相辅相成，构成茶艺的境象。

2.境象的审美移情

茶艺最终留给表演者和欣赏者的是一种境象，这种境象是在对茶艺活动的凝神观照之际，心中只有一个完整的孤立的意象，无比较、无分析、无旁涉，结果常致物我两忘而同一的时空理想，来表达主体的愿景。茶艺是一种境象的美，在其中实现审美移情。审美移情有四种具体类型：一是统觉移情，即主体赋予对象以自己的生命，对象在主体的统一感受之中成为活的形象；二是经验移情，即主体把对象拟人化，把自己的感受经验投射在对象上，使难以言传的感受呈现为可感的形象；三是气氛移情，即主体将自己的一种整体气氛的感受渗透在客观景象中，从而铺展情感流动的空间；四是表现移情，即主体把自己的价值理想寄托于客观事物。四种移情现象都是把生命与世界统一，把情感与景象相连。

在茶艺中，通过对茶汤和技艺的审美移情，实现了情感的升华。在统觉移情中，茶汤不再是植物的内容，而寄寓了茶艺师和鉴赏者体会生命的形象；在经验移情中，以“从来佳茗似佳人”为感受，通过茶艺师对茶汤的技艺诠释，传达了茶人难以言表的情感；在气氛移情中，茶艺师捕获灵感创作茶艺，茶艺师气韵生动表现作品，通过茶汤的观照，茶艺师和鉴赏者共同营造了“啐啄同时”的默契，给予情感的体会和关怀；在表现移情中，茶人们通过茶汤和技艺，表达“天人合一”“正德厚生”“孔颜之乐”的理想，并贯穿在日常生活的修养之中。以茶汤和技艺的现实寄托了茶艺师和鉴赏者的情感，并借此关怀生命、寄寓理想。

袁枚在《随园食单·茶酒单》描述了“杯小如胡桃，壶小如香橼……先嗅其香，再试其味，徐徐咀嚼而体贴之……释躁平疴，怡情悦性”的茶艺实践与欣赏过程，涉及了多感官的多样调和，最终与精神价值相关联，表达了参与茶艺审美活动时极为敏感细腻、丰富豁达的情感。鲁迅在《喝茶》的文章中也说道：“有好茶喝，会喝好茶，是一种‘清福’。不过要享这‘清福’，首先就须有工夫，其次是练习出来的特别感觉。”喝茶不是目的，直至会品茶、至有特别感觉，才到达享受清福的境界，“清福”从中国文化的理解也即为“无目的”的愉悦情感享受，所以饮茶的生活方式被许多中国文人艺术感地接受，发出“天育万物皆有至妙，人之所工但猎浅易”（陆羽）之感叹。而更能引起民族共鸣的是，茶人们通过茶艺文化抒发了他们悲天悯人、顾念天下苍生百姓的襟怀、追求趋于天地境界的圣人情怀等理想信念，比如卢同的《走笔谢孟谏议寄新茶》、皎然的《饮茶歌诮崔石使君》等，带着这样的价值认同，饮茶艺术作为中国文化之日常生活文化的代表，传承至今仍钟情所至、历久弥新。

茶艺自被界定以来就不再是纯自然的饮茶行为了，它作为“第二自然”被体会、创作、被享受、欣赏，结果是“无心于万物”又“情系天下”。

3.“味无味之味”的境象之美

茶艺的境象，虽然是从茶汤茶席的形式美起步、从技艺表现的合目的性起步，但这还不足以造就境象之美。茶艺的境象之美，是表演者和欣赏者在面对艺术化的饮茶活动时，在心灵照亮下刹那间呈现出一个完整的、充满意蕴的、充满情趣的感性世界。因此，茶艺在逐渐堆砌质料的同时又要逐渐消弭质料：它要消灭茶汤滋味的质料，虽然茶艺的本意是沏一杯好茶；它要消灭茶席精致的质料，虽然茶艺师颇费心机地造就了美轮美奂的饮茶环境；它要消灭茶技高超的质料，虽然茶技的精准、流畅、生动足以达到炫耀的程度；它要消灭茶礼敬重的质料，虽然表演者和欣赏者为此日夜修行。这时，看不见茶汤、看不见茶席、看不见茶艺师，只有一个完全呈现的愉悦、和谐、明朗的时空状态，表演者不再表演、欣赏者不再欣赏，在这一片刻的时空里获得自在、自由、纯粹的生命气息，美是自由在现象中唯一可能的表现，如同其他艺术作品一样，茶艺以它的境象感受进入了自由的王国获得超越的美。

茶艺的境象之美可以发生在日常生活之中，没有一种艺术能给人们在日常生活中获得自由的力量更具魅力。由于饮茶是人们须臾不离的活动、一种生活方式，茶艺的广泛意义包括了茶艺师日常吃、穿、住、行的生活体系，一个真正的茶艺师，他的艺术境界存在于日常生活之中，四季更迭、睡起清供、幽坐徜徉、佳客茶僮、精舍茅屋，都是喝茶会心的好时节、好去处，"日日是好日、步步是道场"，或假以"吃茶去"，或"饭疏食饮水，曲肱而枕之"，从饮茶艺术化到生活艺术化，生活不再是一种欲望，不再是刻板的束缚，在这样的时空中，人们感受到内心的和谐、愉悦、宁静，感受到生活自在的美好。借以饮茶观照心灵、化入万物，体味"大象"的浑茫无限，造就了独特的饮茶生活方式，使如同饮茶品茗般的日常生活具有高妙的审美价值和玄远的生命意味，茶艺在日常生活中表述了它的境象之美。

茶艺源于茶汤之"味"，在茶艺的表达过程中，人们不再被实在的"味"羁绊，感觉到了"无味之味"的审美自由，茶艺的日常生活特性，让茶汤之"味"又无所不在，正如"大隐于市"的写照，茶艺最终践行了"味无味之味"之美。茶艺审美感受不仅存于具体的形式实在，还能深刻地影响到我们的日常生活，这也是艺术能达到的最高境界了。

三、审美范畴

茶艺的审美内容受到社会文化环境的影响，不同时代、不同民族的茶艺审美内容不尽相同。中国式的日常生活茶艺，以"清、和、简、趣"四谛精神为指导，审美范畴体现为仪式感、朴实、典雅、清趣、人情化五个方面的特征。

（一）仪式感

茶艺审美的仪式感大致属于优美的审美范畴。优美是一种单纯、静默、和谐的美，表现着长时期的耐性和清明平静的温柔，比如拉斐尔的圣母画、莫扎特的音乐。茶艺的仪式感是以优美为情感表征的审美。

茶艺的仪式感，首先在审美形式上强调有节奏的礼仪与特别规定的程序。茶艺的核心特征是基于崇拜日常生活俗事之美的一种仪式，这种仪式感是日常生活节奏美的提炼：礼仪在应答之间的节奏、规定的流程在节奏中一一呈现、技艺的气韵生动更是对生活节奏的精妙表达等。由于茶艺文化从文人意识或者说诗人意识中起源，它象征了清高脱俗、风流儒雅的气质要求，是一种精致文明的生活方式的理想。茶艺的仪式感，又表达出所有的规定性要求审美情感的静默内化与温柔和谐。这种仪式不是咄咄逼人的、不是慷慨激昂的，也不深邃，它像静静流淌着月光的小溪、像晨曦中悠然唱歌的小鸟，像“莫扎特的灵魂仿佛根本不知道莫扎特的痛苦”在难以成就的人生中企图一种温良，以宁静、清凉的仪式感照亮日常生活、即便只在此规定的境象。

仪式感从审美形式而来，在仪式中体现的美感，是对茶艺审美要求最核心的界定。茶艺的美感不另外存在，它就在一招一式的仪式之中，在“四谛三规”的要求之中，当我们进入了茶艺的仪式，就是进入了茶艺的审美领域。仪式从日常生活中得来，由于中国古代文化的影响，成就了对精致文明的日常生活的界定、效仿和同志意识的养成，茶艺的仪式感从其形成时便定义在优美的审美范畴，茶艺的仪式感具有了东方文化气质的、内涵丰富的审美特征。仪式既是茶艺审美的质料，也是茶艺审美的范畴，这一点是茶艺审美特有的领域。

（二）朴实

茶艺审美的朴实来源于茶艺特殊的审美对象：茶汤。由茶汤而造就的味觉、视觉、嗅觉、听觉、触觉等多样感官的愉悦，在一定的场景中满足了人生最重要的本能的自然欲求，正如古人在讲到“心觉”“心悦”时说“理义之悦我心，犹刍豢之悦我口”（孟子·告子上），将理义打动人的心灵所获得的愉悦感，同美味作用于人的味觉快感进行类比，这在中国文化中是一种特别普遍的现象[①]。心灵所感受到的美虽然有理性的成分，但它实质上是一种生命的充实感，在这一点上与人生理上的味觉感受有类似之处，因此可以互相比附类推。因此，茶艺的审美对象虽然是茶汤，是一种身体的“享受”活动，同时也是一种内心的体验活动，茶艺美学的这种重视味觉等“享受”器官的特点，就使美与人的欲望、享受建立了密切的联系，这就从人们普通的饮食生活中发掘出了高雅的审美情趣，从而使日常的世

① 林少雄：《中国饮食文化与美学》，文艺研究，1996年第1期。

俗生活带上了文化与审美的意义，这是一种“充实”的审美范畴。孟子说“充实之谓美”，大凡美的东西一定要有充实的内涵才是真美；如同孔子所说“文质彬彬”，外美与内质“适均”，从茶汤之味美到汤之心之美，茶艺的朴实美首先是充实感。

茶艺的朴实美还要表达出朴素的美。这种朴素美与茶艺的起源有关，茶一直被作为精行俭德、清心养廉的代表而流传，在历朝历代都赋予茶艺或饮茶这样的文化秉性，也上升到饮“茶”有“道”的高度。正如老子对于“朴”的论述，其形而上意义即“无名之朴”，在形容“道之为物”，有“敦兮，其若朴”之喻，意为敦厚纯朴好似一块没有任何人为斫削的原木，“朴”实际上成了“道”的又一个代名词，或可说就是“道”的本相，“道常无名，朴虽小，天下莫能臣也”。并以“道”之朴素净化人的心灵：“无名之朴，夫亦将不欲，不欲以静，天下将自定。”老子的以自然美为美的本体的思想，以“无名之朴”卸去人心中的种种欲望，使心灵空间臻于“虚静”，正是茶艺艺术创作构思的重要基础，以“茶”代“朴”。

茶艺的朴实之美是“味无味”之美。清代诗人陆次云在《湖儒杂记》称赞：“龙井茶，真者甘香而不洌，啜之淡然，似乎无味，饮过则觉有一种太和之气，弥沦于齿颊之间，此无味之味，乃至味也。”饮茶虽起于对茶汤的品鉴，最终目的却脱离了茶之实相，通过无味之味的升华，到达太和之气直抵“道”的境界。“味无味”的命题，是对茶艺活动中审美观照与审美体验的观察和总结：只有通过“味”（品味、体味）的步骤和过程，才能达到对“无味”（至味）的把握。或者也可以说，“味”的极致，便是“味”的本身，而非任何外加的东西。“味无味”，就是全神贯注地去体味和观照美的最高境界，通过茶艺饮茶这一日常的行为去体悟自然的奥妙，反过来又以自然来感化人们的生活，这便是“道”的本质特征和深刻意蕴，体悟到自然宇宙与人体生命的真谛，从而获得最大的美的享受。以“为无为，事无事，味无味”的中国文化特有的审美趣味，表现于具体的茶艺现象，便是在环境、器具、茶席设计等方面，都有意识地追求一种朴素淡雅的意境，追求返璞归真的美，追求基于实在又超于实在的玄远之美。

（三）典雅

“典雅”说的内涵极为丰富。总的来看，“典雅”说要求审美主体必须学识渊博、品德高尚、志向远大、胸襟宽广；艺术作品，则应气魄雄伟，意蕴深远，风貌温厚、品格高古，气势雄深雅健。如王通在《中说·事君》中就曾赞曹植说：“君子哉，思王也，其文深以典。”房玄龄在《晋书·陆机传论》中评论陆机时，也曾称颂说：“高词迥映，如朗月之悬光；叠意迴舒，若重岩之积秀。千条析理，则电折霜开；一绪连文，即珠流璧合。其词深而雅，其义博而显。”这里所谓的“深以典”“深而雅”其就给我们揭示了“典雅”审美境界所表现出的高远深厚的审美特征。可以说，就其审美特色来看，和雅、温雅、明雅、风雅、儒雅、博雅、精雅、高雅都应属于“典雅”的子范畴①。

茶艺的典雅美主要表现在技法与境象之美。茶艺技法典雅具体表现为气韵生动之美、心技一体之美。心技一体，是说茶艺师必须把自己的思想与技法完全融合起来，知行合一。茶艺师要想沏好一壶茶，必须先正心诚意，先学习仁义礼智信，只有端正心智，才能有技术的发挥。一个好茶师必须有一颗温良的茶心，会沏茶，会品茶、鉴茶，才能精益求精真正地沏出好茶。气韵生动是表现茶技进步的三个步骤：熟能生巧，通过反复训练，把沏茶的程序动作了然于心，一气呵成，自然手法流畅、灵巧；以巧合韵，灵巧的手法可以达到顾盼流连、抑扬顿挫，追求节奏感、律动感，在茶席中用茶艺师的技法演奏出美轮美奂的旋律；气韵生动，因为挚爱，一切技巧、法则的运用带给茶艺辉光熠熠的效果，虽然还是技法，但人们看到的是茶艺师散落在茶席中内在神气和韵味，一种鲜活的生命之洋溢的状态，茶技成为了艺术。

茶艺的典雅美还表现在它与其他艺术经典融合的领域。正如茶有着兼容并蓄的精神一样，茶艺，作为中国传统文化的典型代表，也具有与其他

① 李天道：《“典雅”说的文化构成及其美学意义》，《西南民族大学学报》（人文社科版），2007年第10期。

艺术较强的融合性，这种融合是在"典雅"的范畴中进行。典雅是谓文章、言辞有典据，高雅而不浅俗。其中的典据，理解在不同的生活现象和艺术形式之中，即内涵其中的文化意蕴，特别是中国传统价值观的体现。比如一个人的美好，一个好的茶艺师，是指他（她）的品质高雅、举止端庄、礼仪周到；茶席的艺术设计要给人愉悦的享受、正面的力量；音乐、服装、讲诵、舞蹈等辅助的艺术表现形式都依据着传统价值理念，在现代社会生活中进行外化与熏染。茶艺本身就是一个表达秩序的艺术形式，儒家"仁、义、礼、智、信"美学意识以及以体制、秩序、关系的审美特征在茶艺中的深刻体现，是茶艺审美的一个重要领域。在多种艺术形式融合过程中，讲求以"和"为美的原则，在情感的表现上体现"乐而不淫，衷而不伤"，在意旨表达方面和风细雨、"不失其正"，以创构出温雅平和的审美意境。由于文化价值的同源性，能在历史的共同积淀中寻求同志感，在情感上能形成一致性的共鸣，借助其他艺术经典的融入，以瞬时的充实性来弥补持久能力的不足，深化了茶艺的审美内涵和审美力量。

（四）清趣

"清"之美，是强调对象的材质之美、气韵之美，亦即本体之美，由本体之美显现于外的则是气质脱俗、风韵天然、明朗光洁的审美形态。"清"既区别于世俗的"浊"，也就包含着超绝尘寰的飘逸、空灵、清远等美学特征。"清"的概念不仅具有道家清静清素的精神内涵，同时也吸纳了儒家的"清正""清慎""廉清"等道德伦理意识，"清"既表现自然山水和人物风神气度，也包括了人物道德品格的欣赏评价，充满着蓬勃生机。

茶艺是尚"清"之美。对材质的清洁是茶艺最基础和重要的步骤，也充满着审美意蕴：光洁的器具泛出材质色彩和质地之美、整洁的茶境给予人愉悦感受、洁净的卫生体现出茶艺师静默的关爱等，都是茶艺中对"清"之美的具体表现。茶艺的尚"清"之美还包含了人与自然更贴切的对话和理解的"自然心"。自然心是干净整洁之后茶艺师创造出的第二自然，是一种允容、撷趣的人与自然的情感，表现了对俗世美的一种洗涤状态。干净、整洁的茶室小径，应着秋天的景色又摇下一地的落叶；陋室茶寮，带有茶垢的老壶，随遇而安的匙枕、盖置、具列，一减再减的茶人心态，来显露出优雅的清贫。自然心是茶艺师通过茶艺训练不断提高自身修养，获得审美感悟后，以心灵的洁净完成具象的清洁过程的体现，是“心净茗花开”之清美。

“趣”是生动之美，是赋予日常生活特征之美。从历史上看，茶艺盎然趣味之美的典范要数宋代，宋代点茶以“盛世清尚”为口号成为举国上下的游戏，“茶百戏”“水丹青”“漏影春”等各种饮茶乐趣风靡社会生活。明清以来，以趣为美的思想在茶艺中进一步体现。明清人崇尚“一人之性情”，又兼顾“天下之性情”，这种情便以自然之趣为归旨，崇尚童心之趣、妙悟之趣、生活记忆之趣等，使明清茶艺与日常生活体现出入乎其内、又出乎其外的清平生趣之审美。即便传至日本更加崇尚规定与幽玄的茶道特征，以柳宗悦之派学者也提出“礼法岂由生趣出，生趣自入礼法中”，在礼法中重要的是注入鲜活的生命体。茶艺之“趣”，如同中国绘画之“留白”之美，“中国画最重空白处，空白处并非真空，乃灵气往来生命流动之处。”（宗白华）在静寂观照之中体会生命的节奏；茶艺在几乎重复、平淡、安静的境地中要表现出生命的新鲜力量，表现出记载生活、生命历程的生动趣味，是需要历练的一种高超的艺术境界。“超以象外，得其环中”，领悟“孔颜之乐”，作为日常生活美学的体现，有“趣”之美是茶艺重要的审美范畴。

趣是情感，趣极则俚，清趣是茶艺审美的追求。清趣的审美理想要求了创作者具有“应物而无累于物”的思想境界。王弼云：“圣人之情，应物而无累于物者也。今以其无累，便谓不复应物，失之多矣。”这也要求了茶人应该积极地投身于社会，但又要在应对外部世界时能把握自己的思致和感情，不为外在事物所牵累，不为妄想和错觉所牵累，代之以能与宇宙共呼吸的坚实的平静，以此修为不显露地散落在日常生活的茶艺审美境象中。

（五）人情化

人情化的审美有两层意思，一是宇宙的人情化，也称比情，二是艺术的人情化。茶艺比情的核心是天人合一的文化哲学，在茶艺审美活动中，把人的生命活动外化在与茶艺关联各种物性中，通过茶艺的物性观照到人的生命活动，实现自然之道（天）与人的情感的合一。这种比情又与比德紧密联系，在茶艺中实现"君子比德于茶"。陆纳、桓温以茶示俭、以茶比德；陆羽提出饮茶惟"精行俭德"之人最宜，寄托了中国茶人的精神；刘贞亮的饮茶"十德"，表达了茶人的价值取向和与茶交融的情怀；同样，茶艺待客历来被视为君子之礼。茶艺还表现为"君子习茶育德"。茶艺作为塑造完整人格的手段，被历代茶人们重视，修养成为茶艺的研究范畴，茶艺是进行礼法教育、道德修养的仪式，茶艺的习得过程是对东方文化中最高道德的继承和弘扬，于是茶人们在日常生活中也努力保持在茶艺境象中的风雅态度。杨万里有诗句云："故人气味茶样清，故人风骨茶样明"。他将老朋友的气质、风度与茶相比，以示高度的褒奖。茶成了高尚情操的象征，因而饮茶与有德之人相并行。

茶艺的人情化，还指明了当茶艺作为艺术作品被创造的同时，其内在孕育的温良人情是不会被湮没的，反而成为审美的重要领域。茶艺将日常生活艺术化，凸显了日常生活的规矩礼节和温良情怀，起到了对生活的示范，使之更贴近人情，"分享"情感之美。分享美味，茶艺的审美对象是茶汤，茶汤的美味非一日之功能成就的，需要精益求精的态度和锲而不舍的追求；分享美景，是茶艺的艺术鉴赏力体现，是茶艺师的宇宙情怀和生活趣味的艺术表达；分享尊重，在茶艺中来认真地思考人与人关系，思考人在宇宙中的地位，给予人彼此间的尊重和理解。茶艺分享的人情化，也造就它能丰富地存在于生活之中：客来敬茶、以茶为聘、以茶祭祀、"清茶四果""和尚家风"等饮茶风俗和表现一直延续至今，"湓江江口是奴家，郎若闲时来吃茶"，吃茶订婚、茶与婚姻的各类仪式，象征着美好愿望；用茶艺来表达民众欢快情感的更多，白族三道茶、傣族竹筒香茶、回族的罐罐茶、藏族的酥油茶等，有的意在借茶喻世，有的重在饮茶情趣，有的以茶示礼联谊，艺术表现形式欢快热爱、充满人情。茶艺作为艺术实践一直没有与日常生活分开，将"小隐隐于野、大隐隐于市"作为一种审美追求，茶艺在日常生活中追求崇高与典雅，形成了大众的"诗意"。"诗人不做做茶农"，在今天的中国，最能真切地享受到饮茶情趣的可能还在于民间大众，安溪、云南、潮州等盛产茶的地方，体会饮茶“其乐融融”之风尚也更为动人。

茶艺的仪式感、人情化是茶艺特有的审美文化在作品中的反映，朴实、典雅、清趣等特征则强调了茶艺的审美风格。从审美风格看，与日本“幽玄”的审美意识相比较，中国则大致以“朴趣”为主旨，是源于生活、超越生活、又回归生活的生动鲜活，前者的深邃与后者的明朗，使同样以茶汤为观照的艺术呈现出有差别的表现形式和审美态度，也促使了茶艺文化的多样化和相互的借鉴。总体来说，茶艺的审美范畴，是中国儒、释、道思想在日常生活艺术中的投射，体现了人们在日常生活中试图建立起为追求自由的秩序、为克服琐碎的精致、为排除焦躁的宁静，来实践天人合一的情怀和境界。日常生活的茶艺是一种审美化的仪式，是仪式化的生活艺术，这种伴有极大参与性和历史意蕴仪式的艺术，深刻地影响着人们日常生活审美趣尚，也传达出中国文化理想的圣人情怀。

第三节　作品创作

茶艺作品的创作同样满足艺术作品创作的要求与条件。艺术的五个要素是作品、观众、创造力、艺术家和文化语境，其中，作品是艺术的直观呈现，是一个有着规定性艺术符号的时空存在；观众是艺术作品生命的完成者和延续者，艺术的价值只有通过观众才能得以实现，因此，艺术与观众有着不可分割的直接关系，一个艺术作品是否得到认可或流传，与观众对这个艺术表达出的符号的认同感紧密关联；文化语境为艺术活动提供了基本的价值规范，为艺术活动制定了基本的审美惯例；创造力要求艺术家不断地挑战传统的规范，充分表达艺术家具有个性化的创造精神，使艺术活动不消极地屈从于文化语境，而是积极推动基本价值的变革和发展。

茶艺由茶艺师、观众（饮者）、茶艺作品、茶艺规范与审美、创造力这五个部分构成。茶艺师与观众（饮者）的关系因为对茶汤的共同观照，不仅是面对面的，还有直接的接触，使茶艺具有浓重的艺术表达的现场感，给观众（饮者）最原本完善的审美接受，即便是因为这样的现场艺术限制其艺术作品的传播。茶艺作品的符号由茶、水、器、火、境构成，它们各自或组合地表达茶艺师赋予的情感和美感。茶艺规范和茶艺审美使作品的呈现得以具象化和可识别性，也提供了茶艺品鉴的依据。创造力一般表现为比如流派、风格、形制、文化重现等，由于日新月异的社会科学技术发展对日常生活具有直接影响，茶艺的创造力也会表现在对基本质料的革新，比如冷泡法、快饮式主泡器等。但这些并不影响我们对茶艺创作与审美普适的热爱，日常生活审美的内容，深刻地蕴含在茶艺现实之中，允许我们的只有不断地去发现它、理解它、展现它，“天育有万物，皆有至妙，人之所工，但猎浅易”（陆羽）。

一、创作原则

茶艺作品由于涉及多种艺术形式的表现，创作一个优秀作品的过程是复杂的，或者借助茶艺师个人渊博的知识和高超的能力，或者借助一个团队的创作主体，来分别承担作品艺术灵魂的把握、艺术符号的分解、材料的表达、表演技巧以及与日常生活之美关联的内容辅助等，在以团队创作时，有时表演者仅作为一个演员的角色，并不等同与茶艺师的要求。为了叙述简洁，在茶艺创作中，均以茶艺师指代茶艺创作主体（个人或团队）——从策划到表演完成的全部。

创作原则是茶艺师进行茶艺创作时所遵循和实践的基本准则。茶艺师进行茶艺创作需要经历一个复杂而又有规律可循的过程，需要付出精神劳动才能创造出优秀的产品。中国地缘广阔，风俗各异，茶艺创作具有鲜明的个性化特征，有学者试图来分辨出中国茶艺的流派，往往是徒劳的。然而我们通过对大量茶艺创作实践的考察，仍可以从中发现，茶艺师无论自觉与否，基本上都是按照一定的创作原则去进行茶艺创作。

茶艺的创作原则，体现着茶艺师对创作艺术规律的体会和掌握，茶艺作为一种艺术活动，是人们以日常生活的饮茶方式为载体，依据审美理想而从事的审美创造，它必须符合具有形式美、合目的性和境象之美的审美要素，赋予茶艺的审美特征，是一个创造性的活动。茶艺因为与日常生活过于接近，有时会模糊了艺术与生活的距离，将生活直接定义为艺术，缺乏审美要素的体现；而另一方面，又会刻意将饮茶艺术抽离生活，缺失了作品的基本载体，给人展示了谁也看不明白的所谓茶艺。茶艺师从事茶艺创作，要在日常饮茶生活的基础上，体验创作内容所孕育的情感，要实现主观情感与生活材料的艺术融合，要运用茶艺实用的、造型的、表演的多样艺术符号的统一，展开艺术想象来塑造审美化的饮茶生活方式的境象，为圆满完成自身的使命，就必须自觉遵循艺术规律，自觉遵循符合艺术规律的创作原则。

（一）实在性

茶艺“为沏好一杯茶而存在”，这种一览无余的实在性表达，是茶艺创作艺术魅力和艺术价值的基石。茶艺创作的实在性，主要涉及了诸如沏茶方式是科学的、形式流程是符合规则的、人与人之间的平等互敬等方面的内容。

茶艺创作首先要符合茶科学性的特性特征。茶叶的基础类别分为六大类，不同类别的茶各自还有千变万化的茶形、茶性、茶名，不同的茶形、茶性、茶名都有不同的特征，选择与之适配的器、水、火、境，在不同的组合下更呈现出千姿百态的表现手法了。围绕茶叶基本特性的要求，选择合适的沏泡技艺来体现茶汤的特征，完成饮茶的活动，这种实在性是茶艺存在的基础。

茶艺创作的实在性体现在茶艺师的作品表达其审美形式是可及的、有规律可循的。茶艺源于日常生活，其目的将给予日常生活的示范，是可以模拟的生活。因此，它在反映饮茶生活艺术化的过程中，尽可能做到这些形式和流程呈现了特定的技术、规则、规范，可以存在于生活之中，可以为大多数热爱者模拟和评价。茶艺在不同的群体中有迥异的偏好，但这并不妨碍茶艺作品在适合的群体生活中实实在在地存在。茶艺一定不是抽象的、仅供评论的艺术形式。

茶艺创作的实在性还表现在处理人与人的关系、人与物的关系时，时刻关注着“尽其性”“同壹心”的法则，竭力营造人与人、人与物之间平和

默契的气氛，它通过仪式化、人情化的艺术呈现，来切实地践行茶艺的文化哲学与日常生活理想。

茶艺创作的实在性，是茶艺师在日常生活的基础上，按照其审美理想和生活逻辑，对体现饮茶方式的材料加以艺术概括、提炼、加工，进行艺术创造的结果。它不仅充分显示饮茶生活的外在状态，而且揭示出生活的深层本质，表现着人生的真谛，体现着人类永恒的审美追求，使经过艺术创造的茶艺作品能够让欣赏者觉得更加与现实的生活贴近。因此，茶艺师对自身的审美理想和审美情感自然地融入再现的人生场景之中的把握，是作品获得实在性表现的主导。

（二）文化性

茶艺作品要在客观形式材料“茶、水、器、火、境”之上构建艺术化的境象，其“仁义礼智信”的文化符号表达成为重点的对象。文化性是茶艺作品的思想、灵魂。在茶艺创作实践中，茶艺师根据自己的人生体认和审美理想，以饮茶生活方式的呈现为形态，以朴素的、典雅的、清趣的审美意识为范畴，以茶艺文化哲学为目的，来反映一个国家或民族的历史、地理、风土人情、传统习俗、生活方式、文学艺术、行为规范、思维方式、价值观念等。也即茶艺作品的文化性要表达的是我们“曾经的生活”和我们能“理解的生活”。

我们曾经的生活，是指利用茶艺的载体来展现记忆中经过提炼的、仍能影响今天的生活，比如致力于对唐代饮茶法的艺术化呈现，一方面是依据历史资料寻找、复制唐时代的茶叶、器具和饮茶方式，更重要的是通过这样的方式缅怀曾经与我们同样生活的人们，他们的理想、志趣和审美境象，唤醒我们沉睡在日常生活中的记忆，以历史的责任感接替他们生命的任务。

我们能理解的生活，是指以茶艺来展示着在日常生活中能发生的奇迹：一种温良的、包容的、怜惜的和自由的实现。茶艺不仅自己创造这样的意境，还利用艺术表现形式的多样性，经常与其他艺术形式进行融合，试图让更多热爱艺术的人领略到茶艺的境象之美。茶艺与书法相融，以茶香书韵的比拟表现茶艺师儒雅的气质；茶艺与昆曲相融，借助戏曲古典韵致的身段、节奏的表现，诠释茶艺人生的浪漫情怀；茶艺与地域的文化相融，将引以为傲的文化自豪感放置在如月光流淌般的茶艺流程中表现，这种文化将深刻在人们的日常生活之中。

茶艺创作的文化性比起它的实在性是抽象的，当我们把过多的情感投放在文化意义之上时，茶艺就有可能抽离出我们的生活之外，这样就不成为茶艺了。因此，茶艺创作在进行文化主旨的表达时，要注意两个重要的环节：其一，始终不脱离具体形态。茶艺"为沏好一杯茶而存在"，它的艺术形态是从沏茶的准备开始，到饮茶的完毕为止，文化性是茶艺的魂，其形式便是茶艺的体。再有意义的文化，也必须依附在具体的茶艺形态之中表现。其二，注重茶艺结构各个要素的特征呈现。茶艺由茶、水、器、火、境和茶艺师的主客体结构组成，文化性不在这些具体的形式结构之外，任何要表达的理想，都刻画在这些元素和技法之中；以至于借助其他艺术形式时，有时也需要解构原来的艺术形式，取其能与茶艺相融的元素进行重构，来表现我们需要的茶艺。茶艺的文化性使作品显示出既具有鲜明生动的个性特征又蕴含普遍性意义与价值的艺术效果。

（三）感染力

感染力主要是指能够引发欣赏者产生情感共鸣的力量。艺术即情感的表达，情感是艺术的生命。茶艺的感染力，就是茶艺师将自己放置在具有人类普遍意义的境界中，所感受到的、并有强烈的愿景来表达的情感，依托茶艺的表现手法，实现作品能引发受众具有同样节奏的情感共鸣。依循创作原则，茶艺从茶汤的感染力、艺术的感染力和生趣的感染力三个方面来体现情感的共鸣。

一是茶汤的感染，即茶艺创作是通过对茶汤之"味"乃至"味无味"的情感追求，在有形中体现无限，来获得情感的共鸣。从表现过程上看，反映在对茶汤精益求精的追求，竭尽全力的怜惜和敬畏以及"尽其性"的情感，使人们产生的感动；对技法一丝不苟的表达，心技一体的至诚、气韵生动的技法历练、一期一会的礼法、茶气以行的修养等所体现的情感，

让人感动；艺术的语言不再占有重要的地位，在此境象中仅为一个时空的存在，人们不再假借于任何的形式和质料，沉浸在因人性的膜拜和共同呼吸而达到的伟大又细腻的情感自由。在这一层面上，东方哲学的体认对主体的影响是最直接的。茶艺创作以茶汤的感染力来获得作品的成功，从形式和过程看是朴素的，但要到达感染力的效果，则非生活之因缘际会不可获得。

二是艺术的感染力，茶艺是兼备实用艺术、造型艺术、表情艺术的综合性艺术，茶艺中涉及的器具、服装、音乐、造型、行为、语言等都成为艺术表达的元素。在茶艺创作中，要达到艺术感染力，首先是茶艺内容的感染力，作品的主题内容赋予了创作者灵感，并以强烈的情感将抽象的概念演化为茶艺的具体形态，茶艺师能充分理解茶艺作品的内涵，充分地投入自己的情感，才能唤起观众的作品内容的共鸣。其次是茶艺风格的感染力，对于茶艺师来说，风格的选择是为了作品能引起共鸣，来达到"啐啄同时"的默契，因此需要对不同受众群体不同风格偏好的分析和适合，在由风格带领的路径上，让观众能顺达地沉浸在作品创造的艺术场景之中。再次是茶艺表演的感染力，茶艺师气韵生动的技巧、物我两忘的空灵、无微不至的关爱，时刻触动观众的心弦，营造出妙不可言的情感共鸣。此时，所有构成艺术作品的质料不再占据我们的视觉、听觉，情感，一种直抵心灵的关怀，带给日常生活不再孤单的浪漫。

三是生趣的感染力，茶艺作为在日常生活中呈现的艺术，追求生动趣味是它坚持的创作原则。日常生活对于任何一个人来说都是艰难的、压抑的、不由自主的，人们又必须每天生活在日常生活之中，即便是追求能有瞬间给自己树立一种信心的愉悦趣味，也成为奢求，这种奢求在日常生活美学的茶艺中试图得以实现。茶艺作品有着生趣的感染力，这种有趣的情感虽表现为人与物的关系、人与行为的关系，却能实现茶艺师和观众会心不远的共鸣。具体来说，它表现为对童稚的回忆，比如在茶艺创作中保留一点点的草率、天真、笨拙，让一些动植物的有趣印迹如孩童般涂鸦，出现在茶碗、茶席、茶汤的游戏之中；妙悟的呈现，比如大胆的比拟、留白，利用茶艺运用到的色彩、线条等符号的暗示、暗合，启发人们无尽的想象力获得默契的乐趣；自然心的向往，正如梭罗说的，大自然与人类存在着一种美好又仁爱的友情，映照出人们最亲切的自我，返璞归真不是一个理想，而是在生活中追求有趣人生的途径。

“每一个人都要以此为职责，让最美丽的游戏成为生活的真正内涵。”（柏拉图）茶艺以对人性的关怀而呈现出审美化的玩索：在我们的日常生活中，曾经的、并持续地寻找一席清凉款待自己，以赋闲的心灵做一场饮茶的游戏，享受生活世界的乐趣，虽不抱任何的目的，却从中获得力量。

二、创作过程

作为日常生活美学的茶艺，茶艺作品将在两种领域中存在。一种是运用茶艺的法则，在日常生活中表现美、创造美，人们在美的生活场景中受到感染、感动，用茶艺之美来还原生活，茶艺嵌入到生活之中，这样的作品我们称之为生活茶艺；还有一种是强调审美创造的过程和结果，强调用夸张的艺术表现手法，使茶艺作品呈现出较独立的审美形态，这样的作品我们称之为表演茶艺。表演茶艺由于其艺术创造力推动茶艺的发展，能给生活茶艺带来示范，注入生活茶艺丰富的内涵；生活茶艺是表演茶艺的本质属性，从它而来，又以对它的回归来判断表演茶艺的成果。有时两者也不好严格区分，表演性的生活和生活性的表演是它们之间的模糊地带。但从茶艺师对作品的创作和表达来说，是有预设立场的。在本文叙述茶艺作品创作时，主要对象是表演茶艺。依循“实在性、文化性、感染力”的创作原则，茶艺作品的创作过程分为创作积累、创作构思和艺术表现三个部分。

（一）创作积累

这是茶艺创作的第一步。茶艺师创作一个作品，不仅需要有饮茶经验的积累过程，还更需要茶艺师对生活、人生的体验、反思、感悟的累积，来获得作品的创作动力。创作积累，是指茶艺师在进入作品构思之前，从审美的角度去认识、体验社会人生，并收集、积累创作材料的活动。茶艺创作材料的获得，一般来说有两个渠道。一个渠道是茶艺师在自己的日常生活中亲身经历、体会获得，比如各种以茶聚会的感受，日常沏茶饮茶的经验，亲历与茶有关的故事或体验等；另一个渠道是借助他人帮助或依据文字记载等获得，比如系统性的茶艺学习，其他艺术形式的借鉴，审美眼光的培养，民俗茶俗的采风等。

茶艺师对作品创作材料的获得和积累有时是无意的，比如用浅盆的花器插花，造成“疏影横斜水清浅”审美趣味，是当时千利休解破的一个偶然性命题。茶艺师虽没有有意去寻觅、记忆创作材料，但一些生活现象往往潜移默化地作为鲜活的信息资料储存进了大脑，沉淀在记忆的信息库里。一旦需要，遇到适当的契机，它们就会被调动出来，转换成创作的素材。茶艺是材料散布在日常生活之中，从有形的器物或现象看，有日常用品、民间工艺、远古记忆、有趣的造型、一种行为、一个故事等，在这些有形的器物或现象之中，隐含着各自明确的文化意蕴，因而显得琐碎和不兼容。大部分茶艺师对创作材料的收集是有意的。一旦茶艺师有比较明确的创作意图，在某种内心的创作欲望、创作情绪的推动引导下，就会主动收集与之相关的材料信息，面对日常生活材料的琐碎和文化多样，需要茶艺师用自己独到的审美眼光来判断信息资料收集的有效性。

（二）创作构思

这是茶艺创作活动的中心环节。茶艺师根据创作积累的材料，在某种创作动机的指导下，通过复杂的心理活动，在头脑中把茶艺素材按照实在性、文化性、感染性的创作原则，转化为形象系统的过程。茶艺师的创作构思起始于一定的创作冲动。一种是自觉的创作冲动，茶艺师偶然为获得的某种器物、茶品、生活中的某个人物或某些事件、现象等强烈吸引，受到某种启发时，会生发出不可抑制的创作冲动。还有一种是有条件的创作冲动，在某个指令或条件的压迫下，茶艺师会被动地调集积累的材料，为实现一种明确的目的而发生创作冲动。当茶艺加入到文化创意产业的行列时，有条件的创作冲动会更多一些。

在创作构思阶段，茶艺师在创作冲动的推动下，按照创作原则和审美追求，展开艺术想象，把已经积累的生活经验和茶艺素材进行加工，转化为一个具有统一精神内涵的形象系统，它包括了主题风格的确立，沏茶类型的选择，茶席结构的设计，表演方式的编排等多重任务的整体构想。主题和风格是构思阶段的中心任务，一旦创作主题和作品风格确定，其他任务都是围绕这一中心来逐一开展的。

灵感是创作构思的重要来源，是茶艺师在艺术构思探索过程中由于某种机缘的启发，而突然出现的豁然开朗、精神亢奋，取得突破的一种心理现象。茶艺创作的构思虽然以主题确立为中心，但在创作时需要考虑如何用感性的形象去表现理性主题，这时灵感在其中起着决定性的作用，它沟通了理性和感性之间不对称的信息。灵感由经验和知识的不断累积而突然出现，给茶艺作品带来意想不到的创造。茶艺创作中获得灵感的机缘，可以有不同的途径，比如一把老壶，满山的杜鹃花，孩童的笑靥，古瓷碎片，一个节日等，都可能成为茶艺师创作灵感的缘起，有时这些极微小是事件直接引发灵感而造成创作冲动。灵感大致类似于爱、感动、狂喜的感觉，灵感获得是非常偶然的，有时也很短暂，倏然而来，忽焉而去，一旦获得，茶艺师要紧紧抓住，然后再逐渐形成创作的主题。比如，爱上了一把壶，极力想为它创作一个作品，要抓住这个灵感，就必须要分析爱这把壶的原因，有感性的，比如色泽、形式、触摸……有理性的，如回忆、家乡、玄远、回归……等，让概括出的理由逐渐呈现清晰的主题，就能围绕主题动用全部的创作材料和茶艺符号，形成内心较完整的艺术形象，这样就由灵感而到达了创作构思完成的过程。茶艺师有足够的知识与精神涵养，并时刻对如饮茶般的日常生活充满热爱、仔细体会，才是灵感充盈的先决条件。灵感决定着艺术创造活动的成败得失，衡量着一个茶艺师的天才、智慧和想象力。

（三）作品表达

茶艺作品表达是创作的最后一个环节，是指茶艺师在创作构思的基础上，运用茶艺符号以及各种表现手段，把内心形象系统传达出来，转化为具有审美价值的茶艺作品。

经过创作构思，茶艺师在头脑中形成了蕴含着某一确定主题的内心形象构成。然而，这种内心形象即使再成熟，它也只是一种存在于茶艺师的"内宇宙"中的心像，只具有内视性，除茶艺师本人之外，其他人无法对其感受认知，因而尚未成为真正意义上的茶艺作品形象。只有进一步经过艺术表现阶段，茶艺师运用茶、水、器、火、境的茶艺符号，在相应的茶席、沏茶技法、表演等样式中，将构思孕育的内心形象系统外化并定型下来，使其成为他人能够感受认知的审美对象，这样，艺术形象才真正被创造出来，茶艺作品也才真正诞生。

在作品表达阶段，茶艺师通过沏茶的过程，将审美经验的外向化，赋予内心中内心形象系统以特定的茶艺符号表达，从而构成饮茶审美化的呈现并能与观众共同分享茶汤的茶艺作品形式。作品表达主要是解决如何将茶艺师在创作构思时形成的内心的形象系统与呈现出来的具体艺术形式如何一致的问题。创作构成阶段的内心形象系统是抽象的，从抽象到具象，需要通过表现技法和审美判断，来寻找与内心形象间接契合的最佳茶艺表现形式，作品从茶艺师到观众的传达还必须符合茶艺审美的法则，在文化归旨上达成创作者与受众的一致性。

作品表达是将抽象的思维过程转化为实践性的感觉力的过程。茶艺是一个综合性艺术，在作品表达阶段，选择运用什么样的形式，如何运用这些形式去体现艺术构思的成果，直接关涉到茶艺师心中的内心形象系统能否得到准确鲜明、生动深刻、完整全面的外化。茶艺师需要对作品呈现的色彩、形构、表情动作、节奏、韵律等方面都有足够的把控力，利用极其简单的沏茶饮茶载体，将所有要呈现的艺术符号和谐统一。这时，创作构思阶段凭借想象力、幻想力和感觉力构成的内心的形象系统得到实践的检验，实践性的感觉力是创作表达的关键。茶艺师要具备完成作品的能力，必须借助于茶艺创作的经验积累，借助于沏茶技艺熟能生巧的训练，这里有茶艺师天生资禀的因素，但大部分是天道酬勤获得。另外，茶艺师的创作构思活动在作品表达阶段并没有完全终止，构思的内心形象在未转化为茶艺表现形式之前，具有一定的朦胧性和模糊性，因此在作品表达过程中，需要不断地对构思进行微调，使之能更好地符合茶艺师确定的创作主题和审美趣味。

由于茶艺具有日常生活审美普遍话语权特征，茶艺作品的表达还面临着受众对于作品接受的文化一致性检验。与其他艺术形式比较，我们可能会宽容一本小说、一部电影脱离生活的胡编乱造，还有评论家说它们是另类艺术。但对于茶艺，并不具有这样的宽容度。茶艺师并非将作品表达出来即是创作过程的完成，受众具有对作品的完全排斥权，不宽容文化相悖的东西侵占日常生活领域。什么叫文化相悖呢？比如同样是表达和平主题的茶艺，一个由青瓷碎片为创作灵感，点题为拯救破碎的和平愿望；一个是和平鸽布景与茶器具的和平鸽设计。姑且不论表演的过程，单是从这样的文化归旨看，前者的主题内容与形式呈现之间太过牵强，并且在茶艺文化中，瓷的碎片蕴涵了精益求精、追求完美的精神，文不对题，因此是一个莫名其妙的作品，这就文化相悖了；而后者借用了一个能共同认知的文化符号，人们在观看作品时与茶艺师的文化归旨感同身受。作品表达阶段，如何利用符号来呈现作品的内容，考验了茶艺师的艺术思维能力与日常生活的感知能力。

茶艺的作品表达，大致有三个阶段：一是表现，茶艺作品呈现出实用艺术、造型艺术、表情艺术的面貌，按照茶艺的规则进行沏茶和饮茶活动的展示，享受一杯充满人文和审美的茶汤，茶艺师表达出对客人的谦虚、诚挚的礼仪态度，茶艺师和饮者共同对茶汤、茶器、茶境的珍惜、赏识与热爱，心灵经过和谐的震荡，产生心旷神怡之愉悦。茶艺作品呈现出既在生活之中，又在生活之外，洋溢着生动乐趣。二是感动，茶艺作品的呈现应该给人以亲近而高尚的情感的触动，感动可以来自作品的内容、也可来自形式，可以是感性的、也可能是理性的，是茶艺创作感染性的表现。受到作品感动，能泯灭物我之见，回到我们可能忘却的家乡世界；这种感动还激励人们关怀当下的生活，追求独立的价值空间。三是感化，感动是暂时的，感化是永久的。茶艺由感动至感化，通过渗透于日常生活的和谐浸润到我们整个的身心，这种塑模使习惯成为了自然，身心的活动也就体现出处处不违背和谐的原则。茶艺之美使茶艺师的思想和茶艺师的身体具有了一致性，感化的全部意义虽然在一个作品的表达阶段中不能获得，但它

的确在每一个作品中给予呈现。这三个阶段是递进的，首先是表现，然后才有感动和感化，聚精会神地表现茶艺，所有的感动、感化会在每一细微处弥漫、散发。

创作积累、创作构思、作品表达三个阶段既彼此衔接，又常常是相互交错，相互渗透。在创作积累时期，可能已经闪现出了某些创作构思的大体设想；在创作构思阶段，有些茶艺师可能还要重新积累、收集创作的材料和经验，有些茶艺师则习惯于一边构思、一边将作品给予部分的表达；到了作品表达阶段，材料若不合适还可以再去收集，构思的成果若有缺陷也还可以再做调整和改进。作为日常生活美学，茶艺的载体和评价的特定意义，有时三个阶段一气呵成，呈现出简洁而较高的审美效果，有时则耗尽大量时间、精力、财力，其效果却不能如愿。总体来说，培养日常生活的审美态度是至关重要的，这是茶艺创作的根本。

三、创作步骤

这一节我们进入到茶艺创作实践的环节。在我们了解了茶艺的审美要素、对象、范畴，以及茶艺作品应该呈现出的艺术形式、遵循的创作原则和创作过程之后，承担有明确创作目的的具体实践，茶艺师面对复杂的创作内容和材料，以一个规律性的创作步骤来指导，有利于作品的完成。从茶艺创作过程看，创作实践大致是在作品表达的范围内，侧重在茶艺师如何实现作品，作品的实现也就是作品创作全过程的最终效果呈现。本节首先概述创作步骤的构成，为了更加清晰创作步骤在作品创作中的应用，以个案来分析理论指导下的创作实践，并进一步叙述作品创作的完整体系。

茶艺作品创作，从内容的衔接看可分为六个步骤：主题与风格、沏茶类型、茶席设计、技能训练、完善细节、表演展现。从创作体系看又可分为文案策划、创作实务、鉴赏评价三个部分。前者的六个步骤是茶艺创作实践的核心；后者使作品更加完整，其中的创作实务也就是六步骤的内容，文案策划和鉴赏评价的完成能促进作品的传播和深化。

（一）六大步骤

茶艺师在获得一个创作任务时，为了实现作品，必须将理论付诸实践，通过这六个步骤，茶艺一步步从概念到达作品的呈现，到表演现场的完成。茶艺创作六步骤中，沏茶类型、技能训练和表演展现的三个部分属于茶艺师沏茶规范与流程的内容，在前面的章节中已做了论述，茶艺师在作品创作时，也已具备了相应的能力，这里就不再赘述；主题风格与茶席设计会成为作品创作中比较重的任务。

第一步　主题与风格

主题是茶艺创作的中心，一切任务都围绕着主题而开展。当主题的来源是一个模糊的任务时，茶艺师需要将任务进行主题挖掘，一直到可以作为茶艺作品灵魂的概念明确；当主题的来源是一个明确的理念时，需要将这一理念转化为可以在茶艺中呈现的符号或形式。

不管定位在哪一类主题，茶艺师都会在综合的基础上，采用不同程度的强化突出、夸张、陌生化等方法，来达到一定的艺术效果。比如，调动多种材料和手段去集中表现形象的某一主要特征，强化突出；夸张，充分发挥想象力和创造力，以改变常态的方式去设计表现方式；陌生化，着力赋予形象以特殊的形式，给日常生活带来惊喜感和距离的向往，增加感受的时间长度，强化审美效果。主题表现与创作方法的灵活运用紧密结合，就不至于造成茶艺从主题到主题的刻板，或者面向日常生活的琐碎。

茶艺的主题选择非常宽泛，追求与茶艺的学科价值是一致的，也表达了求真、求善、求美的归旨，在这三大追求的框架下，依据茶艺作品题材的规律性进行归类和说明。

（1）求真的主题类型

主要体现茶艺作品具有反映真实生活的特征，以对茶汤的完美追求以及表现方式的客观务实，来表达“真诚”的主题。围绕这个主题，茶艺创作题材大致分为规范科学的饮茶方式、民俗的饮茶方式、还原历史的饮茶方式等三种类型。作品创作的共同特点是，紧扣对茶汤的真实演绎、技艺

的真实展现，以最简洁的形式表现过程的美感，以茶艺师的整体素质呈现作品的感染力。

茶艺以规范科学的饮茶方式呈现，是最容易被大众有效接受的形式，作品注重茶艺的结构要素能实现真实、规范、实用的表达，还原生活本质的追求，艺术形式上侧重简洁、律动之美。作品的表现方式依托于茶艺元素、茶艺流程和茶艺表现的设计，创作重点主要在追求精益求精的技术表现、组合和创新，表现形式的简洁明快使作品更接近生活。这一主题容易被观众接受和示范，但同时对茶艺师技能和素质上的要求是比较高的。茶艺在历史、民俗的两个领域中题材丰富且耐人寻味。茶艺以陆羽《茶经》为标志经历了一千两百余年的历史，留下不少饮茶文化的瑰宝和谜团，还原历史的茶艺构思除了存在于史料、文物资料获得，由于茶文化的传播，在异国他乡寻求印证的方法，也成为中国茶艺师践行的责任和表现内容。同样的，如同活化石般民俗茶艺，在体现不同区域的人们对风俗、对家园的顽固执守的同时，共同表现了对生活返璞归真的价值追求。茶艺对历史、民俗的贡献不仅仅是艺术的演绎，它还提供了一种实验的方法，一个切入历史、地域环境的平台，也成为其他国家地区追本溯源、寻根问祖的文化需求。

（2）求善的主题类型

以茶艺表达热爱、善良的情感，也常常用来表达主流文化价值。因为爱的对象性，所以这类作品一般具有明确的对象感。这一类型的茶艺题材很多，茶艺师利用茶艺的表现手法来表达对大自然（如四季、花草、日月）的爱、对人类（如母亲、朋友、爱人）的爱、对人类的创造物（如节日、地域、家乡）的爱等多种类型，在表达爱的同时，其本质是对文化的认同。因为这类作品一般具有明确的对象感，从作品创作的意蕴讲，它是将茶汤奉献给这些对象的（当然，实际上依旧是由观众来接受和品鉴茶汤）。因此能否让观众感觉和欣赏到作品表达出的爱的境象，并不知不觉中观众也将自己投入到这个境象之中，是作品的成功之处。这一主题类型常用来宣传品牌文化，通过茶艺形式的呈现，人们对茶汤感同身受，对求善的主旨有趋同的追求，对品牌文化有了更深刻的印象，品牌的归属感得到培植，为

品牌知名度和美誉度的提升建立了一定的基础。茶艺对自然界的爱、对世界的爱，来呈现人生的归属感、幸福感、人生的价值，这是茶艺至善的表达。

（3）求美的主题类型

体现了茶艺作品的审美水平，从茶艺至美的创作构思到作品表达，都荡漾出在精神的空间里自由徜徉的情感，给人以心灵的慰藉。对这类作品的创作重点，在于其是否将审美的普遍规律与茶艺的本质属性紧密结合起来，虽然以茶汤为观照，然而随着表演的进行，人们逐渐忘记了茶汤、技艺及眼前呈现的具体形式，只能感受到心灵深处的呼吸，并与茶艺师的呼吸保持一致的节奏。这类作品的题材很多，核心是抓住茶艺的审美特征，反复、突出、夸张、变形，充分利用美的张力、感染力，让人怦然心动。对于这一主题的创作，茶艺师和观众同样都要有较高的艺术素养。求真、求善的主题类型的题材创作，到达较高的艺术水平和感染力，一样也归于这一类型，但从创作路径看它们之间是有区别的。求真的主题，它主要解释了茶汤；求善的主题，它的核心是建构一个对象；求美的主题，它安抚心灵，它的创作动因只是为了美。

风格是主题呈现的路径。一个主题可以由不同风格的作品去诠释它，当风格明确之后，茶艺作品的基本面貌随之成型。茶艺的主题和风格有很多类型，我们在下一节中专门论述。风格是指茶艺作品在整体上呈现出的具有代表性的独特面貌。同一个主题可能会有不同风格的表现。确立作品的创作风格，不仅能更好地诠释主题，也能较迅速地引导观众进入茶艺师的作品境象。茶艺的风格有不同方法的分类，从格局的特征来分大致为简洁、清秀、淳朴、典雅、奇趣、玄远、繁复、壮丽八种。

1）简洁。追求极少，去除一切不必要的器具、修饰、动作、颜色、装点，用茶艺基本的元素、特征、结构及本质的美，来呈现作品。简洁的风格从形式上是最简单的，但对茶艺师和茶汤的要求是最高的。这一风格用在求真的主题类型较多，也是离观众的距离最近的。

2）清秀。在简洁的基础上增加一些审美的设计，通过点缀的手法增强

主题的表现力，诠释不多不少的美感，观众在近距离地欣赏中能感受到茶艺师的审美心情。

3）淳朴。以朴实的、还原生活的表现手法，对生活中的饮茶方式进行艺术化地呈现，艺术是第二自然的表现，虽然是拾遗生活场面，这种淳朴已经带上了茶艺师的创作旨意，具有典型性和同质化的艺术加工特点，能让观众感受到淳朴之外的茶艺境象。

4）典雅。运用传统美学法则及文化典籍，使茶艺造型和表现产生规整、端庄、稳重、高贵的美感。作品的典雅使各个部分、步骤都能依循一定的理据，呈现出意蕴深远、品格高古的温厚风貌。但典雅相比远奥、繁复又力求简化，追求神似。典雅的创作风格一般有较大的表演空间，因此多用于舞台表演。

5）奇趣。追求分享生活之乐的审美态度，探索在茶艺中可表现的一切可能，作品表达出活泼、幽默、新奇等特征，让人有耳目一新之感。奇趣的风格在年轻人的茶艺作品中多有见，他们积极与现实生活对接，创新了茶艺的内容和程式，也同时被生活接受。茶人之中的不羁之才常有奇趣的作品，似不合常规却发人深省。

6）玄远。创作者用一些复杂曲折的器物或表演，来诠释精微深刻的道理，体现出深邃、苍茫、隐喻的面貌。这类风格常与"天人合一""人生旷达""一衣带水"等主题关联，这种文化很容易启发创作者，也有很多人尝试做这样的作品，但由于题材宏大、深奥，往往难以达到预期的效果。

7）繁复。繁复，花团锦簇、重峦叠嶂的样子。指在作品中用大面积的、复杂的色块、材料、形状等形构，大气、成熟、夸张的表情，以强烈的存在感来呈现茶艺作品的面貌。这类作品比较适合在舞台、广场上的表演，艺术设计感和冲击力强，适合以一定的距离来观看的审美需求。

8）壮丽。专指多人的表演，一般用在大场地的茶艺活动，十几人或几十人的茶艺师统一服装、器具、流程、节奏，将茶艺中最核心的内容以最简洁的方式进行表现，体现出广场艺术的宏大美感。鉴定此风格美的关键词是统一，整齐一律。

不同的风格之间并没有高下之分，只有在不同风格之中茶艺表现水平的区分，比如简洁上、简洁中、简洁下，这个上、中、下的区分主要看作品依托风格是否很好地诠释了主题，是否考虑到观众的接受程度，是否兼顾了表演的场合要求等。

风格分类还有从性格特征分的，如婉约、郑重、活泼、嬉皮等；有从色彩特征分的，如冷色、暖色、绿色、撞色、明快、阴郁、舒远、逼近等；还有从节奏快慢分、从舞台夸张程度分、时空选择等。茶艺师用不同分类的风格组合来创作茶艺作品，也是可取的。

第二步　沏茶类型

明确了主题和风格，就进入了茶艺的核心环节，沏茶流程类型的选定。首先是选择用什么茶叶沏泡能比较符合主题的要求；其次，根据主题、风格和茶叶特征，选择合适的主泡器和品饮器；再次，在选定了茶叶和主泡器后，兼顾当地风俗及观众的定位，以及茶艺师（表演者）的特质，来设计安排沏茶的程序与全部器具。在茶艺创作中，主泡器的地位是十分重要的，它是所有视线的焦点：它是茶席设计的中心、是茶艺师的手和心、是观众目光的集聚点。要运用“同壹心”的法则，茶艺师大多先从选定主泡器开始，来构思茶艺创作作品。

第三步　茶席设计

茶席，茶艺结构存在的静态空间。茶席设计的核心层面是指茶、水、器、火、境五大元素依循茶艺规范，构成具有审美的、静态的空间组合与造型；扩大的层面还包括茶艺师的静态介入以及品饮者的席位布置。当茶席是作为中间产品展示时，用到前者的概念比较多；当茶席设计用作茶艺表演时，就涉及后者的范围，也即本节茶席设计的范围，它除了茶水器火境的静态展示外，还包括茶艺师的服装色彩款式、装扮修饰、人数位置等内容。

茶席设计是用来表现主题的，是对风格的静态呈现，茶席设计承担了茶艺造型艺术水平的高度，也是主题思想具体化的主要平台。一个优秀的茶席设计，即使没有茶艺师的表演，一样能给予观众丰富的想象力和“味无味”的至高审美境界。茶席设计在茶艺创作工作中占了很大的比重，完成了一个满意的茶席设计，相当于完成了作品60%甚至更多的工作量。

第四步 技能训练

在茶艺师自创自演时，需要根据作品创作的主题、风格和茶席的格局，来体会其中的情绪来编排动作。当茶艺创作作为一个团队来执行时，技能训练就是指对茶艺表演者的物色和训练。

首先是物色人员，茶艺表演者应有茶艺师的基本气质，比如内敛、平稳、凝神、明亮之类的词语能够描述他（她）。按照“清、和、简、趣”的精神要求以及茶艺师“尽其性、合五式、同壹心”规范来进行技能培训，使之具有茶艺师的素质。

不同的茶艺应该有自己特有的技能和动作要求。有的是利用动作的表现力来更好地展示主题和风格，有的是茶席设计改变了位置和移动线路而产生新意，有的以参与表演的人数较多而强化整齐一律的形式美体现等，都是技能动作训练与编排的创意内容。总体来说，动作设计要科学、流畅、规范、和谐，要符合茶艺的科学性，在动作和移动时要流畅自然，沏茶流程规范合理，技能表达要与茶艺的主题、风格、茶席等内外的境象和谐一致等。

第五步 完善细节

到达这一步骤，已完成了创作的大部分工作，进入对茶艺作品的艺术修饰与创作审视阶段。

（1）音乐。没有音乐的茶艺是很具有魅力的，但作为适合不同群体的表演性茶艺，音乐在作品中的作用不可小觑，因此，如何选择和利用音乐，是茶艺创作重要的辅助性工作。音乐的选择要切合茶艺的主题和风格，不能喧宾夺主，它最核心的作用是提供和解释了茶艺作品的律动与节奏。音乐选择的范围很广，有学者提出不同的茶类有着与不同乐器、音乐相符的特征[①]，比如清丽脱俗的绿茶与笛子、古筝演奏的音乐及江南丝竹音乐相配，沉稳端庄的乌龙茶选用编钟、古琴、箫、二胡等乐器演奏的音乐比较合适，红茶性暖、漂洋过海，钢琴、萨克斯、小提琴等乐器演奏的抒情音乐，柔

① 翁颖萍：《“茶乐”浅析》，茶叶，2006年第4期。

和地引领大家进入红茶的意境。当然，音乐选择不仅限于这样的范围，音乐也是表达情感的艺术，情感的互通是音乐选择的最佳方式。

（2）解说。没有解说的茶艺一样也很具魅力，但为了更好地诠释茶艺主题或韵致，很多表演性茶艺也都附上了解说。解说有分几种，一种是程序性解说，将茶艺的每一个流程、每一个动作都向观众解释得清楚明白，有较重的教学诠释意味，这一类解说在茶艺文化普及方面具有优势，茶艺的初创阶段、茶艺馆、茶文化旅游等环境中使用得比较多。第二种是选择性解说，摘录作品创作的主题背景、重要流程环节、茶艺师风韵等内容，编写成解说词，在茶艺表演中或全场、或间歇性地解说，让观众对作品有更加深刻的了解，这一类解说比较注重关键内容的刻画、文学的修饰，较符合茶艺作为文化创意产业背景下综合艺术的展现风貌。第三种是韵律性解说，它若有若无地提出主题或作品的内容，又不刻意去清晰表达，借助文学体裁的节奏或解说的技巧来提供茶艺作品的韵律，这一类解说将文学表达的艺术性与茶艺紧密结合在一起，具有较高的审美价值，半文半白的咏诵在这里会用得比较多。

（3）突出亮点。进一步审视茶艺作品全过程，全面评估音乐、解说、表演、茶席设计、主题风格等在作品中的表现和默契，特别关注色彩、形状、声音等质料之间的关联性，关注作品呈现的诸如整齐、节奏、对称、均衡、比例、主从等关系是否在作品中得到有重点的突出，作品是否能凭借其生动性来打动观众、能给观众留下深刻的印象等，茶艺师在作品审定时需要反复斟酌、推敲和修改完善，寻找亮点，突出渲染。

第六步　表演展现

表演展现是指作品在表演时对现场的控制力。表演过程很重要的一个观察点是人情化的体现，这是茶艺的审美范畴之一，也是与其他艺术形式不同的一面。日常生活的茶艺即使是作为艺术形式的表现，也要保持与日常生活的紧密性，比如表演中礼节的诚心诚意，奉茶的仔细、恭敬、平等，与观众时刻保持视线、表情的互动等，从中体现出茶艺师的亲切、体贴，与观众拥有共同气息的感染力，观众与茶艺师在不知不觉中共鸣了啐啄同时的节奏感，这样的茶艺才是理想的表现演现场。

茶艺表演一般都有较复杂的幕后组织，比如沏茶的关键道具、茶席的各种材料以及能在舞台迅速布置、音乐、服装、开水的准备等，一直到表演结束时各种物品的收拾和归类，都是茶艺师及幕后团队要考虑的内容。要密切关注和处理好沏茶器具携带过程中矜贵又易碎的特点，茶席的唯美隆重与现象不能允许太久等候之间的矛盾，各种准备要素零碎又不可或缺的反复检查工作，内心对复杂安排的担忧与需要在观众面向表现出的淡定、亲切的两面表现等，这些都包括在对茶艺师现场表演能力的考验。茶艺师及幕后组织团队要做到周密、安静、准确的工作安排和有条不紊的执行，使表演现场活动能迅速而有秩序地开展。

创作者为了能让观众更好地沉浸在作品的气氛之中，在茶艺中选择了比如书法、抚琴、插花、舞蹈、戏曲、歌舞、小品等其他独立的艺术形态带入表演，这种创作形式称之为带入性表演，也称“1+1”方式。茶艺的带入性表演形式多样，有的先有歌舞、小品等表演再进入茶艺，有的一边书法、插花等表演一边茶艺。总体来说，为了渲染茶艺作为沏茶艺术展示的这个主题，选取一些文化旨趣或风格相似的内容做一些艺术的烘托是必要的，但需要界定主次，否则极容易造成喧宾夺主的现象。可以作这样的编排来获得主次关系的表现：一是将带入性表演编排成比如动作造型艺术、茶艺音乐的来源、动态的舞台背景的定位（类似于茶席设计的动态空间）等结构，融合到茶艺之中，是比较能受到好评的。二是控制带入性表演的时间，特别是独立放置在茶艺前后的表演，它们的呈现主要起到的作用是茶艺表演气息的引导，这样的引导大致在“三呼吸”的时间内。若是主题背景的交待，这样的交待也仅“三句话”即可。因此它们应该是如同明朗的天空中瞬间飞过的小鸟，若有若无间提供茶艺另外一面想象力的瞬间展示。三是安排带入性表演的位置，在茶艺程序中有一些必须要等候的环节比如浸润，有可能让观众感觉重复的环节比如温杯等，在这些环节中巧妙地插入一些表演，也是极有趣味的。

茶艺借鉴其他艺术形式的还有一种方式是解构式创作，它需要解构和提取其他艺术形式为茶艺所用，从而建构其新的茶艺表现方式。它与带入性表演的不同，它通过两个及以上的艺术符号的提取、整合，最后能获得从茶艺作品看是一个独立的表演方式，也称为“2−1”方式。前面讲到的韵律性解说，即是一种表现。下面，我们以昆曲茶艺为案例，来说明如何利用“2−1”的解构符号创作全新的作品。

（二）案例分析

为了便于理解创作的步骤，以下我们以案例分析的方法，来展示作品创作的要点、方法与过程。我们以《昆曲茶艺》（朱红缨，2005）作品为对象来说明，它的任务来自于浙江丽水遂昌县茶叶品牌“龙谷丽人”的创作委托。

遂昌县是浙江省重要的产茶大县，山清水秀、历史悠久；该县倡导生态文化或原生态文化，以“仙县”别名；明代万历年间汤显祖曾任遂昌知县，《牡丹亭》的文学构思以遂昌为地理背景；遂昌《昆曲十番》列入了国家非物质文化遗产名录。“龙谷丽人”是该县合力打造的茶叶品牌，以茶艺的呈现方式来提升、传播品牌文化、地域文化乃至作为城市名片，已成为茶艺创作的基本要求。

首先是主题的挖掘。委托项目对主题表达的要求是宽泛的，从上述背景看，必须从生态、《牡丹亭》、昆曲以及更多的文化关键词中寻找其中可以交织的主线。在层层挖掘后，注意到了汤显祖在《牡丹亭》的《题词》中有言：“情不知所起，一往而深。生者可以死，死亦可生。”这一特性与茶叶在茶树的生长到采摘的凋零，又重新在茶汤的沏泡中焕发美丽生命过程有惊人的贴切，因此，主题的依托逐渐明晰起来：昆曲《牡丹亭》之“游园”、杜丽娘、春香、沏茶、“龙谷丽人”茶、“一往情深”之美、完整的生命，分别交代了场景、主泡、副泡、文化意蕴。

风格的确定是第二个重要考虑。如何能通过风格的展示将观众引导到主题的场域之中，它面临了多种选择，比如通过一场昆曲的带入性表演作前缀，是最常用的手法，但是它就像是两个节目的拼凑，并没有形成作品本身的风格。昆曲是我国最古老的剧种之一，以曲词典雅、行腔宛转、表演细腻著称，被誉为“百戏之祖”。因此，典雅、婉转、细腻的风格如何在茶艺中呈现，需要有特定的昆曲符号为标识。寻找与戏曲的共同点，茶艺

也是表情艺术，动作、姿态可以让茶艺与昆曲具有同样的符号。故而，对昆曲艺术的符号提取、训练茶艺师具有昆曲的身姿、并在茶艺动作中的重建，体现典雅、婉转、细腻的审美范畴，就成为这个茶艺表演的风格。

确定了主题和风格后，接下来的工作是对沏茶类型的选择。沏茶类型选择是对主题的深度诠释，主题比较概括、沏茶比较具体，两者之间的关联性是密切的、又是一种隐秘的契合。《牡丹亭》的故事发生在明代，是否需要重新明代的饮茶风貌，是创作者面临的又一个选择。“龙谷丽人”是新创制的绿茶，以茶艺来突现龙谷丽人茶，这是宣传的主体；通过茶艺能给消费者示范更具美感的沏茶方式，这是以品牌推广为主旨的茶艺作品的另一个目的。因此，重现明代沏茶方式并不适合在这个新的茶叶品牌推广的初始阶段，它需要的是能在观众心目中较快地确立形象，与生活更接近的表演方式会得到普遍的认同。另外一个考虑，创作者并不是去篡改杜丽娘的“游园”，只是共享了昆曲的艺术，基于地方对汤显祖的热爱，在茶艺中吸收了昆曲的艺术符号，对当下的茶叶生产、饮茶生活带来帮助，因此，沏茶的方式完全可以是现代绿茶的表现手法。龙谷丽人为单芽茶，外形秀丽、亭亭玉立，选用玻璃盖碗作主泡器能较好地突出这个特点；遂昌有黑陶出品，其邻县龙泉以青瓷闻名于世，这些都可作茶具的选用材料。沏茶器具提出具体要求后，基本上也确定了作品的基本色调。

进入了茶席设计的环节。这个作品的风格和主色系基本明确了，茶席设计中要考虑的是简洁还是繁复的类型选择。作品是全县合力打造的、作为重点产品推广的品牌形象，繁复比之简洁，能更好地符合隆重的气氛，但从品牌推广的重复性表演看，简洁有它便捷的优势。最后，创作者从表演者开始考虑设计方案，表演者按昆曲的戏装打扮，水头面贴片子造型，会显得隆重入戏，这样的话，茶席就需要简洁一些，易于移动表演。发挥昆曲身段姿态的优势，高桌设计有利于立式的表演，双席的排放也能进一步加重表演的隆重感。

对于表演者来说，不仅要训练茶艺的技能，还要学习昆曲的身段、动作，创作者要将这两种完全不同的动作表现方式结合起来，比如茶艺的掀盖、转身、注水等，用戏曲化的动作进行表现，十分优美委婉。有主泡和副泡，模拟杜丽娘和春香的角色，这两人之间的戏曲互动也十分典雅活泼。略经过改装的戏服穿着，动作编排时要考虑到不同角色、不同服装之间的优化。

音乐无疑是用“游园”的曲调。解说只是一个表演之前的说明，若有必要在谢幕时再表达地方文化的热忱。从全局看，昆曲的装扮和身段姿态是茶艺的最大亮点和创新，观众首先全神贯注地吸引到这样的艺术场景中，然后才恍然大悟地品茶，获得艺术感染和品牌宣传的双丰收。

这个节目后来在各地、各场合中表演，包括北京奥运会、上海世博会等，也多次被邀请到国际上亮相。在茶艺表演的不同场合，并不是很多人能知道遂昌，这就更加突显出茶艺的魅力，艺术原本是不问出处的，它只提供精神的享受，对茶艺来说，还附加了一杯美妙的茶汤，附加了中国式的日常生活审美。

我们再来看以求美、求真、求善为主旨的其他几个作品分析。

作品求美即是对自由追求，因此在题材的挖掘上，它都从美的规律中去寻求表现的方式，比如色彩、形状、空间的质料因素，以及它们的组合规律。这一类型的茶艺作品特点：第一，一般具有较高水平的茶席设计和空间表达，对茶艺师也要求有一丝不苟的美的呈现，因为美有夸张、变形的审美范畴，茶艺的自由创造在这一领域中得到更大空间的发挥。第二，作品要回答创作的文化归旨，仅有形式上的美是不够深刻的，作品需要给自己或观众提供一个情感的支撑点，即在作品中要回答它在讲述什么，这个内容是否与形式相符，是否能吸引温良感情的融入。第三，作品的最后必须呈现出一杯完美的茶汤。

以作品《西湖雅韵》（朱红缨，2010）为例，创作动因是作为江南茶艺的作品定位，参加民族茶艺的比赛。为了突出差异性，也暗合民族间的文化借鉴，作品以《越人歌》为背景，围绕“韵”的主题，在“今夕何夕兮，搴舟中流。今日何日兮，得与王子同舟。蒙羞被好兮，不訾诟耻。心几烦而不绝兮，得知王子。山有木兮木有枝（知），心悦君兮君不知”的低吟浅唱中，拉开优雅的、美轮美奂的茶艺表演，诠释茶与水的爱情、山与木爱情、人与人的爱情，同时夸张地利用了面具舞的饮茶造型作为茶艺动态的

空间设计，造成束缚与舒展的视觉冲击，以不惧束缚的温良力量表达“天下之至柔，驰骋天下之至坚”文化归旨给人印象深刻，作品表达从形式到内容的一致性“雅韵”使之脱颖而出。

求真主题的题材重点在茶艺要素创新的，比如茶艺师面对特别性能的茶，需要全神贯注地动用所有的创作材料来呈现它的与众不同，体现物尽其用；有针对水、火的，茶艺师实验性地探索用冷水来代替火的元素、用竹沥水改造水的来源等，给人呈现另一番求真创新的趣味场面。求真的茶艺定位，用于再现民俗或历史题材时，要把握好真的尺度。民俗的题材我们理解为即将成为历史的饮茶生活方式呈现；历史的题材是可能在历史上存在的饮茶生活方式还原。这是两个类型的茶艺，相同点是，它们都需要作大量的文献、实地、实物的资料参考，以基本真实的还原来表现茶艺；不同点是，前者在现实的生活中还可能存在，茶艺师以实地挖掘为主要创作积累的来源；后者基本上仅在文献和文物中存在，也可能在生活中有蛛丝马迹，茶艺师需要以历史观和文献考证等方法，获得创作的基本材料。

对历史性茶艺来说，比如还原唐代、宋代的，面临的第一个问题，茶品和茶具的接近真实性。饼茶、团茶的制作，如何蒸青、如何榨茶、如何研磨等，涉及茶叶生产、加工的环节。器具也一样，唐鍑、宋钵，它们作为主泡器的尺寸、材料、形制、火候的影响、沫饽的呈现等，大部分都不在现实中能获得了。从茶品、茶具到茶艺其他元素要求和流程规定，在茶艺创作中都成为需要研究、探索、实验、呈现的内容。民俗的茶艺也同样如此。这类茶艺创作的第二个难点是：饮茶态度，或茶艺师的人物个性。作为求真的题材，饮茶态度应同样能还原到民俗中、历史中可能存在的茶艺师所应有的表情和技能。比如新娘茶的民俗类型茶艺，大部分人的创作会有这样的编排：先是媒婆说亲、定茶，再是结婚拜堂，然后新娘沏茶奉茶。整个作品的沏茶部分其实成为其中的一个道具，这样的作品就不能称之为茶艺，应该归类在一个小品、小戏。新娘茶，应该表现出一个人物性格饱满的茶艺师成为新娘后的沏茶、敬茶的表现，如同陆羽与常伯熊两个具有迥异的个性而呈现出不同的煎茶饮茶态度一样，泼辣的新娘和温婉的新娘，在当地风俗、民俗背景下也会呈现不同的表现，这种表现是在沏茶的过程中以符合艺术表现规律逐一展示。

用茶艺求善的主题来传播品牌文化是现阶段中国茶艺创作最实用的一个类型。这里包括了茶叶品牌、企业品牌、区域品牌等文化的宣传，借用与茶的文化性同源的价值追求来宣传自己的品牌文化。在以品牌宣传为创作题材时，首先要突出茶叶、茶业、区域的显著性特征，这种显著型特征的第一要务就是对具有大众熟知度的材料挖掘，正如用《茉莉花》曲调来表征中国的江南文化一样，用许仙和白娘子的茶艺个性来塑造“西湖龙井”的品牌故事，用昆曲来表现《牡丹亭》的故乡、加深“龙谷丽人”的品牌印象，以云南浓郁的民族服装及器物元素来宣传普洱茶，都是利用观众熟悉的认知途径带入到茶艺对品牌的创作目的之中。第二是借助显著性的特征表现，将文化与茶艺活动充分融合。文化特征使作品有了对象感，接下来的工作就是如何将茶汤敬献给这些对象。比如，用刚柔相济的两种不同茶艺技法来表现，直到最后的茶汤融合，表达许仙与白娘子《千年等一回》（朱红缨等，2008）的爱情，以这样的审美情趣，映衬出杭州的温婉情感，一种文化属性的城市面貌；《浙桥茶渡》（朱红缨等，2016）是以G20峰会在杭州成功而盛大、唯美而人文地召开后，浙江树人大学以茶艺献礼而创作的。桥是这次峰会的主题词，也是大会的会标，赋予了丰富的含义。该茶艺作品以桥为舞台主背景，并以桥的分割架起舞台的立体空间，让三组茶席流动起来，有差异、有推进，包容而发展。作品的创作一定要设计在茶艺本身的程式上。这一类茶艺因为要宣传善的理念，常常有作品利用大段的故事情节讲述，或小舞台剧的演绎，来表达主题。形式固然新颖，但要时刻牢记茶艺的旨归，不能本末倒置，似是而非。即便是再华美的场面，茶汤依旧是作品观照的对象，所有的善最终都体现在对茶的善意与珍爱上，作品做出的任何努力，都应该是为沏好这一碗茶汤而准备、设计的。

（三）体系完整

创作一个完整的茶艺作品，应该有文案策划、创作实务、鉴赏评价的

三部分内容组成。创作实务基本上是六步骤的内容。文案策划，即茶艺创作策划的文案，既解释茶艺表演的文字创意部分，又对茶艺作品的实现起到指导的作用，同时，文案策划要注重写作的逻辑性和条理性。

1. 文案策划

文案策划的体例，一般包括：

（1）标题。选择一个画龙点睛的茶艺题目，能起到事半功倍的效果。比如有个茶艺以春天鲜花盛开的意境作茶席设计，这样的形式本来是很常见的，但茶艺师选用了《花开的声音》为题，暗合沏茶的玄远之声，其艺术形象一下子鲜活了起来。

（2）背景。交待作品创作的来源、要求，交待作品文献研究和实地调研的结果，交待作品的大致构思以及拟达到的效果。

（3）策划的文案。针对创作的六个步骤，逐条撰写创作者的思想和实现作品的方式。

（4）解说词。根据作品的不同需求撰写，解说词的内容要准确反映作品的主题，解说词的类型要符合作品的风格。

（5）其他补充。诸如作品可以根据不同的表演场地和表演要求变形或节选，组织团队的特别要求，可能已预计到的不足或目前不能实现的缺憾等，都可在文案中提出。文案策划的抽象概括，是作品创作的系统性思考和理性反思的过程，也具体地提出了作品未来改善的空间，对茶艺的不断创新具有长远的指导意义。

2. 鉴赏评价

鉴赏评价是对作品表演的欣赏、鉴别、分析、评论。鉴赏评价从结果呈现看，大致有自评、观众调查、评分标准评价等几种方式。

（1）自评，侧重在对创作作品的审视与反思，肯定好的一面，作为以后创作风格的保留，看到作品的不足，以利于以后创作的弥补。比如《昆曲茶艺》作品解构式创作方式是值得继续探索和发扬的，但也有不足，如题目含糊；戏曲化妆在近距离奉茶时会让观众不适；茶席设计的发展空间等。经常提出这样的分析，对今后继续创作是非常有帮助的。

（2）观众调查，观众反响调研与作品的传播有直接的关联性。

（3）评分标准评价，评分标准的出现，在一定程度上克服了印象评论的模糊性，能让人们理清认识茶艺的基本途径。茶艺的评分标准是根据评分主体要求茶艺作品在不同方面应作出的呈现，提出相应的分值，试图用分数权重及汇总的形式，来认识、评价作品的整体表现。

在不同的时期，评分标准体系呈现出非约定的一致性，随着茶艺的发展而进行调整，评分标准大致有四个阶段。一是在茶艺的初创阶段，茶叶科普的意味重一些，所以科学化的指标会占评分标准较重的比例，是艺茶的阶段。茶艺的第二阶段是艺人，茶艺注重茶艺师的现场表演能力，茶艺师之内外皆美成为关注的重点，类似十大茶艺师的评选活动在各地开展，一度还有茶艺师选美之势。第三阶段是艺席，此时的发展转向到茶席设计的艺术水平，茶艺界对茶席设计进行了概念的认识和纷纭实践，2008年浙江树人大学开展了首届茶席设计比赛，茶席设计不仅显露出中间产品的产业发展潜力，同时也成为茶艺评分表的重要内容。第四阶段是审艺，茶艺开始寻找到它本质的出发点，主题诠释和风格贯穿；茶艺师被赋予越来越高的要求，创作者与表演者开始有了分工；评分标准走向学科性，以期更全面地呈现茶艺从内容到形式的要求。各阶段评分标准内容与分值的变化，是沿着茶艺作为实用艺术、造型艺术、表演艺术的发展规律来逐步认识的，也是茶艺艺术化道路发展方向的一个反映。

艺术不仅是一个概念，更是一种评价。休谟主张理想的艺术评价者有着健全的趣味；现代理论先驱者则提出的“艺术由艺术界来界定”，艺术除了艺术家，更是由在其中扮演各种角色的众多成员共同完成。茶艺作为现代性艺术的呈现，它依旧与主体的日常生活经验紧密相关。创作者、评价者、跟从者等参与此艺术生活的大致条件是：自我的追问、温情的关怀以及不排斥茶的滋味等，几乎不设高门槛的趣味，人人皆可是茶艺“艺术界”的成员。艺术需要传递，传递到更广泛的范围，需要充分借助理论解释与评价渠道促进其发展。茶艺如何发展其评价体系，如何界定评价者应有的面貌与特性，以及发挥怎样功能，是需要继续追问的话题。

参考文献

阿格妮丝·赫勒，1990. 日常生活 . 衣俊卿，译 . 重庆：重庆出版社 .

布尔迪厄，2013. 区分判断力的社会批判 . 刘晖，译 . 北京：商务印书馆 .

蔡荣章，2011. 茶席·茶会 . 合肥：安徽教育出版社 .

陈椽，2008. 茶业通史 . 北京：中国农业出版社 .

陈香白，1998. 中国茶文化 . 太原：山西人民出版社 .

陈宗懋，2001.20 世纪茶与健康研究的主要进展 . 中国茶叶 (4).

陈宗懋，2001. 中国茶叶大辞典 . 北京：中国轻工业出版社 .

戴维·斯沃茨，2012. 文化与权力 . 陶东风，译 . 上海：上海译文出版社 .

丁以寿，2007. 中华茶道 . 合肥：安徽教育出版社 .

杜夫海纳，1992. 审美经验现象学 . 韩树站，译 . 北京：文化艺术出版社 .

冯友兰，2004. 中国哲学简史 . 北京：新世界出版社 .

冈仓天心，2003. 说茶 . 张唤民，译 . 天津：百花文艺出版社 .

关剑平，2001. 茶与中国文化 . 北京：人民出版社 .

黄柏梓，2003. 中国凤凰茶 . 潮州：凤凰茶叶专业协会 .

黄海澄，2006. 艺术美学 . 北京：中国轻工业出版社 .

兰德尔·柯林斯，2009. 互动仪式链 . 林聚任，等，译 . 北京：商务印书馆 .

李天道，2007. "典雅"说的文化构成及其美学意义 . 西南民族大学学报 (10).

林少雄，1996. 中国饮食文化与美学 . 文艺研究 (1).

林治，2000. 中国茶艺 . 北京：中华工商联合出版社 .

卢卡契，1991. 审美特性 . 徐恒醇，译 . 北京：中国社会科学出版社 .

马晓俐，2010. 多维视角下的英国茶文化研究 . 杭州：浙江大学出版社 .

庞朴，2004. 浅说一分为三 . 北京：新华出版社 .

彭锋，2016. 从"艺术"到"艺术界". 文艺研究 (5).

乔木森，2005.茶席设计.上海：上海文化出版社.

裘纪平，2003.茶经图说.杭州：浙江摄影出版社.

阮浩耕，2005.品茶录：中华茶文化.杭州：杭州出版社.

沈冬梅，等，2016.中华茶史.西安：陕西师范大学出版总社.

陶德臣，2004.唐宋时期的茶叶广告.古今农业(4).

陶德臣，2009.试论明清茶文化的由盛转衰.农业考古(5).

陶德臣，2010.唐五代茶业技术述论.贵州茶叶(1).

滕军，1992.日本茶道文化概论.北京：东方出版社.

童启庆，1997.茶艺馆的兴起及其对社会发展的影响.茶叶(2).

屠幼英，2011.茶与健康.北京：世界图书出版公司.

汪涌豪，2011.养志与乐生：中国人的幸福观.文汇报(4).

王德胜，李雷，2012."日常生活审美化"在中国.文艺理论研究(1).

王玲，1992.中国茶文化.北京：中华书局.

翁颖萍，2006."茶乐"浅析.茶叶(4).

吴觉农，1987.茶经评述.北京：农业出版社.

吴智和，1993.明代茶人的茶寮意匠.史学集刊(3).

席勒，2009.审美教育书简.张玉能，译.南京：译林出版社.

夏涛，2008.中华茶史.合肥：安徽教育出版社.

徐岱，2012.超越平庸：论美学的人文诉求.杭州师范大学学报(4).

徐秀棠，2000.中国紫砂.上海：上海古籍出版社.

姚国坤，2004.茶文化概论.杭州：浙江摄影出版社.

姚国坤，胡小军，1999.中国古代茶具.上海：上海文化出版社.

姚国坤，朱红缨，姚作为，2003.饮茶习俗.北京：中国农业出版社.

余悦，2002.中国茶韵.北京：中央民族大学出版社.

张宏庸，1987.茶艺.台北：台湾幼狮文化.

张建立，2004.日本茶道浅析.日本学刊(5).

张谦德，袁宏道，2012.瓶花谱·瓶史.北京：中华书局.

郑震，2013.论日常生活.社会学研究(1).

智和，2012.明代茶人集团的社会组织：以茶会类型为例.明史研究，3.

周红杰，2004. 云南普洱茶. 昆明：云南科技出版社.

周宪，2004. 艺术的自主性：一个现代性问题. 外国文学评论 (2).

朱光潜，2007. 西方美学史 (下卷). 北京：中国长安出版社.

朱红缨，2006. 基于专业教育的茶文化体系研究. 茶叶科学 (1).

朱红缨，2013. 中国式日常生活：茶艺文化. 北京：中国社会科学出版社.

朱红缨，2015. 茶、茶艺、茶文化：从文化研究的角度看. 文化研究 (1).

庄任，1992. 乌龙茶的发展历史与品饮艺术. 农业考古 (4).

庄晚芳，1988. 中国茶史散论. 北京：科学出版社.

宗白华，2009. 宗白华美学与艺术文选. 郑州：河南文艺出版社.

后记　茶艺的价值

中国茶文化发展至今，从文化行为和文化心态而言，茶艺的社会影响度最为显著、表现力也最为集中，作为茶文化的核心产品，茶艺的发展有着巨大的潜力。当茶艺成为产品呈现在大众面前时，它已经成为了一种新的生产方式，通过渗透人们的生活方式去倡导社会风尚，产生了一种新型关系：日常生活的价值。这个价值一方面呈现出与社会结构和文化的同步性，以及相互建构的意义；另一方面，茶艺文化有着深厚的历史积淀，以其价值观念影响着人们现实生活中的行为、规范，甚至成为奋斗方向的选择。

茶艺的价值，通过艺术化的表达，自唐以来的不同历史时期都在给以诠释和完善，如“以茶聚会、以茶利用、茶理深沉、茶意优美、茶技卓越、茶事盛尚、茶艺细致、气象万千”等诸多功用。茶艺始终给人提供的是既在物象之内，又在物象之外，呈现出包容万象的整体气韵生动之美，是对生命的最高阐释，是生命之美的终极观照。

第一，茶艺走过了几千年的历史路径，表现出日常生活的进步性。中国人一直在茶艺的日常生活方式中寻求文化寄托和有为的精神力量，这一点从陆羽《茶经》以来的饮茶与社会的生活关系中表现得尤为强烈，大隐于市的文化特性，茶艺成为茶人们立志报国和成“圣”的日常生活劳动。

第二，茶艺在各个时代都能吸收和融合当时最丰富的技术、科学和人文知识，表现出进步性。茶艺与科学密不可分，不同时代的社会技术水平，在茶品和茶器具的生产加工中得到体现；社会对于饮茶的态度和制度，以及各时代的茶人对饮茶情趣的表达，也都可反映当时的经济、政治与文化趋向。茶的兼容性使茶艺的生活方式也具有了丰富和包容的个性。

第三，茶艺是艺术与生活的融合，表达了进步性。在日常生活的沏茶饮茶中体会到的美感，一直隐藏在中国人的心灵深处，茶艺触发了这种审美需求，于日常生活营造温良的艺术氛围，寻找到寄托情感的方式，一方面心灵受到慰藉，一方面又把茶汤都喝了下去，实现了审美和实用的奇妙结合。

第四，茶艺带有强烈的生活示范性。唐代煎茶法的艺术化、宋代点茶法的艺术化等，都演变为举国上下的审美生活，以至于受到周边国家的模仿、继承。到今天，茶艺依旧连接着日常生活与艺术生活，这样的审美教育被平凡而普遍的人们接受，给日常生活带来浪漫的气象。

第五，茶艺的艺术价值，在于它使人们拥有了普遍的话语权，大众也成为审美的主体和品鉴者，精英阶层与大众阶层平等地共处于一杯茶汤之中，民主的生活体现出了民主的艺术。

茶艺是茶文化体系中的一门学问，在现代学科体系中进行建设成为必然。茶文化作为交叉学科，它涵盖四个领域[①]：茶科学领域、茶消费学领域、茶文史学领域和茶艺学领域。茶文化学以文化精神及社会形态为研究对象，茶文化学与茶学虽泾渭分明，但在如今却呈现出相互支撑、共同提升的繁荣景象，代表了现代学科发展的一种新趋势。茶艺在茶文化学科体系中具有重要地位，不管我们研究茶文化的历史、民俗、经济、政策、生产、社会功能等相关领域，其归结点都离不开茶艺，茶艺是与人们的生活方式紧密结合在一起的存在。茶艺的学科范畴更接近于艺术学，由于茶艺与日常生活方式、艺术与哲学等关系紧密，茶艺作为文化哲学的学科特点也十分显著。茶艺有客观呈现的表现形式，为茶文化学其他三类知识领域的延伸提供了专门的方法。它起码在四个方面成就了影响力：

第一，茶艺可以还原历史。历代茶书把当时的饮茶生活或完整或片段地记录下来，由生活行为变成了文字，当代对茶文化史研究，本质上在试图复原其中的生活方式。将茶艺与史学研究相结合，它会使研究更真实可信，并在茶艺实验中发现新理论、新观点。

---

① 朱红缨：《基于专业教育的茶文化体系研究》，茶叶科学，2006年第1期。

第二，茶艺延伸了茶学的可能。茶叶的“色、香、味、形”是人们饮茶生活的直接需求，这就要求茶叶生产要有针对性，要了解人们的饮茶生活与方式，茶艺在引领饮茶方式的同时，也改变茶叶生产的方式，茶艺使茶学从科学世界回到生活世界中来。

第三，茶艺是产业竞争的文化力。文化竞争力成为现代经济的核心生长点。茶艺在提升涉茶产品和涉茶服务业的文化内涵上有显著的作用，直接产生经济效益。这一点从浙江省茶产业品牌建设和茶艺馆、茶会的繁荣现象上，可以得到证明。茶艺的饮茶生活艺术化，改变了茶农的生产观念，改善了茶农的生活水平，革新了茶商的营销手段，丰富了茶人的饮茶环境，提供了文化展示的舞台，营造了社会的廉洁风气，实现了普及社会的审美教育。

第四，茶艺提供了不仅是饮茶的生活方式。茶艺表现出来的生活方式，其精神核心是中国哲学思想在生活中的投射，由茶艺而习茶悟道，以茶诚意而修身，修身而达和乐，通过茶艺的审美教育弘扬“孔颜之乐”的生活情感，追求超越饮茶生活方式的人生境界。通过这种生活方式的弘扬，将中国文化以愉悦积极的形式不仅在国内、还更有价值地在国际舞台传播，具有了现实可能性。

世间事物有真、善、美三种不同的价值。真关于知，人能知，就有好奇心，就要求知，就要辨别真伪，寻求真理。善关于意，人能发意志，就要想好，就要趋善避恶，造就人生幸福。美关于情，人能动情感，就爱美，就喜欢创造艺术，欣赏人生自然中的美妙境界。人生来就有真、善、美的需要，真、善、美具备，人生才完善。茶艺集真、善、美为一体，在日常生活中不断追求进步。茶艺既是单纯的，又是复杂的，茶艺以仪式化程度与日常饮茶进行了区别；茶艺以艺术化的程度与饮茶法进行了区别；茶艺以客观元素的实在性与茶文艺进行了区别。茶艺是缘起秩序而通往自由的平凡愿望，它是一种审美教育，通过教育，顺应人们求知、想好、爱美的天性，使一个人在这三方面得到最大限度的调和的发展。

在中国，茶是作为一种信仰而存在的。

写于三易轩 2017年8月1日